“十四五”时期国家重点出版物出版专项规划项目

ON DATA GOVERNANCE

数据治理系列丛书

数据治理之法

主　编／梅　宏
副主编／杜小勇　吴志刚
赵俊峰　潘伟杰
王亚沙

中国人民大学出版社
·北京·

编写委员会

主　　编：梅　宏

副 主 编：杜小勇　吴志刚　赵俊峰　潘伟杰　王亚沙

编写成员：王　闯　陈晋川　吴　帆　张　颖　郑臻哲
杨　恺　张　溯　李天池　陈跃国　刘泽艺
李　敏　张伟娟　关　志　罗超然　蔡斯博
张　伟　苏　星　董　艳　蔡华谦　戴炳荣
张　群　黄　婕　许济沧　徐明月

参编单位：北京大学
中国人民大学
中国软件评测中心
贵州省大数据应用推广中心
上海交通大学
中国电子技术标准化研究院
上海计算机软件技术开发中心
中国科学院信息工程研究所

前言

自2015年10月29日，十八届五中全会将大数据上升为国家战略以来，我国一直积极推动大数据的发展。2017年12月8日，习近平总书记在中共中央政治局第二次集体学习上发表重要讲话，开启了我国大数据发展的新篇章；2019年10月31日，十九届四中全会公报明确提出，将数据作为生产要素；2020年3月30日，《中共中央 国务院关于构建更加完善的要素市场化配置体制机制的意见》出台，明确提出“加快培育数据要素市场”，并强调要推进政府数据开放共享、提升社会数据资源价值、加强数据资源整合和安全保护的具体要求。2021年在中共中央政治局第三十四次集体学习时，习近平总书记发表重要讲话，指出“要完善数字经济治理体系，健全法律法规和政策制度，完善体制机制，提高我国数字经济治理体系和治理能力现代化水平”。

实施国家大数据战略，建设数字中国，发展数字经济是新时代的必然选择，其途径是加快推进各行各业的数字化转型，其关键是加快培育数据要素市场，这是一项系统工程，需要系统化统筹、推进。

为此，需要尽快构建较为完善的数据治理体系，推动加快数据治理步伐！

本书是数据治理系列丛书的第三本，旨在总结介绍数据治理中的关键核心技术以及标准化的发展。在本系列丛书的《数据治理之论》一书中，以五个关键词展开了对数据治理的概念、认识以及发展现状的论述，即从数据危机、价值释放、规则秩序、安全底线、学科交叉五个方面系统地阐述了数据治理的概念和数据治理的框架体系，尝试统一术语和概念，并从多学科的角度进一步阐述数据治理的研究现状以及各个学科对数据治理的认识，力求从多维度、多视角、多层面剖析数据治理的内涵与外延。在本系列丛书的《数据治理之路》一书中，则以贵州省的工作为例，介绍了数据治理的实践，包括：从国际的视角，对比国际上一些典型做法，呈现贵州实践的创新性和中国特色；从历史的视角，阐述作为我国首个大数据综合试验区的实践历史，记录探索历程；从系统的视角，按照数据资产化探索、数据管理体制机制、数据共享与开放、数据安全与隐私保护四个方面总结和分析实践经验。尝试在总结贵州实践经验的基础上，提炼一些总结性观点，形成参考性经验和路径。

本书是对数据治理相关技术和标准的梳理和总结，内容组织上遵循以下三个原则：

（1）技术的视角：数据治理涉及的技术庞多繁杂，本书从《数据治理之论》一书所提出的数据治理体系框架出发，从资产地位确立、管理体制机制、共享与开放、安全与隐私保护四个建设维度，选择了若干数据治理关键核心技术（包括：数据基础设施建设、数据定价、数据管理技术、数据互操作、数据安全与隐私保护技术）进行原理、方法与技术的介绍，并对国内外相关主流技术进行对比分析，使读者对数据治理的关键核心技术形成较为全面的总体认知，把握技术发展脉络与趋势，从而帮助读者更好地开展数据治理的技术选型、方法实现、方案实施以及应用实践等工作。

（2）标准的视角：标准是支撑数据治理顺利开展的必要保障措施。本书从标准化需求出发，探讨如何面向国家、行业和企业等不同层级的数据治理目标，设计系统化数据治理标准体系的思路，以及推行数据治理标准的方法与途径，并结合我国当前在数据治理标准化工作方面的进展，展望数据治理标准化未来建设的方向与重点。

（3）实践的视角：本书将理论与实践密切结合，给出数据治理关键技术及标准在实际场景中的应用方式与可供参考借鉴的最佳实践。在对已有实际案例进行全面梳理的基础上，提炼技术与标准有机融合的场景，进而形成最佳解决方案的典型模式，支持数据治理的有效实施。

本书结构分为上下两篇，第一篇关注数据治理的核心关键技术，包括五章。

第一章：数据基础设施建设。主要介绍数据基础设施的目标、作用、框架以及建设案例。数据基础设施是实施数据治理的基础，面对新形势下数据治理的需求，数据基础设施应以数据资源为中心，实现资源、管理、应用的一体化。本章以贵州数据基础设施实践为例，分别从总体框架、基础支撑层、数据管理层、数据流通层介绍了数据基础设施构建的过程。

第二章：数据定价。数据定价是数据流通交易的前提，意义重大。本章首先介绍数据定价的背景和意义，通过对数据交易平台发展历程的回顾与分析，探讨数据定价方法，给出基于数据要素的定价方法、基于博弈论与微观经济学的定价方法、面向特定数据类型的定价方法等。数据定价技术作为大数据共享与交易的关键一环，目前国内外尚未形成一个被大家广泛认同的标准，尚处于多种技术相互竞争的阶段，有鉴于此，本章未对数据定价技术给出总结性的判断，而是对其未来发展做了进一步的展望。

第三章：数据管理技术。本章着重讨论数据管理能力成熟度评估模型中关于数据管理的技术，包括数据资源分布、数据准备、数据应用和数据质量评估。数据资源分布部分主要从数据模型、数据分类技术与数据资源目录几个方面，介绍企业如何管理其散布在各部门、以多种形式存在的数据资源。数据准备部分则介绍了数据清洗、元数据和主数据构建及数据集成这几个过程。数据应用部分主要介绍通过数据分析，找出其中蕴含的规律和知识并辅助决策的相关方法和技术。考虑到知识图谱近年来成为数据应用的主流技术，具有广泛的应用空间，本节对此项技术进行了重点介绍，包括知识表示、知识图谱构建、知识图谱查询与存储以及基于知识图谱的应用等几个方面。数据质量评估部分则从数据质量的维度、数据质量评估的框架，以及数据质量评估标准几个方面进行了介绍。

第四章：数据互操作。本章主要从数据互操作的概念、模型、技术框架以及一些具体技术进行阐述。首先，总结了已有工作对计算机领域中互操作 / 互操作性的定义，以及随着技术发展，互操作技术不同的关注点。接着，对互操作性的评估模型与互操作的架构模型进行了详细论述，并介绍了互操作框架的要素以及主流互操作技术的互操作框架。面对“数据孤岛”问题，着重介绍了用于解决“数据孤岛”问题的数据互操作开放技术，包括抽取－转换－加载技术、基于企业服务总线的交换技术、流程自动化机器人技术以及基于内存数据的反射技术。

第五章：数据安全与隐私保护技术。本章从数据安全与隐私保护技术、相关工具与平台等几方面入手，对数据安全与隐私保护问题进行了探讨。数据安全技术涉及身份认证、访问控制、密文检索以及数据传输等内容；隐私保护技术则介绍了几种具有代表性的隐私保护技术，包括：数据共享阶段的K匿名技术及其变种，集中式差分隐私技术；数据利用阶段的同态加密技术，安全多方计算技术；数据获取阶段的匿名通信技术，本地差分隐私技术等。最后，对数据安全与隐私保护相关工具进行了简要介绍。

第二篇关注数据治理的标准化工作，包括三章。

第六章：标准化工具概述。本章介绍了标准化的作用，分别从标准分类与管理、标准制定原则、标准制定流程进行了详细介绍，并探讨了标准与创新的关系，以及标准化立法方面的工作。

第七章：数据治理标准体系。数据治理标准体系框架主要涉及国家、行业、组织三个层面的相关标准，本章分别从国家、行业、组织三个层次对标准规划、标准需求、标准制定重点进行了详细阐述。

第八章：数据治理标准的实践与进展。本章阐述全国信标委大数据标准工作组有关数据治理开展的相关工作，以及工作进展，包括标准论证期间的调研工作、正在论证的标准情况、已经申报国家标准的情况和发布国家标准的情况，并对重点标准实践与进展情况进行了介绍。

本书由北京大学、中国人民大学、中国软件评测中心、贵州省大数据应用推广中心联合上海交通大学、中国电子技术标准化研究院、上海计算机软件技术开发中心、中国科学院信息工程研究所等共同完成。第一篇第一章的作者是吴志刚、王闯、李天池，潘伟杰，第二章的作者是吴帆、郑臻哲、杨恺、赵俊峰、王亚沙，第三章的作者是杜小勇、陈晋川、陈跃国，第四章的作者是张颖、张溯、罗超然、蔡斯博、张伟、苏星、董艳、蔡华谦，第五章的作者是刘泽艺、李敏、张伟娟、关志、王亚沙、赵俊峰，第二篇的作者是杜小勇、戴炳荣、张群。此外，杜小勇、赵俊峰、吴志刚、潘伟杰、王闯、李天池、黄婕、许济沧、徐明月等对各章内容进行了审阅，王闯、李天池、黄婕、许济沧、徐明月等对各章内容进行了编辑修改，感谢以上编写人员的辛苦付出！同时，贵州省大数据发展管理局、云上贵州大数据产业发展有限公司、贵州中软云上数据技术服务有限公司、华控清交信息科技（北京）有限公司等单位为本书提供了大量素材和实践案例，在此表示感谢！

数据治理的内涵和外延尚未形成共识，相关技术更是丰富且庞杂。由于作者认识局限、能力有限、时间有限，同时限于本书的篇幅，我们只是对其中我们认识到并相对熟悉的核心关键技术进行了介绍。此外，由于作者较多，各自的认知、观点未必一致，各自的行文风格也不尽相同，虽然在统稿方面付出了努力，但仍然在一致性、自洽性、流畅性方面存在诸多欠缺。还望读者见谅。本书的目的是尽可能考虑对数据治理相关技术覆盖的广度，因此对每项技术的介绍缺少深度，给人浅尝辄止之感。期待未来能有机会针对某些特定技术做更深入的论述。

2021 年 11 月

目　录

第一篇　技术篇

第一篇

技术篇

第一章　数据基础设施建设

1.1　数据基础设施概述

1.1.1　数字经济时代呼唤数据基础设施

当今，世界正快速由工业经济时代迈向数字经济时代。在“数化万物、智化生存”的数字经济时代，数字空间为人类认识和改造世界提供了新的手段。数据资源已经成为新型的生产要素，通过数字化现有其他要素，促进生产效率大幅提升，有力驱动数字经济发展。然而，数字经济时代的发展也面临数据存储、供给、治理、流通、安全等一系列瓶颈，亟须构建新型数据基础设施。

1. 世界加速迈进数字经济时代

国际上，欧美等国密集出台数据发展的相关战略，积极推进数据资源开发和数字市场建设。美国发布《联邦数据战略与 2020 年行动计划》，以 2020 年为起始年，联邦数据战略描述了美国联邦政府未来十年的数据愿景，并初步确定了各政府机构在 2020 年需要采取的关键行动；欧盟公布《欧盟数据战略》，提出将欧盟构建成为世界上最具吸引力、最安全、最具活力的数字经济体，使欧盟能够利用数据改善决策、改善全体公民的生活；英国发布《国家数据战略》，旨在进一步推动数据在政府、企业、社会中的使用，并通过数据的使用推动创新，提高生产力，创造新的创业和就业机会，改善公共服务，帮助英国经济尽快从疫情中复苏。

在我国，政府积极推动数据要素市场发展，数字经济正成为引领经济高质量发展的新引擎。2017 年 12 月，习近平总书记主持中共中央政治局就实施国家大数据战略进行第二次集体学习，并指出“要构建以数据为关键要素的数字经济”。党的十九届四中全会首次提出将数据作为生产要素，参与收益分配，这标志着中国正式进入数据红利大规模释放时代。2020 年 4 月，中共中央、国务院发布《关于构建更加完善的要素市场化配置体制机制的意见》，将数据与土地、劳动力、资本、技术等传统生产要素并列，明确提出要加快培育数据要素市场。十三届全国人大四次会议表决通过的《中华人民共和国国民经济和社会发展第十四个五年规划和2035年远景目标纲要》更是将“加快数字化发展，建设数字中国”独立成篇。数据已成为融入网络强国、数字经济、数字社会、数字政府等各个领域的基础性、战略性的生产要素。2021 年世界互联网大会上发布的《中国互联网发展报告（2021）》指出，2020 年中国数字经济规模达到 39.2 万亿元，占 GDP 比重达 38.6%，保持 9.7% 的高位增长速度，成为稳定经济增长的关键动力。

2. 数字经济发展面临诸多困境

在新一代信息技术的推动下，政府、行业、企业的数字化转型正在加速。数据的量级、类型等快速增加，海量数据蕴含着巨大的价值，但是数字经济发展仍存在一系列问题，如基础资源约束、数据供给能力不足、数据流通不畅、数据安全问题频发等。解决上述问题就需要数字经济各参与方形成新的能力，建设、完善数据基础设施，突破数字经济发展中的各种瓶颈与障碍。各类问题可以分为以下四个方面。

第一，基础资源约束瓶颈。基础资源主要包括存储资源、计算资源和网络资源。在存储资源方面，数字化转型推动企业的数据量从 PB 级向 EB 级迈进。据预测，全球新产生的数据量将从 2020 年的 47 ZB 快速增长到 2035 年的 2 142 ZB。由于存储系统仍为传统架构以及成本等原因，当前企业数据仅有不到 2% 被保存，数据“存不下”的问题日益严重。在计算资源方面，数据的深度挖掘和应用离不开人工智能技术的使用。随着人工智能算法突飞猛进的发展，越来越多的模型训练需要巨量的算力支撑才能快速有效地实施，算力基础设施成为助力数字经济发展的重要因素。在网络资源方面，通过数字化转型，企业越来越倾向于自动化的精细管理，如使用可以降低生产成本、简化生产线的柔性制造系统（FMS），使用响应更快、弹性更高的制造执行系统（MES）等。企业生产管理各个环节都涉及自动化应用，数万台客户端同时向服务器输送数据的状况成为常态，与计算、存储资源承受的压力类似，网络也面临资源不足问题的严重困扰。

第二，数据供给瓶颈。影响数据供给的要素主要包括数据盘点、数据分布、数据共享和数据质量等。从数据盘点角度看，数据治理需要具备专业的知识体系、专业技能和实践经验。当前，很多部门和企业对其所拥有的数据资源的底账情况还不了解，处于混沌或无序状态，存在数据目录缺乏、数据盘点不到位、数据分类分级不彻底等问题。从数据分布角度看，由于数据要素覆盖范围广，且比特化数据均依托信息系统或平台存在，而存量信息系统往往由业务部门建设，自身就是孤岛式设计，条块化的业务分割则加剧了这一情况。从数据共享角度看，国家相关政策法规仍不完善，数据管理权责不清晰，数据共享缺乏督促，同时数据资产化地位不明确，且缺少快速见效的应用场景，从而最终导致数据共享驱动力不足。从数据质量角度看，基于部门职权的数据体系不够完善，数据完备性不足；冷数据、死数据偏多，数据共享开放成效低，数据有效性较低；囿于传统条块划分，系统及数据标准不一；主数据参考依据不足，数据之间相互矛盾的现象影响了数据的高效应用，数据权威性不够。

第三，数据流通瓶颈。作为一种蕴含巨大潜在价值的资源，数据价值的发挥是一个让数据“动起来”的过程。麦肯锡研究发现①，在过去十年中，数据流动推动全球 GDP 增长了 10.1%。但是，在数据流通方面还面临两方面的问题。一方面，国家之间数据跨境流动困难，政府部门之间数据共享难度大，企业之间数据共享意识不强；政府与企业之间数据流动障碍重重。另一方面，数据价值流转仍缺少标准规范。从数据确权角度看，数据自身的非竞争性、非排他性等特征导致数据存在多重权属，现有法律体系框架仍难以解决其确权问题；从数据资产化地位角度看，数据的管理运营部门仍多为成本部门，明确数据资产地位的“上位法”尚未制定，数据资产尚无法体现在会计报表中，数据价值评估标准尚存争议，数据交易定价模式仍在研究，数据收益分配机制尚未形成。

第四，数据安全瓶颈。数据安全和隐私保护是数据要素市场的一个关键问题，可以从技术和管理两个维度进行分析。在技术安全方面，网络安全攻击更加频繁、更加隐蔽，数据泄露事件层出不穷，泄露数据量大、受影响用户多、泄露内容详细。如近期脸谱网 5.3 亿条、领英 5 亿条用户数据泄漏。② 个人隐私泄露严重会导致网络诈骗等犯罪

---

① James Manyika，等，数字全球化：全球流动的新时代，麦肯锡全球研究所，2016 年 3 月，第 74-83 页。

② Chris Stokel-Walker, Recent Facebook, LinkedIn and Clubhouse leaks explained, https://cybernews.com/editorial/recent-facebook-linkedin-and-clubhouse-leaks-explained/.

活动激增。据统计，2020年全球网络犯罪造成的损失超过1万亿美元。在管理安全方面，超级网络平台数据垄断加剧，数据滥用、误用情况严重。剑桥分析事件、大数据杀熟、算法霸权等数据滥用现象频发，加剧了数据安全管理难度。

3. 数据基础设施成为新基建的重要内容

2019年3月，中央经济工作会议将“新基建”列入2019年经济建设的重点任务，主要包括5G基站、特高压、城际高速铁路和城际轨道交通、新能源汽车充电桩、大数据中心、人工智能和工业互联网等七大领域。2020年4月，国家发改委明确了“新基建”的内涵：要以新发展理念为引领，以技术创新为驱动，以信息网络为基础，面向高质量发展需要，提供数字转型、智能升级、融合创新等服务的基础设施体系。同时将“新基建”分为三大块：一是信息基础设施。主要是指基于新一代信息技术演化生成的基础设施，比如，以5G、物联网、工业互联网、卫星互联网为代表的通信网络基础设施；以人工智能、云计算、区块链等为代表的新技术基础设施；以数据中心、智能计算中心为代表的算力基础设施等。二是融合基础设施。主要是指深度应用互联网、大数据、人工智能等技术，支撑传统基础设施转型升级，进而形成的融合基础设施，比如，智能交通基础设施、智慧能源基础设施等。三是创新基础设施。主要是指支撑科学研究、技术开发、产品研制的具有公益属性的基础设施，比如，重大科技基础设施、科教基础设施、产业技术创新基础设施等。

数据基础设施尚没有统一的概念。从狭义上讲，数据基础设施是指支撑数据运转的相关软硬件资源，如数据中台、数据仓库、数据湖等。从广义上讲，数据基础设施是指以数据为中心，深度整合存储、计算、网络等资源，以挖掘数据价值为目标，以保障数据安全为底线，支撑数据资源全生命周期运转的基础设施。网络基础设施、算力基础设施等都可以纳入其中。我们认为，数据基础设施是传统 IT 基础设施面向数字化、智能化演进的必然结果，是数字经济时代最重要的基础设施，可以对应新基建中的信息基础设施。

1.1.2 数据基础设施应实现资源、管理和应用的一体化

传统的信息基础设施和大数据中心等，往往聚焦于设备的堆叠和性能的提升，以满足服务和应用系统的需求。但随着数据量指数级的增长，新应用对服务水平要求越来越高，单纯从设备和性能角度分析，传统的信息基础设施已经很难满足需求。数据基础设施是按照数据思维，以数据资源为中心，实现资源、管理、应用的一体化，具体特征如下：

1. 资源一体化

不同于现有大数据中心一方面需要提升存储、计算和网络资源供给能力，而另一方面又不得不限制投入的困境，数据基础设施通过将所有资源进行重新整合，实现资源一体化管理，保证所有设备的负荷都能处于最优、最高状态。资源一体化架构要求在一个紧密结合的高效、高性能、高可用的系统中实现融合计算、网络、存储等众多功能，以提高整体的灵活性和全局效率。通过将资源组件整合在一起，资源一体化架构实现单一且高可用的资源一体化系统，将数千台服务器、不同架构的存储和网络设备全部集中在一个系统中运营管理，有效降低前期投入成本、减轻后期运营压力。目前，云数据中心一般有三大核心部分，即数据网、存储网和高性能计算，在资源一体化系统中，要把三个部分整合到一起，利用统一的交换技术实现高速数据交换。

2. 管理一体化

资源一体化重新规划了所有底层设备，并将资源重新融合，形成数据基础设施中巨大的资源池，通过统一的调度机制实现资源的管理和调配。管理一体化考虑得更加全面，涉及资源调度、数据治理、系统运维等，其中构建数据治理体系十分重要，涉及国家、行业、组织等主体，以及数据战略、组织架构、数据标准、数据质量、数据分布、数据应用等内容，为资源管控、资源调配和应用实现提供综合支撑，为数据基础设施的管理方和使用方提供服务。

3. 开发一体化

实现数据应用开发的标准化和一体化，是数据基础设施最核心的目标。通过资源一体化、管理一体化，可以实现数据生产要素的一体化，为支撑数据应用打下坚实的基础。而对数据应用开发而言，在数据生产要素本身完成标准化之后，可以构建标准化的数据开发工具集，包括数据管理、运营加工等技术工具，进而构建数据产品和服务加工流水线，实现数据开发一体化。

1.1.3　数据基础设施的三层架构

数据基础设施架构包括三层——基础支撑层、数据管理层和交易流通层，如图 1-1 所示。其中，基础支撑层主要提供计算、网络、存储等基础资源，构建数据资源池；数据管理层由数据管理和安全支撑相关技术工具组成，支撑数据资源全生命周期管理，实现数据资源的要素化；交易流通层主要支撑数据的运维、运营、价值评估和交易流通，实现数据价值的释放。

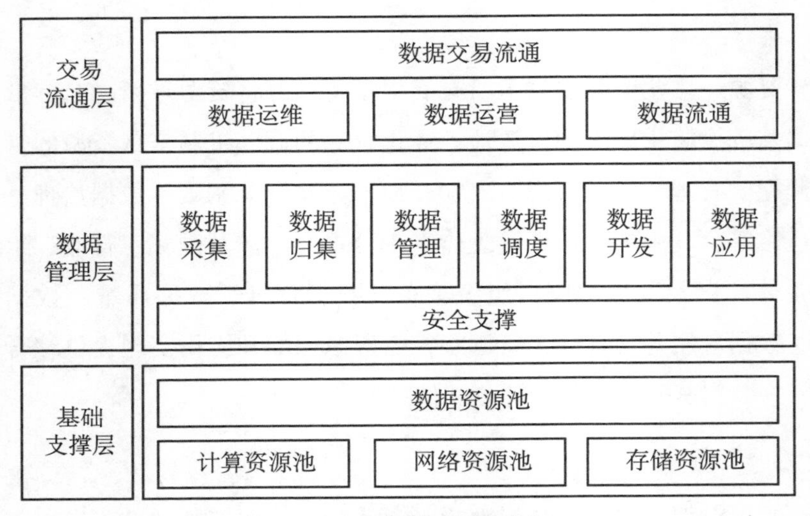

图 1-1　数据基础设施构架

1. 基础支撑层

基础支撑层，也可称为数据资源层，主要提供计算、网络、存储等基础硬件资源，最终形成数据资源池。区别于传统的硬件设施，数据基础设施主要面向数据治理与应用，从数据融合应用角度出发，实现资源的一体化。通过引入多样性计算，从单一算力到多样性算力，匹配多样性数据，使计算更高效；利用宽带、5G 等多种网络资源，提供统一、高效、稳定的网络连接，支撑数据资源高效共享交换；从单一类型存储走向多样性融合存储，构建融合处理基础，应对存储效率低、管理复杂的问题。

2. 数据管理层

数据管理层，也可称为数据要素层，主要提供面向数据管理和安全支撑的基础工具，将数据资源加工为可用的数据生产要素。除了操作系统、数据库系统等基础软件外，该层主要面向数据资源从采集、汇聚、管理、调度、开发、应用的全生命周期各参与主体，提供支撑数据管理的技术工具，如数据目录、主数据管理、元数据管理、数据质量管理、数据集成及互操作等，以及支撑构建数据信任环境的安全支撑工具，如身份认证、权限管理、安全监管等。数据管理层可确保在安全可信的条件下，实现从单一处理向多源数据智能协同、融合处理的发展，应对更实时和智能的数据应用需求，为上层应用提供数据生产要素支撑，加速数据价值实现。

3. 交易流通层

交易流通层，也可称为数据资产层，主要提供数据产品和服务的加工、运营和交易流通支撑能力，将数据生产要素转化为数据产品或服务并上市交易。在运营加工环节，该层需要提供安全可控的数据开发利用环境，实现数据要素的运营加工，在确保数据各方权益的前提下，支撑数据产品和服务的开发。在数据交易流通环节，该层提供数据价值评估机制、数据交易流通机制及相应的技术工具，实现数据产品和服务的定价交易，并实现各方的收益分配。

1.2　基础支撑层

1.2.1　技术框架

数据基础设施的基础支撑层主要解决核心资源供给问题，其核心技术主要包括资源供给和资源调度两部分。在资源供给方面，主要构建存储、网络、计算三个资源池，为上层数据治理和交易流通提供资源支撑。在资源调度方面，主要实现资源调度和资源监管两方面的功能，实现核心资源的有效流转和安全运行。基础支撑层的技术框架见图 1-2。

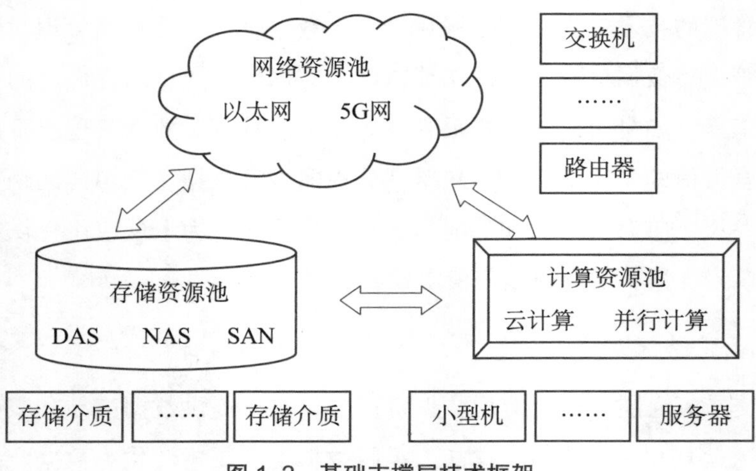

图 1-2 基础支撑层技术框架

1.2.2 资源供给技术

在资源供给方面，主要包括存储、网络和计算三方面。而每一类资源都涉及资源设施和供给技术两个层面，资源设施是资源供给的基础和源泉，供给技术则是资源供给的主要手段。

1. 计算技术

计算资源池提供计算能力，主要对 CPU 和内存等硬件资源进行灵活管理。数据中心中资源供给的主力是大型机、小型机和 X86 服务器，依托虚拟化等技术，提供充足的计算资源。在计算模式上，云计算已经成为广泛使用的通行方式。

（1）计算硬件

从计算硬件角度看，数据处理的算力主要来自处理器，包括通用处理器和专用处理器两大类。其中，通用处理器主要指 CPU、FPGA 和存储芯片等，专用处理器主要指 GPU、DSP、人工智能芯片等。对于数据基础设施而言，其算力需求主要用于解决数据查询、数据挖掘、数据建模、数据分析等问题，核心在于解决大数据分析应用的人工智能芯片。

由于人工智能算法已经成为大数据应用的核心，人工智能芯片也成为数据基础设施中的核心硬件。从广义上讲，只要能够运行人工智能算法的芯片都叫作人工智能芯片，但通常意义上的人工智能芯片指的是针对人工智能算法做了特殊加速设计的芯片。现阶段，人工智能算法一般以深度学习算法为主，也包括其他机器学习算法。人工智能芯片一般有三种分类方式：按技术架构分类、按功能分类和按应用场景分类。

在人工智能产业的推动下，我国人工智能芯片发展快速，但由于在芯片核心技术领域的不足，国内企业在人工智能芯片方面与国际巨头存在较大差距。由于我国人工智能公司大多属于新创公司，整体在人工智能芯片领域研究渗透率较低，主要集中在 ASIC 和类脑等领域，如寒武纪主打 ASIC 芯片、西井科技涉足类脑芯片领域。

（2）计算模式

在计算硬件设施基础上，根据具体场景和算力需求，可采用多种不同的计算模式，包括并行计算、分布式计算、云计算等。这些计算模式对于算力供应也非常重要。

并行计算：并行计算将求解的问题分解成独立命令执行流，每一个命令执行流由不同的处理器同时运算。与普通用户较为贴近的是多处理器技术，其通过一个共享存储器、多个 CPU 利用多线程技术在同一时间执行不同的任务。另外一个常见的并行计算是多核 CPU，每个核心处理器都是完全独立的，并且拥有自己的前端总线和执行集合，可以并行独立地完成分解后的任务。随着并行计算技术的发展，一系列模型被演化出来，包括高性能计算、超级计算等，已经广泛应用于气象预报、石油勘探、基因测序、AI 算法等高算力需求场景中。

分布式计算：分布式计算是解决高算力需求的另一个思路，并行计算将大量计算能力迭加在一起，分布式计算则是将计算任务分解，以减少单一计算体的压力，将任务分解到空闲的计算体。相比并行计算，分布式计算更为经济。网格计算是一种较为典型的分布式计算模式，利用互联网将不同区域、不同配置的计算机空闲能力聚集在一起，形成虚拟的超级计算机，完成超大数据量的处理。如美国加州大学伯克利分校的空间科学实验室 SETI@home 项目就使用了网格计算技术。

云计算：从广义上讲，云计算属于分布式计算的范畴，但现在的云计算已经融合了分布式计算、并行计算、网格计算、效用计算、负载均衡、网络存储等多种技术，形成了一种新的计算和服务模式。云计算主要利用虚拟化等技术，依托专用数据中心的计算、网络和存储等资源，按照按需使用、按需计费的模式提供服务，满足各类计算需求，集各种计算模式之所长。

2. 网络技术

随着越来越多的用户接入云端，越来越多的复杂应用通过网络进行访问，越来越多的数据在互联网上传输，网络流量快速攀升。当前大数据中心主要依赖宽带互联网技术，随着 5G、卫星互联网等通信技术的快速发展，未来网络架构还会发生巨大变化，网络流量模型、网络性能、网络安全等都会出现本质的变化。

（1）网络设备

网络设备涉及种类较多，典型的有路由器、交换机、网关、网桥、无线接入设备等。网络设备涉及的核心技术有网络处理器、交换芯片、路由协议等，相关技术定制性较强，对企业厂商要求较高。但总体而言，网络设备的核心目的是实现信息交换，对于上层的网络通信协议依赖性较强，因此，网络设备标准的制定往往由 ITU、IEEE 等国际化组织主导。

（2）网络通信协议

高速以太网和 5G 移动通信技术是两种可以支撑数据基础设施网络要求的主要技术。目前，高速以太网在数据中心和企业局域网占主导地位。2010 年 6 月 17 日，IEEE 正式批准了 IEEE 802.3ba 标准，这标志着 40G/100G 以太网的商用之路正式开始。高速以太网技术大幅提高了路由器 / 交换机处理能力，对流量管理、端口密度、整机容量等作了全新的规划，快速成为云数据中心的主流技术。

近年来，5G 通信技术得到快速发展。5G 网络的峰值理论传输速度可达 20Gbps，合每秒 2.5GB，比 4G 网络的传输速度快 10 倍以上。举例来说，一部 1GB 的电影可在 4 秒之内完成下载。随着 5G 技术的发展，通过智能终端分享 3D 电影、游戏以及超高画质（UHD）节目的时代正向我们走来。在未来万物互联的时代，5G 以其速度快、稳定性强的优势，成为数据基础设施不可或缺的组成部分。

3. 存储技术

数据的增长是没有上限的，传统的磁盘、磁带、阵列等已不能满足大数据量的存储要求，DAS、NAS、SAN 等存储技术应运而生。

数据存储的基础是存储介质。传统的存储介质主要包括磁带、磁盘和光盘三种，在此基础上可构成磁带库、磁盘阵列、光盘库三种主要存储设备。在数据基础设施中，这些存储设备通过各种存储技术接入存储资源池中。目前，三种存储介质的应用以磁盘为主，其核心技术主要是存储芯片，包括用于内存的易失性存储技术 DRAM 和 SRAM，以及用于硬盘和闪存的非易失性存储技术 ROM 和 Flash。目前正在研究的还有激光全息存储技术，这是一种利用激光全息摄影原理将图文等信息记录在感光介质上的大容量信息存储技术，它有可能取代磁存储和光学存储技术，成为下一代高容量数据存储技术。

在存储设备之上，主要通过存储技术实现海量数据存储。存储技术主要包括两种：一是 DAS（direct-attached storage，直接附加存储），这是最早被采用的存储技术，它把外部的数据存储设备直接挂在服务器内部的总线上，数据存储设备是服务器结构的一部分。但随着需求的不断增大，越来越多的设备添加到网络环境中，导致服务器和存储独立数量较多，资源利用率低下，使得数据共享受到严重的限制。特别是在备份、恢复、扩展、灾备等方面不能满足大数据量的要求。目前大数据中心的应用已经较少涉及这一技术。二是网络存储技术，包括 NAS（network attached storage，网络附加存储）和 SAN（storage area network，存储区域网络）。其中，NAS 主要基于标准网络协议实现数据的传输，实现跨平台的文件共享，支撑 NFS（网络文件系统）和 CIFS（通用互联网文件系统），是文件级的存储方法，其重点在于帮助工作组和部门级机构解决迅速增加存储容量的需求。如今用户主要应用 NAS 实现文档共享、图片共享、电影共享等。随着云计算的发展，一些 NAS 厂商也推出了云存储功能，大大方便了企业和个人用户的使用。SAN 主要通过光纤通道交换机连接存储阵列和服务器主机，形成一个光纤通道存储在网络中，然后再与企业的局域网进行连接。这种技术的最大特性是将网络和设备的通信协议与传输介质隔离开，并在同一个物理连接上传输。高性能的存储系统配合宽带网络使用，大大降低了系统的构建成本和复杂程度。经过十多年的发展，SAN 技术已经相当成熟，成为业界的事实标准。

为满足大量云用户的并发访问需求，并保证用户访问的高可靠性，当前云数据中心往往采用分布式存储模式，并依托冗余存储保证可靠性。分布式存储技术将企业所有分散的存储抽象成一个存储池，所有数据分散在多个独立的存储设备上，用户通过网络获取其需要的数据资源。该技术采用可扩展的系统结构，将存储的负荷分配到多个存储介质上，这样有利于减少单个存储介质的压力，提高存储效率，同时冗余功能大大提高了系统的可靠性和可用性。

1.2.3 资源调度技术

资源整合汇聚之后，如何有效实现资源调度和运行管理成为关键，虚拟化技术及相关监管技术是解决该问题的核心，也是数据基础设施不可或缺的关键技术。

1. 虚拟化技术

虚拟化技术诞生于20世纪60年代，主要以单个物理硬件系统为基础，创建多个模拟环境或专用资源，是实现硬件资源优化配置的利器。

虚拟化技术主要分为三类：平台虚拟化、资源虚拟化和应用虚拟化。其中，平台虚拟化是指针对服务器、操作系统的虚拟化，主要包括全虚拟化、半虚拟化、硬件辅助虚拟化和操作系统级虚拟化等；资源虚拟化主要指针对各类资源进行的虚拟化，包括服务器的CPU、内存，网络和存储，以及外部资源；应用虚拟化主要针对程序、系统进行仿真、模拟等。虚拟化技术覆盖的范围包括设备、系统、网络、应用等众多领域。

典型的虚拟化技术包括服务器虚拟化、存储虚拟化和网络虚拟化等。服务器虚拟化是虚拟化技术最先应用的领域，主要是将底层物理设备与上层操作系统、平台进行分离的去耦合技术，以实现最佳的资源利用率和最大的灵活性。服务器虚拟化的关键技术包括自动资源配置、灾难备份及恢复、容错技术、高性能存储、即插即用技术等。存储虚拟化是对存储硬件进行抽象，对不同目标服务、功能和介质的存储设备进行统一管理，从而屏蔽系统的复杂性，消除用户对于存储容量不足的担忧。网络虚拟化主要是对整个网络进行统一运筹和管理，建立虚拟、安全的网络，通过构建虚拟交换机、虚拟以太网适配器等建立虚拟交换模式。

2. 资源监管技术

在大数据应用环境下，用户所需要的资源很难计量，需依托虚拟调度技术和相应的监控管理技术，实现资源的有效调配和供给。

虚拟调度分为两个层次：一是全局性的调度，主要涉及虚拟、物理之间的负载平衡、资源的合理分配、虚拟机的优化、迁移等内容；二是局部性的调度，主要涉及物理机的CPU、内存、I/O资源的合理分配和调度。考虑到数据基础设施涉及的用户较多，不同用户使用的虚拟资源和进程的差异性较大，资源调度要实现时间短、质量高、经济性且负载均衡等目标，虚拟调度模块需要结合不同的数据应用设定调度规则，实现自动化判断调度优劣，并根据结果不断优化调整调度算法，以提升虚拟调度效率和效果。

由于资源池中的资源始终是有限的，因此，有必要形成一套系统资源监管技术，确保资源被有效使用并及时释放。现有云计算平台可以提供系统资源的自动化监视和事件处理机制。与此同时，数据资源池存储数据的安全保障问题也同样重要。对于企业而言，数据的安全与其生存状况息息相关。对于虚拟化资源池也要提供完善的安全监控方案，建立一体化容灾环境。

1.3 数据管理层

1.3.1 技术框架

数据基础设施的数据管理层主要解决数据全生命周期管理与安全

保障问题，其核心技术主要包括数据管理和安全支撑两部分。数据管理层主要实现数据资源到数据要素的转化，从技术视角看主要涵盖数据管理技术、安全支撑技术等，同时与数据源和数据应用方面的技术具有较密切的互动，如图 1-3 所示。在数据管理技术方面，主要通过数据目录、元数据管理、主数据管理等实现数据资源的汇聚和统一管理，通过数据标准、数据质量、数据加工等实现数据清洗加工和融合，形成可用数据要素，为上层数据应用开发提供生产资料。在安全支撑方面，主要实现数据信任和安全监管两方面的功能，以支撑核心数据资源的安全可信流转。

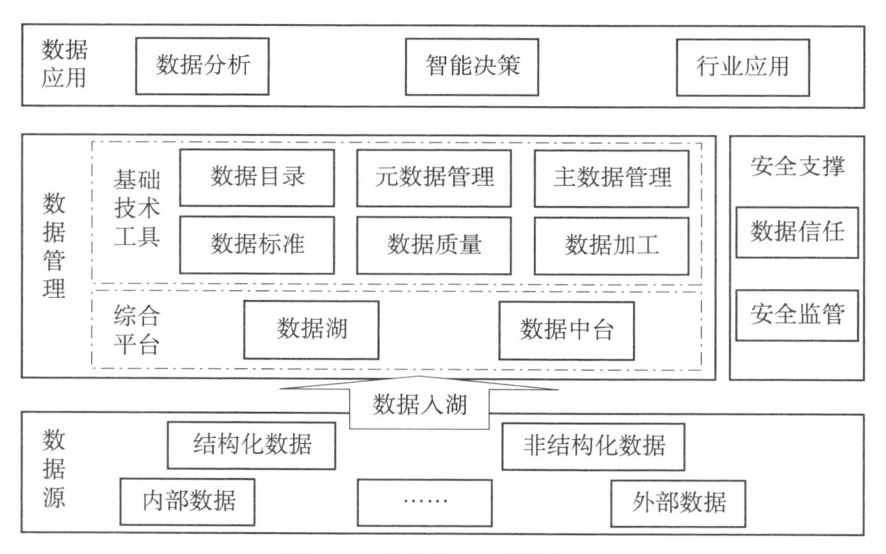

图 1-3　数据管理层技术框架

1.3.2　数据管理技术

数据管理技术，也称为数据资产管理技术，其中涉及数据目录、元数据管理、主数据管理、数据质量管理、数据集成和互操作等。目前国内外已出现大量成熟的数据管理技术产品，数据湖、数字中台等综合性管理平台也不断涌现。

1. 基础管理技术工具

数据管理涵盖数据资源管理、数据质量管理等内容，需要多种技术工具的支撑，具体包括：

（1）数据目录

数据目录主要实现对数据资源的梳理和盘点，形成数据资源地图，是实现数据资源展示、交换共享、业务协同的基础。通过数据目录，数据提供方可以直观、清晰地掌握其所拥有的数据资源，数据需求方可以准确寻求自己所需的数据资源，为数据开发方开展挖掘分析、开发利用等工作提供数据支撑。

（2）元数据管理

元数据是“关于数据的数据”，包括业务元数据、技术元数据和管理元数据等。通过元数据管理可以帮助数据提供方理解其自身的数据、系统和流程，帮助数据使用方对数据进行管理。元数据管理工具的核心是抽象和构建机构的元数据模型，以支撑数据资源的处理、维护、集成、保护和审计等工作。

（3）主数据管理

主数据是有关业务实体的数据，一般涵盖参与主体、产品和服务、财务体系等内容。主数据管理主要确保主数据资产的统一性、准确性、管理性、语义一致性和问责性。通过对主数据值进行控制，企业可以跨系统地使用一致的主数据。

（4）数据质量管理

数据质量是指保障数据价值实现的可靠性和可信性。数据质量是数据管理的最终目标。数据质量管理专注于数据质量标准规范的制定，以及数据质量水平的测量、监控和报告等方面，从数据应用角度监测数据质量。

（5）数据集成和互操作

数据集成和互操作是指数据在不同主体和应用之间调度、融合的相关过程。数据集成和互操作涵盖数据交换、数据整合、数据分发、数据集成等活动，提供了大多数主体所需的基本数据管理能力要求。

2. 综合性管理平台

除了大量基础数据管理技术工具外，现在还出现了一系列综合性数据管理平台，为各主体提供综合管理功能，典型的产品包括数据湖和数据中台等。

（1）数据湖

数据湖这一概念最早于 2011 年由 CITO Research 网站的 CTO 和作家 Dan Woods 提出。数据湖是一个存储各种各样原始数据的大型仓库，其中的数据可供存取、处理、分析及传输。数据湖可以实现数据资源的集中式管理，并在此基础上形成新的能力，包括预测分析、智能推荐等。一方面，数据湖是一个以原始格式存储数据的存储系统，可以存储结构化数据（如关系数据库中的表等）、半结构化数据（如 CSV、日志、XML、JSON 等）、非结构化数据（如电子邮件、文档、图片、音视频等）。通过数据湖可以完成或实现不同数据仓库的功能，因此用户不必为海量不同的数据构建不同的数据库、数据仓库。另一方面，数据湖也是一个大数据平台。随着大数据技术的不断完善，成熟的数据湖产品往往同时具备大数据分析、机器学习等能力，拥有足够强的计算能力来处理和分析所有类型的数据，并将分析后的数据存储起来供用户使用。

数据湖技术未来将与大数据技术、云计算、人工智能、数据治理、数据安全相结合，按需满足对不同数据的分析、处理和存储需求。一是数据湖与大数据技术紧密结合。利用 Hadoop 存储成本低的特点，将海量原始数据、本地数据、转换数据等保存在 Hadoop 中。这样所有数据都在一个地方存储，为后续数据管理、再处理、分析提供基础。二是数据湖技术与云计算相结合。采用虚拟化、多租户等技术满足业务对服务器、网络、存储等基础资源的最大化利用，降低企业在 IT 基础设施方面的成本，为企业带来巨大经济效益；同时云计算技术还可以实现主机、存储等资源的快速申请和使用，为企业带来了管理的便捷性。三是数据湖技术与人工智能相结合。随着人工智能技术的飞速发展，训练和推理等需要同时处理超大的甚至是多个数据集，这些数据集通常是视频、图片、文本等非结构化数据，来自多个行业、组织、项目，对这些数据的采集、存储、清洗、转换、特征提取等工作是一个复杂、漫长的工程。数据湖需要为人工智能程序提供数据快速收集、治理、分析的平台，同时提供极高的带宽、海量小文件存取、多协议互通、数据共享等能力，大幅提高了数据挖掘、深度学习等的速度。

（2）数据中台技术

在国内，数据中台首先由阿里提出。从概念上看，数据中台是企业实现数字化的一个解决方案，可将共性需求进行抽象，打造成平台化、组件化的系统能力，以接口、组件等形式共享给各业务单元使用，从而使企业可以针对特定问题，快速灵活地调用资源来构建解决方案，为业务的创新和迭代赋能。从本质上看，数字中台是一套方法论加一个产品组合，能够承接数据湖的存储技术，利用数据技术实现对海量、多源数据的采集、处理、存储和计算等，形成可复用的数据生产要素，为上层数据应用提供支撑。

具体而言，数据中台需要具备数据汇聚、数据融合、数据加工、数据应用 4 个主要功能。在数据汇聚层面，数据中台首先解决的是企业内系统间数据孤岛的问题，将不同系统中的数据进行全面汇集和管理，通过数据提炼分析、集中化管理，形成企业数据资产，服务于业务，解决数据交换与共享问题。在数据融合层面，通过对各业务线的模块去重和沉淀，共享通用模块，让前台业务更加敏捷地面向市场，实现企业新业务的快速上线与迭代试错，服务更多场景，提升业务响应力。在数据加工层面，数据中台通过提供数据资产盘点、数据分类分级、数据访问控制、数据质量管理等功能，有力支撑了数据提炼和分析加工，避免了重复开发，使得技术迭代升级更高效，可按需扩展服务，让整个技术架构更开放。在数据应用层面，数据中台提供自然语言分析、数据分析、数据可视化等功能，为业务人员提供便捷的数据开发环境，以及预测分析、机器学习等服务，实现数据应用的快速开发。

目前，数据中台已经成为互联网领域的热点，腾讯、百度、京东等互联网企业都建设了自己的数据中台，推出了一系列数据中台产品。与此同时，数据中台逐步从互联网领域拓展到政务、工业等领域，数字政府中台等产品不断涌现。数据中台基于大数据和云计算平台，整合了数据整理、数据存储、数据管理等功能，为各行业、各领域打造数据从管理、治理到应用的整体解决方案。

1.3.3　安全支撑技术

1. 数据信任技术

数据要素市场访问主体多元、来源广泛、访问场景异构，亟须建设信任技术保障体系，利用基于角色的访问控制模型，实现“实名制”动态网络安全管理，为构建以“身份为中心”的数据安全体系提供基础支撑。为提高信任技术保障管理的效率，采用集约模式进行统一建设应用，按照“统一身份管理、统一身份认证、统一授权管理、统一责任认定”的原则，实现对业务系统的应用、数据、开发测试和运维管理等复杂要素和复杂环节的一体化集中管控。

信任技术保障以密码技术为基础，以“最小授权、知其所需”的原则，通过细粒度角色赋权，对数据访问实施动态管控，主要由身份管理、身份认证、权限管理和责任认定四部分构成。见图 1-4。

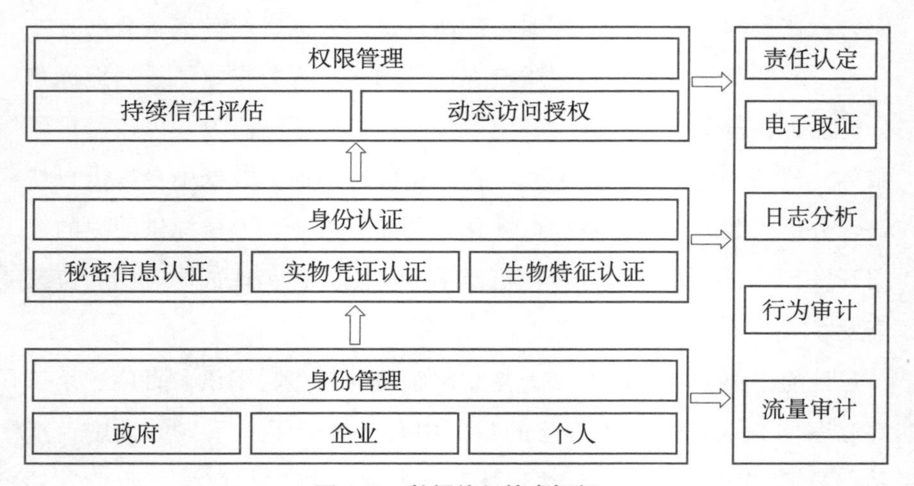

图 1-4　数据信任技术框架

在身份管理方面，主要实现网上应用系统的用户、角色和组织机构统一管理，为数据要素市场中政府、企业、个人主体账号和身份信息提供全生命周期管理，包括身份账号的建立、修改、冻结、删除等，使数据要素市场参与主体在网络中有明确对应的身份和角色。

在身份认证方面，利用秘密信息、实物凭证和生物特征等，应用密码技术对网络身份进行鉴别认证，确认行为主体的真实性。为简化用户操作，需提供统一身份认证能力，实现各种应用系统间跨域的单点登录和单点退出，保证同一用户身份在不同应用系统中的一致性。

在权限管理方面，实现自然人对资源的统一授权，建立“账号—角色—资源”的映射关系，实现不同用户身份对系统不同资源的授权管理访问，同时针对主体提供实时的环境风险感知与信任评估，基于持续风险评估结果实施动态访问控制，提高授权访问的安全性。

在责任认定方面，实现数据操作行为的可追溯性，判定数据违规操作责任人。通过行为审计、流量审计、日志分析、电子取证等技术手段，将数据活动参与者的行为记录、存储下来，并对有关流量、日志和行为等进行分析和审查，追溯事件的逻辑链及证据链，确定相关责任方。

2. 安全监管技术

全流程监管重点针对数据要素各环节的应用特点，尤其是从数据流通角度出发，构建全流程、白名单、多视角的数据安全监管能力。安全监管技术框架见图 1-5。

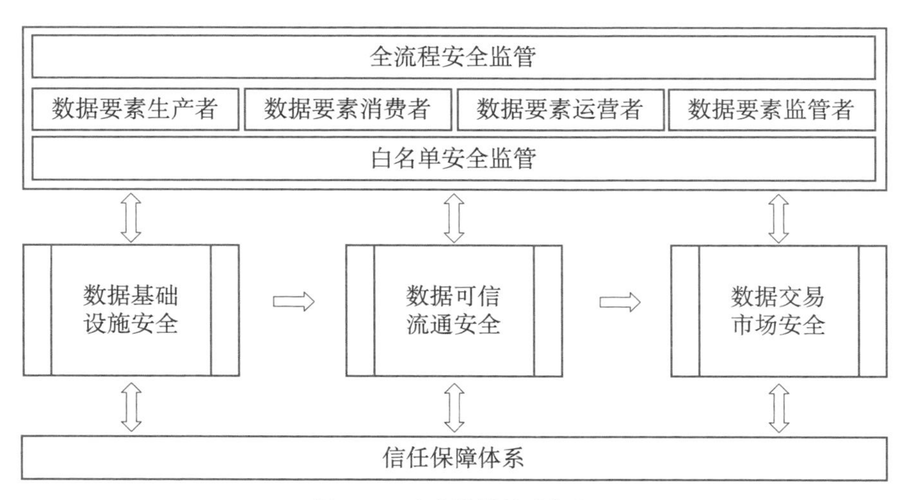

图 1-5　安全监管技术框架

在全流程安全监管方面，围绕“数据要素供给—数据可信流通—数据交易市场”各个环节，利用人工智能、大数据的智能分析能力，对数据流通中的各环节、各关键部位进行细粒度监控，并通过多种手段重点监测并相互印证。在数据要素供给环节，重点是对数据的访问者、访问行为等进行细粒度监测，防范访问过程中的非法违规行为；

在数据可信流通环节，重点是对数据在不同场景下流通过程中的数据流通异常情况进行监测；在数据交易市场环节，重点是对数据产品的提供方和消费方及其之间的行为进行监测。

在白名单安全监管方面，针对数据流通过程，传统黑名单方式的异常检测已经难以保证数据状态的安全可信，只能以白名单方式聚合正常数据访问的基线状态，防范黑名单分析状态空间爆炸的问题。从数据场景出发，了解数据的用途、初始状态、流通过程、流通要素、结果状态等内容，自动制定并生成数据安全基线。当数据处理过程和相关内容符合基线时判定为正常流通过程，当超过阈值并触发报警时，可判定为发生异常，并根据线索追踪事件的来龙去脉，降本增效，提高全程数据安全监管能力。

在多视角安全监管方面，借助相关数据安全采集工具，汇集网络安全、应用安全、数据安全等领域的日志，实现基于实名的建模分析与研判预警。从监管者角度看，需要区分数据要素市场中的异常交易和数据违规操作等内容，明确责任主体，及时进行处置通报。从生产者角度看，需要了解自己生产数据的状态、流通过程等信息，以确保自己的数据安全。从运营者角度看，需要了解当前各数据要素部件的安全状态，了解是否有网络攻击、数据窃取、数据滥用等问题，并及时处置。综合落实上述内容，才能让数据生产者与消费者更有信心将数据资源、数据产品进行线上交易，进而扩大数据要素市场的交易规模，并通过规模效应促进数据要素市场的进一步繁荣，降本增效，形成良性循环。

1.4 数据流通层

1.4.1 技术框架

数据基础设施的交易流通层主要实现数据运维、数据运营、数据交易三方面功能，支撑数据资产从汇聚、存储、加工到交易的全生命周期的各环节。数据流通层技术框架如图 1-6 所示。

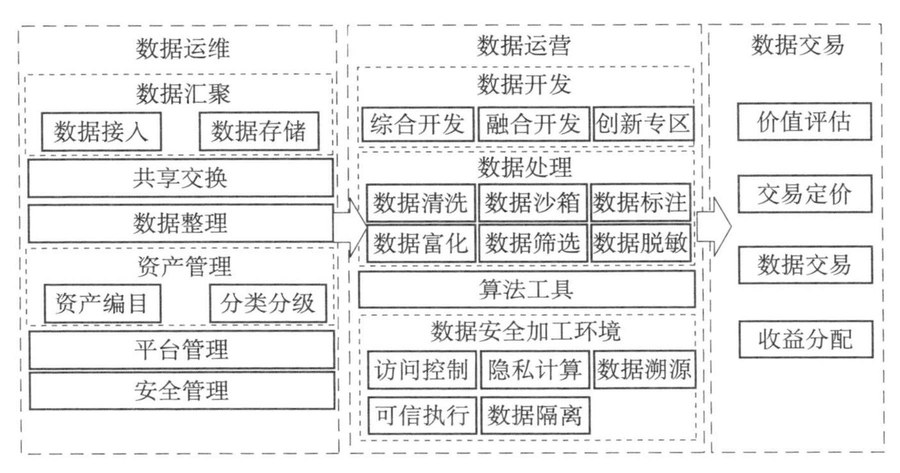

图 1-6　数据流通层技术框架

1. 数据运维

数据运维管理主要涵盖数据汇聚（主要包括数据接入、数据存储等）、共享交换、数据整理、资产管理（主要包括资产编目、分类分级等）、平台管理、安全管理等内容。其中：

——数据汇聚，实现分布的、异构的、跨网络的各部门政务信息资源的交换汇聚，实现统一平台与各部门数据资源的共享。

——共享交换，实现跨部门、跨层级数据的可信共享、可信交换。

——数据整理，通过有效的数据资源控制手段，实现数据管理和控制，提升数据质量。

——资产编目，按照一定的标准和规则，对数据资源进行分析、选择、描述，并记录为款目，实现数据按一定顺序组织成目录。

——分类分级，实现数据资源合理分类、分级管理。

——平台管理，实现数据运维平台的监控告警、数据接入、数据存储、查询检索、数据处理等功能。

——安全管理，建立技术和管理安全防护措施，保护计算机硬件、软件和数据不因偶然或恶意的原因遭到破坏、更改和泄露。

2. 数据运营

数据运营主要涵盖数据开发（主要包括综合开发、融合开发和创新专区等）、数据处理（主要包括数据清洗、数据沙箱、数据标注、数据富化、数据筛选、数据脱敏等）、算法工具、数据安全加工环境（主要包括访问控制、隐私计算、数据溯源、可信执行、数据隔离等）等功能。其中：

——数据清洗，提供智能化的数据清洗工具。

——数据沙箱，在隔离环境中，提供用以测试不受信任数据的工具。

——数据标注，提供数据标注模板及工具。

——算法工具，提供数据结构和算法可视化工具。

——访问控制，提供用户身份、策略组、数据资源功能，实现用户访问控制。

——隐私计算，通过联邦学习、安全多方计算、机密计算、差分隐私、同态加密等隐私保护计算技术，打通数据开放共享服务通道。

——数据溯源，通过区块链等技术记录原始数据在整个生命周期内（从产生、传播到消亡）的演变信息和演变处理过程。

——数据隔离，通过磁盘、存储、网络等多重隔离技术手段，构建数据安全区域。

3. 数据交易

数据交易主要涵盖价值评估、交易定价、数据交易、收益分配等内容。其中，

——价值评估，提供数据资产价值评估模型、评估标准及评估流

程管理。

——交易定价，提供数据资产交易定价管理、定价标准管理等。

——数据交易，提供数据订单管理、交易管理、营销管理、发票管理、交易统计等功能。

——收益分配，提供分配用户、收益分配和权益保障等功能。

1.4.2 运营加工技术

1. 数据可信交换技术

数据可信交换是数据运营的基础。根据数据敏感度不同，可构建非加密传输通道和加密计算通道两类可信交换能力。在非加密传输通道引入区块链技术，解决身份认证与信用问题，并结合信任链构建权责清晰的可信共享通道；在加密计算通道引入区块链技术，解决数据隐私保护以及流通全程监管的存证问题。

数据要素来自政府、企业和个人等多源数据生产方，需要保证数据来源可靠，数据流通可管可控。通过数据要素来源认证、邀约、协商等机制确立可信数据流通的参与方，保证各个参与方都是可靠的。数据生产方可制订数据隐私策略，如脱敏、加密、数字水印等，保障数据在源端已被保护。

数据流通过程中需要采用不同的数据隐私计算技术，满足数据提供方、数据中介和数据消费方等主体的数据隐私保护诉求。隐私计算技术包括联邦学习、多方安全计算、TEE（可信执行环境）、差分隐私等，可根据实际的场景需求来选择。在保证合法合规的前提下，以数据收集最小化为原则，实现多参与方或多计算节点之间开展高效率的联邦学习，当前多应用于金融反欺诈、联合风控等场景；多方安全计算解决不信任的各个参与方各自持有的私密数据协同计算的问题，保证数据消费方在获取正确结果的同时，无法获取计算结果之外的信息，当前多应用于投票选举等场景；TEE（可信执行环境）基于硬件防护能力的隔离执行环境，构建芯片级别的安全计算。

数据可信交换技术框架如图 1-7 所示。

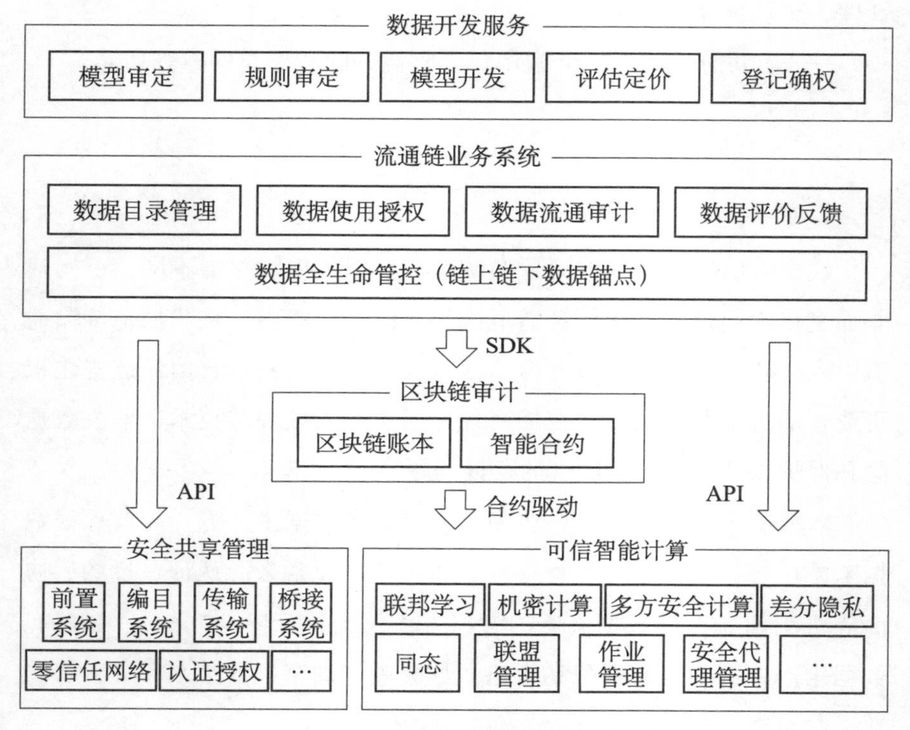

图 1-7　数据可信交换技术框架

数据要素在流通过程中除了要遵循相应的法律法规外，还要能保障数据要素流通全链路可追溯、可审计。通过构建数据流通链，利用区块链技术保护数据源、数据目录等不受恶意篡改，对数据要素计算过程存证以防止行为抵赖，对数据要素流通过程进行审计以实现行为追溯，解决多方数据隐私计算可信协作和信任传递问题，保障数据资产权属清晰、价值和信任的有效传递。通过数据开发服务，将数据资源加工成数据产品和服务，构建模型审定、规则审核、模型开发、评估定价、登记确权等数据安全流通能力，为数据要素交易和数据价值场景提供技术支撑。

2. 数据开发利用技术

数据开发利用主要基于多方安全计算、联邦学习、TEE、区块链技术等，实现多方数据核实、相关分析、安全数据查询以及联合建模等功能。用户可以通过可视化界面进行数据的上传、融合、处理以及模型训练和预测，降低用户使用门槛，大幅提升了数据处理和建模的效率；针对两种不同的计算引擎，都预置了大量函数库供用户选择，满足不同场景下的函数需求。同时支持用户自定义函数，用户只需提供 Python 脚本即可使用；基于 TEE 计算引擎，以及混合计算引擎，可以在数据不出域的情况下进行密文联合计算，实现数据合作。

数据开发利用环境是关键，根据客户实际需求和业务场景提供针对性的产品形态，主要包括数据安全隔离域、联邦学习平台、可信硬件执行环境三个方案。其中：

- 数据安全隔离域。一款安全驱动的数据分析和 AI 工作台，通过数据脱敏、数据置换、数据抽样、用户权限和数据权限管控，将运行环境和调试环境分离，外部数据分析人员只能在调试环境中对样本数据进行数据分析、模型构建，然后将模型部署至运行环境进行训练，最后只输出运行结果。数据安全隔离域不仅能够帮助数据拥有方保护数据安全，防止二次分发导致的泄露和失控，而且可助力数据需求方更好地进行数据分析，最大限度地挖掘数据可用价值。
- 联邦学习平台。基于数据安全和隐私保护技术，在数据不出本地的情况下，与多个参与方之间通过共享加密数据的参数交换与优化来进行机器学习，建立虚拟共享模型，实现数据的多方协同和授权共享，得到更准确、更高效的模型和决策，进一步释放数据价值。联邦学习平台旨在将政府数据赋能金融、汽车、教育、互联网等行业客户，满足风险控制、精准营销等场景的业务需求，打破数据孤岛，实现数据价值的充分流动。

- 可信硬件执行环境。通用安全计算平台是强安全、高性能、易扩展的芯片级数据安全计算解决方案。协助机构之间解决数据合作过程中的数据安全和隐私问题，打破数据孤岛。通过私有化或云服务帮助金融、政务、互联网等行业在联合建模、联合营销、联合风控等场景下一站式完成数据联合计算，实现“数据可用不可见”的安全体验。

1.4.3 交易流通技术

数据要素交易需要在政府及第三方机构的监管下，制定合适的市场定价机制及收益分配机制，以实现数据生产方和消费方的数据交易，并使各方均获得一定的收益，保证数据交易市场可持续发展。数据要素交易流通技术主要涵盖数据价值评估、交易定价、交易支撑和收益分配等内容，为数据供应方和需求方提供灵活、便捷的数据交易服务。数据要素交易流通技术框架见图 1-8。

数据要素交易流通所涉及的权属界定、价值评估等仍主要处于研究层面，尚未形成定论，如数据价值评估主要参考无形资产的成本法、收益法、市场法等评估方法。目前数据要素交易流通主要采取撮合交易的方式，由市场定价，所涉及的技术主要用于数据要素交易平台的建设。数据要素交易平台是数据资产市场化运营平台。由数据生产方、数据消费方、运营监管方、数据中介等数据要素市场参与主体

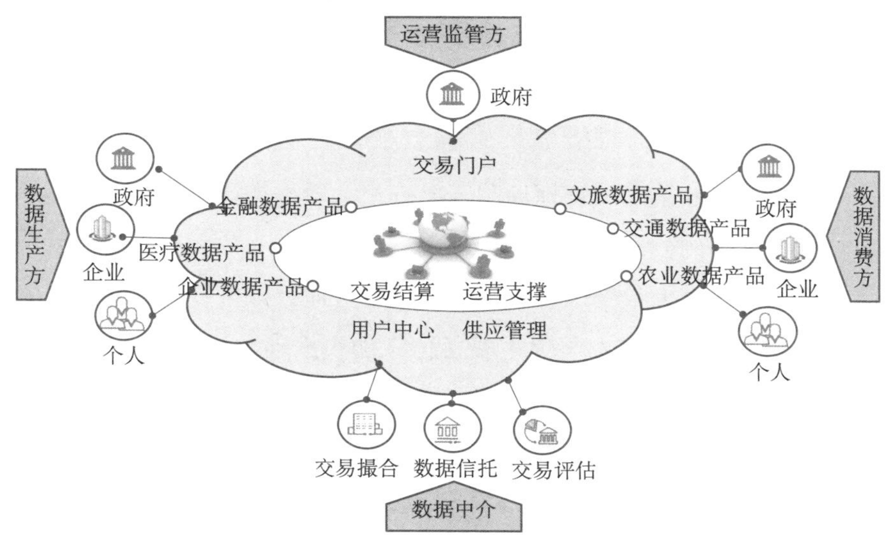

图 1-8　数据要素交易流通技术框架

共同构建新型要素市场体系，让每个市场主体可以平等获取、自由买卖、公平交易、智能结算，形成可持续、自循环、平衡的数据要素市场生态。

数据要素交易平台包含运营支撑、交易结算、供应管理、用户中心和交易门户五大组成部分，通过建立规范化、流程化的数据要素运营体系，提供数据要素化过程的运营保障，服务于数据要素流通的全业务流程。其中，运营支撑模块支持市场运营方对数据产品和服务的管理、运营、交易管理及用户管理等功能。交易结算模块支持市场运营方实现交易邀约发起、交易执行、交易信息匹配、产品计费管理、交易结算等一系列功能。供应管理模块支持数据生产方对数据产品和服务的发布、订单、售后等进行管理。用户中心模块支持数据消费方进行用户注册及验证、订单查看、对账、开发票等。交易门户模块支持数据生产方上架数据产品和服务，数据消费方可进行数据产品和服务的选购，完成后即可使用数据产品和服务。

1.5 贵州数据基础设施实践案例[①]

1.5.1 贵州数据基础设施总体框架

贵州省大数据发展管理局和云上贵州大数据产业发展有限公司作为行政和市场的代表两面出击，深入贯彻落实贵州省大数据战略，以高质量建设国家大数据综合试验区为重要方向，以推动贵州数据要素市场构建和数字经济发展为主要目标，加快推动数字治理示范标杆、数据要素开发先导区建设，创新数字化治理模式。

一是在国内率先推行“一云一网一平台”和“四变四统”信息化建设改革创新模式，实现省域政务数据的统筹和自治，有效提升政务数据“汇聚、融通、应用”能力；二是加快全国一体化大数据中心协同创新体系国家枢纽节点（贵州）建设，构建算力和数据流通调度的基础设施和核心枢纽；三是积极探索公共数据开发利用试点，通过构建数据可信流通和开发利用平台实现“数据可用不可见”，推动政府—企业数据安全流通和融合应用，并探索数据要素市场建设。

1.5.2 基础设施层——贵州省一体化大数据中心

全国一体化大数据中心协同创新体系国家枢纽节点（贵州）的建设将以“数网”“数纽”“数链”“数脑”“数盾”建设为重点，构建“五横十纵”的一体化大数据中心体系，在贵州省内部形成省域要素市场枢纽。

贵州省全国一体化大数据中心以“数链”为切入点，加速数据流通融合，加快完善数据资源采集、处理、确权、使用、流通、交易等

① 本节内容主要参考 2021 年 5 月的“数博会”上由贵州省大数据发展管理局作为指导单位发布的《省域数据要素市场自治与可信流通白皮书》。

环节的制度法规和机制化运营流程，通过推动“央—地”“政—企”数据共享对接，深化政务数据共享共用，促进省域数据流通和数据交易，构建省域数据要素市场。同时，“数链”借助数据沙箱、联邦学习等可信技术，强化数据流通交易过程中政务信息、企业商业秘密和个人数据的安全保护，保障数据跨省流通应用，打造国内首个省域数据可信流通试点示范样板。

推动省域政企数据自治，培育省域数据要素市场。推动“央—地”、“政务”和“政—企”数据共享对接，整合各方数据资源汇聚贵州，提高数据交换与共享能力。优化数据综合治理，构建清洗辅助、质量评估和数据资源分级分类管理体系，制定数据分级分类标准，依据标准建立数据资源池，大力提升数据服务能力。

促进数据交易和流通，打造国家级数据要素市场战略节点，探索新型数据交易模式。围绕数据资源产品、数据服务产品、数据权益产品、数据公益产品等不同标的，探索推出成本定价、收益定价、股权定价的交易模式，建立健全数据资源交易机制和定价机制，规范交易行为。构建新型数据交易运营机制，突破贵阳、贵州或西南的地域限制，坚持央地协同、全国布局，完善跨区域全国运营布局体系，打造全国统一的数据要素市场西南枢纽节点。

1.5.3　数据管理层——贵州省“一云一网一平台”

“一云一网一平台”通过构建统一基础设施实现政务信息化系统集约化、共享化建设并提升全省政务数据“聚、通、用”成效。

构建统一基础设施实现省域政务数据的统筹和流通。建立了云上贵州系统平台作为“统筹存储、统筹共享、统筹标准和统筹安全”的全省统一政务云计算平台；采用多网融合技术，构建覆盖省、市、县、乡、村五级的物理电子政务网络，建立了一个安全的网络接入平台；建成省市县一体化政务数据共享开放平台，应用了可信数据智能共享模型，实现省域政务数据的互联互通和共享交换；按照最新的网络安全等级保护制度 2.0 要求，建立了统一的安全防护能力，确保云上贵州系统平台底座和数据安全合法合规。

通过体系化数据治理实现政务数据的自治。出台《贵州省政府数据共享开放条例》，由省大数据局作为全省政务数据主管部门，建立数据共享交换标准流程，严格执行数据共享交换审批制度，防止政务数据被滥用和非法访问；在国内率先制定并应用数据目录编制、元数据描述、数据分类分级等近 20 项政务数据地方标准，为“一云一网一平台”新建项目提供统一的数据标准，有效提升政务数据标准化及质量；建立统一政务数据中台，提供元数据、主数据、数据质量、数据标注、数据加工、数据可视化、数据智能搜索等数据治理及分析能力，开展政务数据体系化数据治理，构建形成业务图谱、知识图谱和数据图谱，实现数据与业务和行业属性的深度关联，提升数据的识别、理解和共享、融合功能。

目前，“一云一网一平台”省级主节点物理计算总规模超过 3 200 台服务器，可提供标准配置云服务器 52 000 余台，标准云数据库 18 000 余台，存储空间达 38PB，承载了 1 200 余个应用系统的运行，实现省、市、县、乡、村五级 78.3 万项服务事项网上可查、可办，省、市、县三级政务服务事项网上可办率达 100%，累计业务数据量达到 12PB。贵州构建了统一用户、统一授权、统一审批、统一数据资源中心的省、市一体化政府数据共享开放平台。目前汇聚发布了 90 个市直部门、10 个市州共 13 544 个数据目录，挂接数据资源 8 799 个，平台累计交换数据 2.31 亿余批次（8 169.69 亿余条）。通过数据区提供各部门统一的数据出入口管控和数据治理服务，并基于统一的数据资源池，建设了人口、法人、空间地理、宏观经济 4 大基础库和信用、一卡通等主题库，目前数据资源池已汇聚数据近 100 亿条。贵州省政府数据共享开放连续多年处于全国第一梯队。

1.5.4　数据流通层——贵州省数据开发利用支撑平台

探索建立公共数据可信流通的平台和管理机制。实施“一场景一申请、一需求一审核、一场景一授权、一模型一审定”的管理机制，建立“数据供给区、数据加工区、数据开发区、数据运营区”的数据可信流通和安全开发利用平台，实现数据清洗、脱敏、标注、融合和封装的生态化、协作化，形成标准化、定制化、融合化的数据块或数据接口服务，实现模型开发、模型训练和模型运行，利用多方安全计算、联邦学习、区块链等技术融合实现数据“可用不可见，用途可控可计量”，建立数据模型审定、数据产品审定系统，确保数据开发利用的合规性、安全性。建立统一的数据服务和产品交易平台，提供数据申请、服务查询、数据撮合、需求发布、模型超市、产品超市等。

推动政府 - 企业数据可信流通和安全融合利用。基于公共数据可信流通和安全开发利用平台，推动供电、通信、教育、公共交通等公共企业数据归集，广泛与银行、互联网企业、数据分析挖掘企业开展普惠金融、公共资源交易、文化旅游、交通出行、工程建设、医疗健康等场景的开发应用，推动政府 - 企业数据可信流通和安全融合利用。

探索数据要素市场自治建设。建设数据运营服务平台，构建数据服务和数据产品超市，探索数据权属、数据服务、数据产品定价和开发利用收益分配、开发利用成效评估、开发利用监督等机制，探索基于一体化数据开发利用和运营服务平台构建省市分级运营机制，建设省域数据要素自治市场。

化解数据确权问题，聚焦数据价值交易。在以数据开发利用支撑平台为核心的大数据生态下，积极探索数据运营模式，将数据变为资

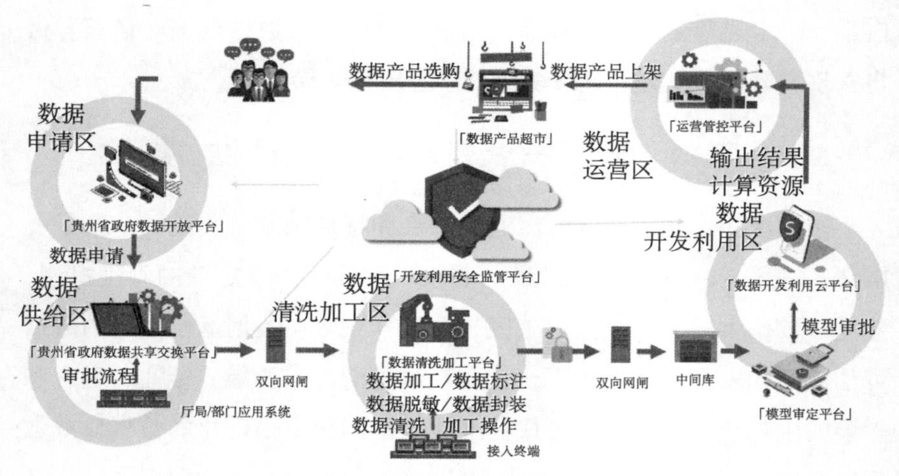

图 1-9　数据运营加工平台框架

产，以服务体现数据价值，不论是中台运营商还是服务提供方都能分享运营收益，为数据经济发展提供持续稳定的数据要素市场。

目前，在贵州省大数据局统筹下，云上贵州公司已建立多方安全开发利用云平台（数据运营加工平台框架如图 1-9 所示），作为政务数据资源开发利用的统一“入口”和安全“闸口”，面向开发利用者提供一站式、标准化、规模化的云存储、云计算、云安全、开发工具、模型算法、数据资源等共性服务。平台采用国产区块链——“享链”和鲲鹏信创体系，并利用多方安全计算、可信执行环境（TEE）、联邦学习等计算构建起多元模式的自主可控安全开发利用平台，提供隐私求交、匿踪查询、联合统计等安全计算服务。建立了数据清洗加工车间、数据模型及产品审定平台、开发利用安全监管系统等平台，有效实现数据在输入、加工、建模及输出的全程中安全可控。该平台在普惠金融、公共资源交易、文化旅游、交通出行、工程局建设、劳动就业、医疗健康、农业经济信息服务 8 大重点领域积极推动了 10 余个应用场景建设，并推动了电力、燃气交通、电信运营商等公共企业的数据归集与政务数据的融合开发利用。

参考文献

1. 杨欢．云数据中心构建实战．北京：机械工业出版社，2014.

2. 张冬．大话存储－存储系统底层架构原理极限剖析．北京：清华大学出版社，2015.

3. DAMA 国际．DAMA 数据管理知识体系指南（原书第 2 版）．北京：机械工业出版社，2020.

4. 李冰，宾军志．数据管理能力成熟度模型．大数据，2017，3（004）：29-36.

5. 祝守军，蔡春久，等．数据治理——工业企业数字化转型之道．北京：电子工业出版社，2020.

6. Tomcy John, Pankaj Misra. 企业数据湖．北京：机械工业出版社，2019.

7. 华为公司数据管理部．华为数据之道．北京：机械工业出版社，2020.

8. 张旭，戴丽，闫赛华，等．数据中台架构－企业数据化最佳实践．北京：电子工业出版社，2020.

第二章　数据定价

2.1　数据定价的背景和意义

随着人工智能、大数据、云计算、物联网等技术的飞速发展及其与市场经济的深度融合，以金融和信息科技为代表的产业界积累了海量的市场交易数据和服务业务数据。传感智能设备（如工业设备、智能家居设备、个人穿戴设备）的大范围应用与部署源源不断地产生海量的感知数据。激增的数据成为政府和企业的核心资产，其被迅速且广泛地应用于政府公共管理、金融决策、新零售、智慧医疗服务、智能制造等领域。大数据这一新型“石油”资产受到各领域的关注，相应的产业规模发展迅猛。根据 IDC（国际数据公司）发布的《数据时代 2025》（Data Age 2025）白皮书，全球数据量将从 2018 年的 33ZB 增至 2025 年的 175ZB，2018—2025 年中国的数据量将以 30% 的年平均增长速度领先全球。预计到 2025 年中国数据圈将增至 48.6ZB，占全球 27.8%，成为最大数据圈。由于数据是非独占资源，且具有协同作用属性，从而聚合后的数据价值通常远大于单一数据集价值的简单相加。因此数据的共享流通、融合应用将极大地提升数据资源的利用价值，这也是大数据时代发展的必然趋势。飞速增长的海量数据和各行各业对大规模数据融合应用的强烈需求为数据共享交易创造了难得的机会，近期，相关政策也明确指出了数据资源共享与交易的必要性和方向。2015 年国务院印发的《促进大数据发展行动纲要》中提出，“引导培育大数据交易市场，开展面向应用的数据交易市场试点，探索开展大数据衍生产品交易，鼓励产业链各环节市场主体进行数据交换和交易，促进数据资源流通，建立健全数据资源交易机制和定价机制，规范交易行为。”党的十九届四中全会通过的《中共中央关于坚持和完善中国特色社会主义制度、推进国家治理体系和治理能力现代化若干重大问题的决定》提出，“健全劳动、资本、土地、知识、技术、管理、数据等生产要素由市场评价贡献、按贡献决定报酬的机制”，首次将数据列为与劳动、资本、土地、知识、技术、管理并列的生产要素。中共中央 国务院颁布的《关于构建更加完善的要素市场化配置体制机制的意见》进一步提出，加快培育数据要素市场，充分挖掘数据要素价值。我国各地政府洞察到数据要素在推动数字经济发展、促进资源整合和利用方面的潜在价值，纷纷建立大数据共享与交易平台，以促进数据资产的流通。继贵阳大数据交易所之后，上海、武汉、北京、重庆、哈尔滨等地也纷纷布局大数据战略，筹建数据交易市场。工业界同样意识到高价值数据资产是其在信息经济时代提升竞争力的关键。企业扩大自身收集数据的范围，提高自身收集数据的能力，数据共享与交易的需求不断提高。数据堂运营国内第一家大数据电商平台，以电商模式实现大数据资产的在线交易。类似于数据堂的电商模式，京东、百度等公司也纷纷建立数据共享交易平台。

李克强总理在 2016 年 5 月提到，目前我国至少 80% 的信息数据资源都是封闭的，是极大浪费。然而当前的数据共享与流通机制技术以及法律法规仍然无法满足各领域、各主体对于数据资源流通的强烈需求，仍然存在着数据不愿共享、不敢共享以及不易共享的困境。进而导致大数据市场发展的动力不足，仍然存在大量数据孤岛的现象。

数据资源的流动共享需要安全可信数据交易技术的支持。通常数据交易市场中涉及买家（数据消费者）、卖家（数据所有者）和平台（数据代理商）三方实体。在数据交易的过程中，他们从各自的利益出发会遇到“数据质量如何？”，“数据值多少钱？”和“数据卖多少钱？”等基本问题。数据交易过程中准确可信的数据质量评估、数据价值评估和公平的数据定价机制保障了买卖双方权益，维护了平台声誉，构建了规范有序的数据市场，但维护健康、可持续的数据共享和交易生态等关键问题也是亟待解决的难题。

数据交易的有序健康发展离不开数据定价方法的支持。公开透明、可信安全、灵活可扩展的数据定价技术关乎数据市场的规范化发展。然而现有数据市场中的数据定价策略大都是基于经验判断，缺乏相应的理论指导。数据的售卖形式和价格的制定缺乏规范。由于市场信息的非对称性，数据买家对于数据商品很难进行准确估值，难以做出最优数据购买决策；数据卖家也没有相应的机制来学习买家的数据估值，进行准确定价，从而造成数据交易收益的流失，损伤了数据卖家和买家参与的积极性。中国信息通信研究院发表的《大数据白皮书（2016年）》中明确提出：数据产品定价困难是我国大数据交易面临的主要问题之一。在缺乏完善统一的定价机制和有效监管的市场环境下，面对日益复杂多样的大数据产品和数据交易场景，如何实现数据商品价格的公开化、透明化以及可信安全是亟待解决的问题。

在数据要素政策扶持以及数据流通市场需求的驱动下，数据正逐步从封闭难共享的资源演变成为一种可进行交易的新兴电子商品。传统的商品从原材料到产品形态再到市场商品，存在一个复杂的价值链。在人工智能时代看数据资产的生命周期，数据在价值链上处在起点的位置，从一开始作为训练数据的原材料，到中间通过机器学习模型算法进行分析与处理，再到最后成为智能产品服务提供给用户，其中经历了一系列加工和增值过程，包括数据清理、数据融合、数据分析挖掘、模型设计、训练与测试、知识提取以及部署应用等关键步骤。要推动从原始数据到数据商品的价值链，还有很多关键经济问题需要考虑，其中核心问题是数据资产的定价，其挑战来自数据作为新兴电子商品的新特点，主要体现在以下方面：

- **数据成本构成特殊：** 数据同时拥有高生产成本和低边际成本。数据的产生、收集都需要消耗较多的人力资源和硬件设备，储存和维护数据更需要长期的场地和人工成本。数据一旦生成，就可以被低成本、无损耗地复制，一份数据可以同时售卖给多人。数据具有固定的生产（采集）成本，而其边际成本却可以忽略。
- **数据需求多样、估值困难：** 买家对数据的需求是多样的，数据的价值因应用场景而异，比如 GPS 数据在导航应用中价值较高，在金融征信应用中价值较低。数据的价值也与数据的稀疏性有关。对于某些商业金融数据，数据越稀疏，其价值越低。对于政府部门的交通出行数据，涉及的人数越多，数据价值越高。由于数据应用场景的多样化，卖家难以对数据的市场价值进行准确评估，更难以准确制定数据商品价格。
- **数据真实性难验证：** 数据是二进制符号（比如数值型传感数据），卖家可以随机地伪造、生成虚假数据，而不是从数据源（传感器）中真实地采集数据。而数据买家也通常缺失真实数据集来验证购买的数据的真实性。数据的价值需要建立在数据真实性的基础上。
- **数据所有权模糊：** 个人日常行为所产生的个人数据的所有权毫无疑问属于个人。而不同于房子、股票等传统商品，数据具有易于复制传播的特性。在多次传播过程中，数据所有权变得模糊，难以界定，导致数据拥有者的权益受到损坏。我们需要厘清数据交易过程中数据各项权益的转移，并且反映在数据定价上。

- **数据隐私敏感**：虽然个人隐私数据能够用来提供个性化服务，但是却不能直接拿来交易。数据没有绝对的隐私，多项实际案例表明，即使是不敏感的数据，被大量收集后，也会暴露个人隐私。所以在交易隐私数据的过程中需要特别注重隐私保护，但是仍然有隐私泄露的风险。所以数据定价需要充分考虑隐私泄露的程度，对用户进行隐私补偿。
- **数据类型多样**：不同类型的数据具有一些特殊性质。比如，一些用来决策的数据（商业数据）具有很高的时效性。金融数据具有很强的时间相关性。传感器采集的数值数据的数据质量参差不齐、数据精度具有较强的不确定性等。而对于无结构的多媒体数据，难以找到简单统一的数据量化标准。
-

针对数据出现的新特点，在数据定价问题上展现了许多新的挑战：

- **数据产权定价模糊**：数据是数字资产，其与产权相关的交易、管理以及开发费用较高且难以量化。数据产权在数据的传播过程中逐渐模糊，数据权属界定具有难度，为数据交易带来了阻碍，使得数据定价困难。
- **数据价值不确定**：数据产品定价的最大难点之一在于数据产品价值的不确定性。主要表现在：（1）数据价值的明确具有滞后性，买方需要在数据使用后才可确定是否达到预期目标；（2）买卖双方在数据质量、数据效用期望值等方面的理解不同，致使无法达成一致的数据定价；（3）由于数据应用场景的多样化，卖家难以对数据的市场价值进行准确评估，更难以准确制定数据商品价格；（4）数据交易双方信息不对称，卖方掌握的信息多于买方，造成了大数据价值的双向不确定性，成为大数据定价的最大难点所在。这些困难说明了传统的定价交易方式已经不能解决现有的数据定价问题。

- **数据格式多样：**数据市场交易数据具有多样性，不仅有结构化数据，还有半结构化甚至非结构化数据，如多媒体数据、物联网数据等。数据内容所覆盖的范围也超越了传统数据库。数据产品流通格式多种多样，数据格式标准化程度低，且无统一技术标准。不同种类的数据在相应场景中也具有不同的价值，难以用统一的标准处理数据定价问题。我们需要依据数据类型，充分挖掘各类型数据的特点，设计相应的数据定价机制。
- **数据产品具有外部性：**作为新兴电子产品，数据具有网络外部性。过多的数据供应反而会给数据拥有者带来负面影响。这种负面影响我们称之为负外部性，主要体现在两个方面：（1）不限量的数据供应导致数据贬值，交易平台难以获得最优的数据交易收益，数据碰撞效用降低；（2）数据交易具有排他性，数据购买者不希望存在“竞争”关系的用户也获得同样的数据，数据拥有者本身也具有排他性，不愿意数据为他人所用。这种现象在价值高的数据产品中表现得更为强烈，抑制了数据的流通与共享。这样的负外部性导致了数据交易中数据售卖的策略变化，需要充分考虑数据购买者的竞争关系，给数据定价问题带来了困难。
- **数据隐私难量化：**高价值的数据往往是隐私数据，由于数据的边际成本较低，在数据交易的过程中易复制，数据隐私容易泄露，非法的数据交易更是会对个人数据的安全造成影响。数据复杂的关联关系进一步加剧了数据隐私量化的难度。数据价格也存在隐私泄露的风险，数据价格和隐私泄露间的关系是数据定价需要解决的问题。

综上分析，数据产品定价存在数据产权定价模糊、格式非标准化、数据价值不确定、价值外部性以及隐私易泄露等制约因素，导致在大数据交易中，与传统物质商品不同，买卖双方对商品的价值并不能做出合理评估，难以制定数据定价策略。要解决这些问题，不仅需要建立统一、规范的交易渠道和定价规范，更需要对大数据产品及其衍生服务进行分类、标准化以及统一的质量评估、充分的价值评估、可行的隐私保护和隐私补偿，从而建立完善健全的大数据产品定价模型。

2.2 数据交易平台发展历程

世界经济论坛（World Economic Forum）于 2011 年启动了一项名为“重新思考个人数据”（Rethinking Personal Data）的项目，旨在汇集个人、公司、公共部门、学术机构等，探索如何形成一个平衡、互相协作、自律的基于个人数据的生态系统，并发布题为《个人数据：新资产的崛起》的报告，将个人数据作为“最新的经济资源”，列为“新的资产类别”，开展数据治理工作。安全可信的数据共享与交易在国内外工业界已经引起了广泛关注。有以政府部门为主导的公共数据共享开放平台，如美国政府数据开放平台与上海大数据中心等；也有以互联网公司为主体的数据共享与交易平台，如美国亚马逊 AWS Data Exchange 平台以及国内的数据堂等。下面将回顾国内外工业界数据交易平台的发展现状。

（1）国外数据交易平台

国外数据交易平台如图 2-1 所示。

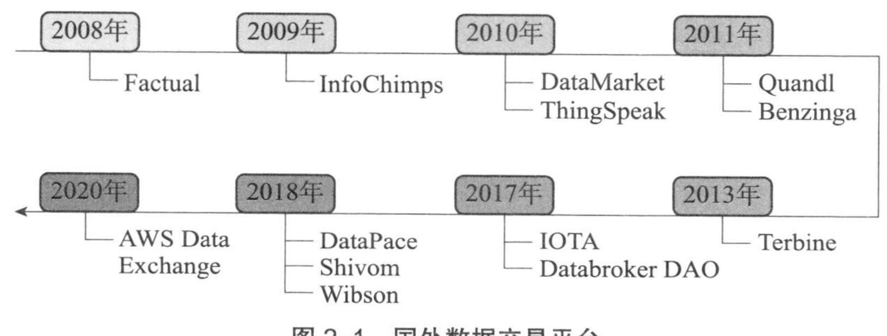

图 2-1　国外数据交易平台

早期国外的数据交易平台交易的数据类型较为单一。例如，2008 年创立的 Factual，致力于出售地理位置相关数据集；2009 年创立的 InfoChimps 主要负责出售地理位置、社交网络数据。InfoChimps 和 DataMarket 获得了高额的融资，最后由于成熟的商业模式分别被大型数据分析服务提供商 CSC 和 Qlik 收购。还有一些公司，比如 Quandl、Benzinga、Airex、Diliger 等，专注于提供金融类数据服务，帮助企业做商业决策。我们还注意到由于感知数据量的快速增长，有一些公司，比如 Terbine、ThingSpeak 和 Tingful 已经开始涉足感知数据交易市场的构建。最近，世界上最大的加密货币之一 IOTA 宣布建立物联网数据交易市场，用 IOTA 货币来支持物联网数据交易。近几年，涌现的数据交易公司不再局限于单一数据出售服务，而是由原始数据交易逐渐向基于数据的有偿服务转型，这是数据共享与交易的必由之路，这也是数据商品区别于传统商品的特性决定的。

美国亚马逊公司于 2019 年 11 月提出了面向云计算服务数据交易中心（Data Exchange）的解决方案，通过整合各方权威的数据源，亚马逊云用户能够轻松、安全地查找、订阅和使用云中的第三方数据。

提供的数据产品涵盖各个行业，包括金融服务、医疗保健、地理空间等，用户能够通过API接口或者控制台将订阅的数据导入云计算平台，如Amazon S3。为了保护用户隐私，目前亚马逊平台禁止共享敏感个人数据（如个人健康信息）。隐私数据往往具有较高的商业价值，如何可信安全地共享个人隐私数据是数据共享平台亟待解决的问题。

（2）国内数据交易平台

国内数据交易平台如图2-2所示。

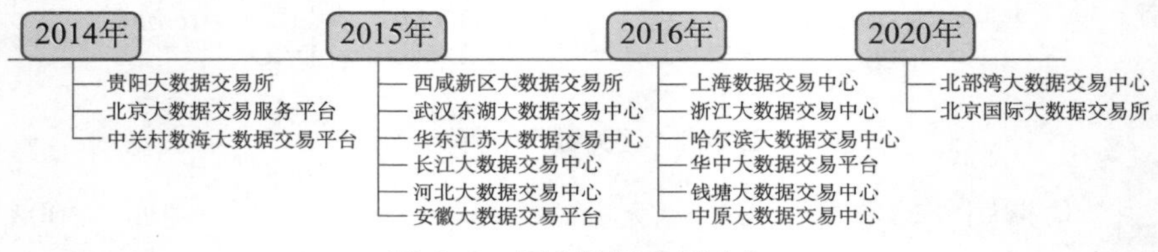

图2-2　国内数据交易平台

国内数据市场的发展也是方兴未艾，贵阳大数据交易所是国内第一家大数据交易所。在此之后，国内的大数据交易所如雨后春笋般出现了大小70多个，代表性的包括上海数据交易中心、中关村数海大数据交易平台、武汉东湖大数据交易中心等。同时，以数据堂、京东万象、发源地、聚合数据等在内的以电商模式运营的数据交易平台也纷纷成立。贵阳大数据交易所是国内关于数据交易的首次尝试。截至2016年3月1日，交易所已经成功接入了100多家数据源公司，可交易数据超过50PB，交易数据的范围涉及政府、金融、企业、医疗、电商、交通、社会等30多个领域。但关键技术的探索存在不足，这使得原始数据的合法性难以确定、交易价格的确定不够透明，容易产生数据质量以及数据价格纠纷给大规模落地应用造成了阻碍。数据堂运营国内第一家大数据电商平台，于2011年成立，专注于互联网电商模式的数据交易和服务，致力于融合和盘活各类大数据资源，特别是人工智能相关数据，推动相关数据处理技术、应用和产业的创新，包括数据标注、数据定制和数据训练集等业务。前期数据商城的发展目标是成为中国的“数据淘宝”，但由于数据来源、权属、质量、定价、安全保护及隐私等方面存在一些难题，2017 年 6 月公司又受到泄露客户隐私事件的影响，数据商城业务发展停滞，商业模式仍有待完善。华为技术有限公司于 2017 年推出了华为大数据统一数据治理平台（unified data governance platform，UDGP），提供全面高效的数据资产治理与管控环境，实现数据管理和共享平台，包括数据采集、整合、安全、标准、生命周期和质量管理以及多维度数据云图等功能，为电信运营、电子政务、智慧城市等提供数据管理支撑。阿里云也推出了数加平台，提供了包年包月付费和按数据交易量付费两种数据定价模式，并在 2017 年 5 月对其所提供的大数据产品，包括数据基础服务、数据分析及展现、数据应用和机器学习模型训练等，以地区定价方式进行了详细更新，提供了用户可自行估算大数据产品价格的价格估算服务。

国内外的数据交易市场目前尚未形成成熟的数据交易定价机制。数据价格受多种因素影响，包括数据数量、数据品种、完整性、实时性等的影响。现有大数据交易平台采用的大数据交易定价策略包括平台预定价、自动计价、拍卖式定价、自由定价、协议定价、捆绑式定价等。

2.3　数据定价要素

下面，我们首先分析数据定价的影响因素，包括数据的生命周期、数据质量价值、市场流通过程、售卖方式以及数据的成本结构等方面。数据商品的价格受到数据来源、数据规模、数据种类、数据采集方式、数据实时性等多种因素的影响。目前无论是大数据交易的工业实践还是数据市场的理论研究都没有统一规范的数据产品定价方法。我们从以下四个角度思考数据定价的影响因素。

2.3.1 数据产品的售卖形式

数据市场中的核心问题是充分挖掘数据作为新兴电子商品的经济学特性，确定数据以何种形式、何种价格售卖，从而最大化数据售卖者的收益，以激励更多的数据拥有者参与到数据市场中；同时，也让数据需求方高效地购买到所需数据，实现数据的按需购买。目前数据共享交易的形式可以划分为以下三种。

数据共享交易 1.0：共享交易数据本身，类似于传统商品的买卖。数据经过处理、清洗、脱敏等，组合成完整的数据集，并且可以被分为不同版本。在数据需求方支付了一定费用后，数据按照一定方式开放给数据需求方，主要提供数据浏览、下载（以Excel或CSV等格式）等功能，包括数字、文本、表格、图片、图像、地图等各类实时与非实时的数据。在法律允许的范围内，不限定数据下载量和数据用途。将原始数据作为实物商品进行买卖，主要是所有权交易。但是由于数据作为一种新兴的电子商品，其权利可复制、可传播、可分离，具有与实物商品不同的本质特点。交易过程涉及数据所有权、管理权、使用权、收益权、隐私权、安全保护等复杂问题，因此直接交易原始数据有面临更多权益纠纷的风险。

数据共享交易 2.0：共享交易数据的查询服务，在此过程中，数据本身不可见。在不改变数据所有权、管理权的前提下，仅涉及使用权、安全访问控制等问题，更容易设计和实现数据共享交易机制。共享经济中使用权一般重于所有权：数据符合无形商品的特点，如文学著作、软件、电影和专利作为一种特定领域的数据，其共享模式已形成一些有效的机制和方法，多是使用权交易与服务定价，所有权交易发生的频度低。共享交易数据的查询服务通过数据脱敏、API 访问、沙箱运行和二次加工等方式推动数据的共享使用，实现数据使用权交易，解决数据的开放共享与合理使用难题，形成数据共享的良好生态环境，如公安部全国人口信息社会应用平台和中国知网 CNKI 数据库共享服务是典型的成功案例。

数据共享交易 3.0：共享交易数据的智能服务，主要通过联邦学习、多方计算等方法提供服务，在此过程中数据不可见。这种方式的优点在于可以定制数据集以及相关智能服务产品，特别是对数据服务工具和应用进行定制。充分利用机器学习、数据挖掘等技术，将数据中隐含的信息提取到模型服务中。通过共享模型以及提供服务来实现数据的共享和信息的传播。除此之外，上述两种数据共享交易形式没有充分保护数据隐私，往往造成敏感信息泄露，导致大量用户不愿意分享个人数据，阻碍数据流通。而本方式不交易数据的所有权或使用权，而是对基于数据的服务进行交易，大大加强了数据安全隐私保护。

不同的数据共享与交易的形式也为数据定价提出了新的要求和挑战。现有数据市场中的数据定价策略大都是基于经验判断，缺乏相应的理论指导，尤其是数据的售卖形式的制定缺乏规范。在数据的售卖形式由数据卖家决定的情况下，数据买家对于数据商品很难进行准确估值，难以做出最优数据购买决策；数据卖家也没有相应的机制来学习买家的数据估值，从而进行准确定价，于是造成了数据交易收益的流失，损伤了数据卖家和数据买家参与的积极性。

2.3.2 数据产品质量

数据质量是大数据产品最基本的性质，是决定数据价值与数据价格的重要因素。数据交易平台可以依据数据质量对数据产品做出基本的定价决策。由于大数据的获取方式、数据类型和格式多样，数据精度不一致以及存在人为干扰因素等问题，常出现错误数据、不完整数据、不安全数据和不一致数据，共享数据的质量难以保障，为数据的定价带来了不稳定性，阻碍了数据市场的发展。为此，需要建立一个统一高效的数据质量鉴定理论体系。

数据质量标准主要包括数据的准确性、完整性、安全性与一致性等多个维度。借鉴全面质量管理（total quality management，TQM）的质量循环改进思路，美国麻省理工学院（MIT）的 Stuart Madnick 和 Richard Wang 建立了 TDQM（total data quality management）理论，为数据质量标准化提供了理论支撑，但是没有提出具体的数据质量衡量标准。为了突破数据产品的质量国际标准化的困境，ISO 下设的委员会在 2005 年开始组织撰写 ISO 8000 标准，以突破数据质量没有国际标准的困境。ISO 8000 数据质量国际标准包括数据质量框架、主数据质量、事务数据质量和产品数据质量等。西安交通大学的张坦教授在质量标准体系方面，回顾国内外数据质量研究与实践的进展，重点对 ISO 8000 数据质量国际标准进行了探讨。同时，面向大数据质量标准化方法和测度理论，给出了我国政府进行数据质量控制及其标准化建设的对策建议，提出了一种评估数据质量的方法，根据域的有效性条件，将预定义域分配给一个或多个数据列，通过计算列中数据值是否满足有效性条件评估该列数据的质量，并且基于组中一列数据的质量计算一组列数据的质量。

在基于数据质量可鉴定的基础上，中国科学技术大学的李向阳教授讨论了数据质量与数据价格的关系，指出影响数据价格的数据质量包含内在质量、表达质量、可访问性质量、上下文质量等，并从买家、卖家、数据代理商三个角度讨论数据质量对数据价格的影响。

2.3.3　数据成本构成

数据价格除了受到数据质量及供需关系的影响外，数据价格的基础还是由数据成本决定。数据的成本包括数据采集成本、数据存储成本、数据计算与分析成本以及数据边际成本。

数据采集成本是数据成本的基础，指数据平台通过人工、布置传感器或者网络爬虫等方式收集数据所付出的人工成本和设备成本。采集成本是无法避免的固有成本，是影响商品定价的重要因素。数据平台能够通过优化数据采集策略、更换数据采集方式等方法降低数据采集成本，从而进一步降低数据成本，提升利润空间。

数据储存成本和数据计算与分析成本是指数据中心在储存、计算与分析数据的时候所付出的储存资源与计算资源，也可以是数据消费者租用云计算平台的储存、CPU 或者 GPU 等资源的费用。根据云计算平台 Nasuni 公司发布的报告，存储 1TB 文件数据的平均成本（包括硬件、软件、网络传输、数据备份、人工维护等）大约每年 3 351 美元。计算与分析成本则严重依赖于具体的计算平台和计算任务。数据云计算平台大多采取按量计算，即按照占用 CPU 或者 GPU 的时间计费。在存储与计算耦合的数据平台中，当数据储存资源和计算资源两者其一出现瓶颈时，必然会导致存储或计算能力的冗余，这无疑造成了难以避免的额外成本。所以数据平台（如 AWS、阿里云等）都是通过存算分离的方式将存储和计算两个数据生命周期中的关键环节剥离，形成两个独立的资源集合。两个资源集合之间互不干涉，但又通力协作，使得单位资源的存储成本和计算与分析成本尽量减少。

数据边际成本是指每新增一单位生产的数据带来的总成本的增量。对于传统商品而言，生产一种全新的产品前需要花费大量成本对产品进行设计、组建生产流水线，等等。在后续生产的过程中，随着产量的增加，由于生产线已经成熟，边际成本不断下降。但是边际成本的下降是有限度的，当产量超过目前的生产能力时，我们需要再次投入大量成本，此时边际成本随着产量的增加而递增。然而，对于数据产品而言，这种情况就不会存在。数据作为商品的最大特性就是边际成本几乎为零。由于数据产品本身的可复制特性，当我们收集并处理好数据之后，无论之后数据产品售卖多少次，其边际成本都可以忽略不计。

由于数据产品同时具有非常高的固定成本和无限小的边际成本，所以数据定价不仅仅取决于生产成本和供需关系，对数据的定价方式提出了新的挑战。

2.3.4 数据使用场景与效用

数据使用场景作为数据交易流程的最终端，对数据的价值起到了决定性的作用。不同种类的数据对应不同的数据使用场景会展现不同的数据价值。数据场景的不同导致数据类型和数据效用的不同，从而影响数据的价值。

- **数据类型：**针对不同使用场景，数据消费者想要购买的数据不尽相同。举例来说，想要训练人脸识别的消费者只需要人脸相关的图片数据，智慧交通系统更需要交通的视频数据和实时传感器的数据。不同的数据种类的特性，例如感知数据的时空关联性、多媒体数据难量化等，导致了数据的定价具有不同的内涵。所以我们需要根据不同的数据类型研究具体的数据定价方法。
- **数据精度：**针对不同的使用场景，数据消费方想要购买的同种类数据的精度也不同。举例来说，对于室外的地图导航等应用，精度为米级别的空间信息数据已经足够；而对于室内的智慧家居等应用，则需要厘米级别的空间信息数据来完成室内定位。在这种情况下，米级别和厘米级别的数据对于地图导航等应用有相同的价值，而米级别的空间信息数据对于室内定位等应用完全没有价值。所以我们需要根据消费者的需求研究更加灵活的数据定价和售卖方式。

- **数据效用：**在不同的应用场景下，消费者都采用不同的机器学习模型，这导致了数据对不同黑盒模型的贡献也是不同且模糊的。举例来说，在训练人脸识别机器学习模型的使用场景中，人脸数据对模型的训练有正向贡献。如果混入低质量的模糊图片、动物图片甚至恶意的对抗样本，那么这样的数据是没有价值的，甚至对模型的训练有负面影响，导致模型失效。但是数据效用只能在数据交易完成后才能得到验证，难以应用于交易之前的定价方法。所以我们需要尽可能地在数据交易前估计数据对相应机器学习模型的效用。

2.4　数据定价方法

在传统的商品交易领域中，定价理论已经很成熟，然而这些理论在数据商品定价方法中并不完全适用。数据商品不同于传统商品和普通电子商品，其具有的新特性为定价带来了诸多困难。数据商品的交易形式和价格制定仍然是经济学领域和计算机领域待解决的基本问题。近年来，数据定价领域涌现了很多基于不同理论的数据定价方法。比如，基于数据要素的定价方法，这类方法通过量化隐私泄露程度和使用数据后所带来的效用来衡量数据价值；又如基于博弈论与微观经济学的定价方法，在这类方法中，数据被视为某种特定类型的信息产品，然后将经济学方法与计算机结合对数据商品进行定价；有的定价方法将数据分为不同类型进行讨论，如关系型数据、感知数据和多媒体数据，等等。

2.4.1 传统定价理论

经济学中传统的定价理论主要有早期价格理论、马克思劳动价值理论、现代西方价格理论。下面我们简要回顾这三个理论。

早期价格理论进一步包括效用价格理论、供求价格理论、成本价格理论。效用价格理论指决定商品价格的是商品使用价值；供求价格理论认为决定商品价格的是市场供需关系，供需曲线的交点为商品的价格；成本价格理论指商品价格是各类成本的总和。马克思劳动价值理论认为商品价格与其本身的价值量有关，也与生产商品的社会必要劳动时间有关。现代西方价格理论包括边际成本理论、垄断价格理论和均衡价格理论。边际成本理论表示商品的价格至少需要大于生产一单位新商品的边际成本；垄断价格理论认为生产者会以高于平均成本的价格对垄断商品进行定价，形成垄断价格；均衡价格理论综合考虑了商品成本、商品价值以及市场的供需关系。

由于数据产品有异于传统商品的新特性，所以数据定价所能借鉴的定价模式并不多。数据质量衡量的复杂性、数据使用场景的多样性以及数据交易的外部性等特点决定了基于市场供需关系的定价理论不适用；大数据本身就具有唯一性（各个大数据集之间都是不同的），且数据商品的产生是数据采集、标注、清洗、分析、提炼的复杂过程，既有人力成本的投入，也有机器计算资源的投入，难以转化成社会必要劳动时间，因此马克思劳动价值理论不适用；边际成本理论用再生产一单位产品的边际成本来决定商品价格，显然，数据可以低成本或者无成本地无限复制，其边际成本趋近于零，因此边际成本无法用来确定大数据的价格。综上所述，可以借鉴的理论模型有效用价格理论、成本价格理论。

- **效用价格理论**：价格效用理论认为决定数据价格的是其使用价值，即在具体应用场景中，使用数据前后决策者的预期收益（或损失）的差值是相应数据的价格。数据的前预期收益，即数据使用前的收益容易计算，难点在于数据的后预期收益的量化，即数据使用带来的效用的量化。我们进一步区分两种后预期收益：一种是确定性后预期收益，这种收益表示数据购买者具有明确的数据使用场景，对数据带来的增益较为确定，比如数据带来的机器学习模型精度的提升，更新的机器学习模型使决策收益增长；另一种是非确定性后预期收益，这种情况代表数据购买者对数据商品可能的应用场景还不明确，未能衡量数据带来的可能收益。对非确定性数据收益，只能通过一定的办法估算数据使用后的收益，比如参照市场上同行使用数据后的收益情况、数据的行业价值的分析等。
- **成本价格理论**：成本价格理论认为决定数据价格的是其成本，包括实施成本和运行／维护成本两个主要部分。实施成本主要包括数据收集过程中产生的采集费用、人员费用、数据处理费用、软硬件购置费用等；运行／维护成本包括软硬件运行费用、数据的存储费用、软硬件设备的管理和维护费用等。这些费用的产生贯穿于数据的整个生命周期，包括数据的生成、采集、清洗、标注、模型训练、使用、维护等过程。因此，数据成本是影响数据价格的重要因素。

通常，数据价格由于各种不确定因素的干扰，会落在一定的区间。因此上述两种理论模型只能对数据定价做一个粗略的估计，并没有考虑具体情况，比如数据本身也具有非排他性，即其可以被多个主体同时使用。同时，相异的数据集也可能出现同样的效用与收益，所以，数据的可替代性也是定价的影响因素之一。因此，我们需要严谨的定价策略来实现对数据价格的确定。

2.4.2 数据采购策略

数据是数据交易市场中交易商品的原材料。一方面，为了满足数据消费者多样化的数据需求，数据服务提供商需要聚合来自多方数据源的各类数据。另一方面，随着周围环境的变化和时间的推移，固有的数据将失去时效性，变得不准确，甚至产生错误的数据表示。因此数据交易平台需要周期性地向市场提供新鲜的数据，从而提供全面、精准、实时的数据服务。考虑到数据提供商自身有限的数据采集能力，数据提供商需要利用群体智能的力量，从外部数据源购买数据。众包（crowdsourcing）被认为是采集海量数据行之有效的方法，并且已经被部署在实际数据市场的数据采集中。数据市场中的定价问题既需要考虑数据售卖中对数据购买者的定价，也需要考虑数据采集中对数据提供者的补偿。

众包采购平台的首要问题是设计激励机制，给数据提供者一定的酬劳，以吸引足够多的用户参与众包数据采集。Lee 和 Hoh 设计了基于动态定价的逆向拍卖机制，该机制以最小化众包数据采集平台的花费并且保证系统中有足够多的数据采集用户为设计目标。然而，该工作并没有考虑数据采集用户在众包平台中可能的操纵策略。Yang 等人将用户的策略行为建成两种不同的博弈模型：以众包平台为中心的模型和以采集用户为中心的模型，并分别设计了基于斯塔克尔伯格（Stackelberg）博弈和逆向拍卖的数据采购机制。清华大学的杨铮等人考虑了现实中数据采集用户随机出现的情况，提出了三种在线激励机制。

以上数据采集机制的目标主要集中在将社会效益最大化和将数据

采集酬劳开销最小化两方面，忽略了大数据环境下人工智能、机器学习任务的优化目标，在数据市场中，我们会提供基于数据的模型服务，因此，在数据采购的过程中，要充分考虑采集的数据对机器学习模型的影响。哈佛大学的 Yiling Chen 研究组系统地研究了在策略博弈环境下，针对机器学习任务如何进行数据采集。Abernethy 等人为机器学习中的遗憾最小化算法（regret minimization）框架设计了真实可信的数据采购机制，同时保证了机器学习算法的性能。Waggoner 的博士论文系统地介绍了从理性自私的数据采集者中购买、整合信息的理论方法。

现有的研究未能充分考虑数据市场需求的多样性、数据复杂的时空关联性与高度不确定性，以及理性（自私）数据采集者的策略行为。数据采购需以数据市场需求为导向，而不是盲目地采购数据。然而，大数据应用丰富多样，导致数据需求的多样化，因此无法设计统一的数据采购策略，需要针对不同的数据市场需求，特别是当下人工智能、机器学习，乃至深度学习的数据需求，适时地调整众包数据采购策略。数据复杂的时空关联性与高度不确定性导致难以准确地衡量数据采购者的数据贡献，给酬劳机制的设计带来困难。在数据市场中，理性且自私的数据采集者总是企图通过多样的策略行为来提高数据采集报酬。因此需要针对特定的市场需求，考虑数据的关联性与不确定性，兼顾数据采集用户的策略行为，设计适合数据交易市场的高效数据采购机制。

考虑到数据采集者的理性自私策略行为，可以将数据采购过程建成逆向拍卖博弈模型。数据众包采购平台根据模型训练需求发布数据采集任务，数据采集者提交投标信息来竞争数据采集任务。数据众包采购平台根据投标信息来分发数据采集任务，并确定数据采集者的酬劳。根据优化目标的不同，可以采用传统的维克瑞（Vickrey）拍卖酬劳策略（以全局效益最大化为目标）或迈尔森（Myerson）拍卖酬劳策略（以酬劳最小化为目标）来保证数据采购机制的真实可信。在现实的数据采购过程中，数据需求往往是实时动态变化的，众包平台中的数据采集者通常也是流动的。因此需要将静态的逆向拍卖模型进一步拓展为在线拍卖模型，采用在线学习中的竞争分析（competitive analysis）来衡量数据采购机制的性能。在大规模数据市场中，数据众包采购平台往往具有多样的数据采集任务，数据采集者可能同时对多个任务感兴趣。因此，我们还需要将单任务的逆向拍卖模型拓展到多任务的逆向拍卖模型，并采用组合拍卖（多维度机制设计）的思想来保证数据采集者在多维度策略空间上的真实性。

2.4.3 基于数据要素的定价方法

1. 基于数据效用的定价技术

夏普利值（Shapley value）可以用来衡量合作博弈（cooperative game）中参与者的贡献度，是一种同时满足有效性、对称性、可加性的公平分配度量方法。将数据价值评估建模为合作博弈问题，通过计算数据对模型预测的影响来量化数据的贡献度，以达到价值评估的目的，从而可以设计基于数据效用的定价技术。

在合作博弈中，夏普利值是用一个数值公平地代表参与者在合作中创造的价值，具有良好的公平性：

①参与者整体的总价值等于各个参与者夏普利值的总和。

②具有相同贡献的两个参与者具有相同的夏普利值，也就是说，对于任意的参与者组合，其边际贡献都相等，且对所有子集贡献为零的参与者的夏普利值为零。

夏普利值在模型训练中对贡献度的衡量起初都是围绕计算特征重要性的，利用获得的特征重要性可以做模型可解释性工作。所以从这个角度切入，可以解释黑盒模型。最简单的是根据定义式进行采样，每次采集一个样本，对一个特征进行重要性打分。进一步，Lundberg 等人提出通过加权线性回归做采样可以同时对所有特征进行重要性计算。另外，还有一些方法是针对深度神经网络的，比如 Lundberg 等人提出了 Deep SHAP 的概念，用于计算层内特征的夏普利值，再利用反向传播算法推导特征重要性。Ancona 等人进一步提出了多项式级别的夏普利值估算方法。为了解决夏普利值事后解释的不足，Wang 等人提出了边训练边计算的思路。

上面提到的这些都是针对特征重要性的，夏普利值还可以直接计算数据重要性。美国斯坦福大学的 Ghorbani 等人考虑了在复杂深度学习模型下的夏普利值高效的计算方式，可以得到数据集中各个数据的重要性，从而可以依次对数据进行定价。这样的不足之处是，每次变动，训练集都需要重新计算，所以 Ghorbani 等人进而提出可以对来自同一分布的数据集进行计算，这样如果来自同一分布的数据集稍有变动，则不会对结果产生很大影响。针对夏普利值的高效计算，Jia 等人提出了基于群组测试理论以及最近邻算法的夏普利值计算方法。

2. 基于隐私量化的定价技术

当涉及敏感隐私或者机密数据时，由于数据提供者的隐私需求，隐私风险则代替数据价值成为衡量数据价格的重要指标。隐私风险主要是计算过程（例如聚合统计、机器学习中的推断预测、联邦数据库查询等）和计算结果（例如统计结果、模型推断结果、数据库查询结果等）中可能出现的隐私泄露。有学者提出将隐私风险分析及评估作为数据定价的参考因素。隐私风险分析及评估，尤其是量化隐私泄露的风险，需要对隐私泄露程度进行度量。目前隐私度量方法主要是基于香农（Shannon）信息论的隐私保护信息熵模型和概率统计的差分隐私模型。北京邮电大学的周亚建团队提出使用条件熵和互信息作为互补的隐私度量，用于量化对手在尝试推断给定任何已发布数据范围内的原始数据时可用的信息量。

哈佛大学 Dwork 教授等人提出了差分隐私（differential privacy）。差分隐私的目标则是从统计科学角度，尽可能多地挖掘关于整体数据集的规律，量化隐私泄露的概率。雅虎研究院的 Ghosh 与微软研究院的 Roth 考虑在单次的计数查询中，把差分隐私技术计算的隐私泄露概率作为量化隐私风险的指标，提出以拍卖的形式交易隐私数据，按照隐私泄露风险的指标给予数据提供者隐私补偿。但是这样基于隐私补偿的数据定价方法需要可信任的第三方来计算隐私泄露风险，这是不现实的。Jorgensen 等人结合差分隐私算法中噪声分布的方差可控的特点，根据用户对数据隐私保护强度的要求，通过调整噪声的力度生成符合目标分布的数据分布。美国亚利桑那州立大学 Wang 等人进一步考虑了在数据交易中不存在可信任的数据平台的情况下，利用隐私泄露风险作为指标为数据添加噪声以保护个人隐私，并建立博弈模型来衡量供给侧的隐私需求。

然而，以上方法忽略了数据普遍存在的关联性。攻击者可以通过购买关联数据推断出受保护的隐私数据，大大增加了数据的隐私泄露风险，给数据定价方案带来了新的挑战。为此，上海交通大学的吴帆教授团队提出了考虑数据关联性的精准隐私量化方法与数据定价方案。其采用了广义差分隐私框架（例如河豚隐私框架）下定义关联型数据隐私需求的度量标准。针对大规模数据集和复杂数据处理函数带来的挑战，研究高效的基于关联关系和函数敏感度的需求近似计算方法，研究本地差分隐私框架下的噪声干扰机制，规避精准隐私需求刻画行为本身对数据贡献者造成的隐私泄露风险。

2.4.4 基于博弈论与微观经济学的定价方法

1. 基于拍卖理论的定价技术

由于数据应用场景的多样性，数据价值存在极大的不确定性与差异性，直接对大数据给出一个合理的价格是困难的，特别是在数据交易的前期，数据的市场价值不明确。采取拍卖机制可以激励数据卖方诚实地揭示数据价值，并保证数据卖方利益，同时兼顾市场原则。目前拍卖方案大多针对稀缺资源进行拍卖定价，而对于大数据定价问题，更多还停留在理论研究层面，未见操作性强的落地方案。对于传统物品拍卖，其价值相对固定，且一手交钱一手交货，所得即所有。而数据是一种价值不确定的新型资源，由于数据使用场景的差异，同一数据对不同的用户会产生不同的价值，很难直接给出一个合理的价格。面对具有多样性价值的商品，拍卖机制是一种确定其价格的基础且重要的方法。但如何保证在拍卖中投标者真实、有序竞价，同时兼顾卖家利益是本方案的难点。对拍卖机制而言，有以下几个要点需要考虑：一是数据拍卖不是一次性交易，而是分阶段多次拍卖，可以保证双方对数据价值的逐步学习；二是多种拍卖形式结合，正向竞拍、反向竞拍可以结合使用，也包括使用维克瑞拍卖（第二密封拍卖）——它建立在“诚实”的基础上，可以较好地解决信息不对称的均衡问题。我们以第二密封价格拍卖为例来描述数据定价。数据的拍卖定价的前提是存在多个数据购买者，并且购买者有独占大数据的需要。我们让数据购买者提交对于数据的估值，挑选出数据估值最大的购买者并售卖数据，并且收取第二高数据估值为数据价格。为了更加充分地利用大数据，也可以采取非独占性竞拍，并引入数据同时售卖给多个数据买家的外部性关系。在研究此类拍卖定价策略的过程中，可以参考多重定价策略。

目前已经出现了一些基于拍卖理论的数据定价技术，比如借鉴机器学习的多臂老虎机（Multi-Armed Bandit）问题的框架，Blum 等人提出了在线标价电子商品拍卖。对于单需求的买家模型，Balcan 和 Blum 提出了在线拍卖算法，能够得到近似最优的收益。Riederer 等人提出了一种交易隐私的机制，应用于敏感个人隐私信息的共享，用户自主决定个人信息的发布和出售，以及相应的价格，同时获得赔偿，并通过无限制供应拍卖的真实性和效率最优性，确保交易中各方的利益得到保障。Dandekar 等人对个人数据交易市场进行了初步探讨，重点研究个人数据市场上的隐私数据拍卖问题，并设计了在预算限制下，满足真实性、个人理性等性质的数据拍卖机制。Ghosh 等人界定了私人数据拍卖的概念并提出了对私人数据的多单位采购拍卖机制。Jentzsch 证明了 RVA 拍卖机制不能获取私人敏感数据产品的价值。

2. 基于信息设计的定价技术

上述基于拍卖理论的定价技术都假设了买家对于商品有明确、具体的估值，这在数据交易市场中不完全符合实际情况。在没有买到具体的数据之前，数据消费者无法对数据商品做出有效的估值，我们称该现象为非对称信息市场环境。非对称信息有两层含义：一方面，在未购买数据商品前，数据消费者无法知道数据商品的具体信息，因而难以估计数据的价值；另一方面，数据估值是数据消费者的私有信息，数据卖方无法知道买家的数据估值，因而难以提前进行准确的数据定价。另外，理性的数据消费者总是企图用更低的价格购买到满足需求的数据商品。因此，数据消费者有足够的动机谎报数据估值以诱导数据卖方制定较低的价格。数据具有复杂的相关性和依赖性，这使得数据消费者可能采用复杂的套利行为，即通过购买一系列低价格的数据来推断高价格的数据商品所蕴含的信息。

我们从数据售卖方式和数据定价机制两个层面进一步阐释非对称信息数据市场下的数据交易策略。数据交易首先得考虑数据以何种方式进行售卖。在非对称信息数据市场下，数据的交易双方很难对数据商品有准确的估值。一方面，数据消费者在未购买数据之前无法知道数据的信息，因而无法准确估值。另一方面，同样的数据对于不同的数据消费者会有完全不同的价值，数据消费者对同种数据也会有不同的质量要求。因此，数据卖家无法知晓数据的市场价值，给数据定价造成了困难。然而，数据卖家可以巧妙地设计数据商品的售卖形式来打破这一非对称信息壁垒，通过释放数据商品信号，比如发布免费数据、提供数据展示（data demonstration）等方式，让数据消费者了解部分数据信息，辅助其准确地对数据估值。数据卖家还可以将数据商品划分为不同版本，每个版本拥有不同的质量和价格。数据消费者选择适应自己需求的数据版本。数据卖家根据数据消费者选择的版本，间接地了解到其数据估值。

在确定数据售卖形式之后，我们进一步考虑数据的定价问题。经济学领域的定价策略基本都是基于贝叶斯假设，也就是数据卖家可以根据历史交易信息统计出市场数据估值的概率分布函数。基于估值概率分布函数，可计算出达到最优收益时的价格取值。然而现实中新投入市场的数据商品的定价策略通常无先验分布知识可以借鉴，而只能利用在线学习（online learning）的思想，在探索（explore）和利用（exploit）之间做权衡。具体地说，数据卖家通过和数据消费者交互以学习并探索其数据估值分布函数，同时数据卖家也会利用已经学习到的信息动态调整价格，保证交易收益。

近年来，经济学和计算机理论领域开始关注非对称信息环境下的定价问题，称为信息（结构）设计（information (structure) design）或者信号（signaling）、劝说（persuasion）。在博弈环境下，拥有更多信息量的一方通过设计信息结构来引导理性自私玩家向有利于系统总体效益的方向发展。在文章中，Mao 等人采用信息设计（information design）理论工具，提出了一套解决物联网数据的定价与售卖策略，为不确定数据的定价做出了初步的探索。利用信息设计工具来售卖信息商品是在最近的经济学杂志文章中提出的，主要是利用数据卖家和买家的信息不对称来设计定价与售卖策略。

上述方法虽然已经被运用于数据交易市场的数据商品定价，但是大部分数据卖家都是简单地套用，其背后的理论机理还没有在实践中真正验证。为了能够指导实际数据市场的定价，我们还需要解决如下三大问题。第一，在确定数据售卖方式的过程中，我们需要设计出高效的机制来确定需要发布多少免费数据，决定是否推出数据展示，计算数据需要划分为多少个版本，决定每个版本的数据质量等。第二，不管是在经济学领域还是计算机领域，现有的定价技术都无法适应动态市场变化下的数据定价问题。数据消费者的数据估值会随着数据的时效性而动态波动，如何设计适应市场环境变化的在线学习机制与动态定价机制？第三，已有的定价技术忽略了数据消费者可能的策略性购买行为，比如套利行为与估值信息谎报行为。我们需要明确数据交易中消费者可能的策略行为，并设计防套利性的数据定价机制。

3. 基于机器学习的定价技术

在基于机器学习服务的数据市场中，数据的价值体现在机器学习模型的训练过程的上下文中。针对特定机器学习任务的新特性，需要设计上下文相关的数据定价策略。Chen 等人针对机器学习服务，为机器学习模型的多个版本设计了无套利的定价机制，并通过放松子模（submodular）约束的限制，设计了使售卖机器学习模型的收益最大化的定价机制。但该方法是基于静态数据的，而许多应用都是基于动态和在线数据构建的。为了购买动态数据，买方反复调用卖方的API，因此可能多次支付相同的数据。为了解决上述问题，Upadhyaya等人基于退款的思想，通过修改API以实现最佳的历史感知定价，保证购买者仅对购买的数据收取一次费用，而不会对其进行更新。上海交通大学的吴帆教授团队也对数据动态售卖的场景进行了研究，具体来说，Zheng等人考虑在线数据售卖场景，提出了在线基于查询的数据定价机制，该定价机制是无套利的，并能保证收入最大化的常数近似。而Niu等人提出了一种具有底价约束的上下文动态定价机制，保证平台为数据消费者的顺序查询发布合理价格来最大化其收入。我们可以进一步考虑数据对模型参数信息熵的减少程度来在线衡量数据价值，并借助多臂老虎机的手段对数据进行动态定价。

在数据价值评估阶段，首先采用贝叶斯机器学习框架，刻画机器学习模型在线训练的过程。具体来讲，学习模型参数服从某种概率分布（如高斯分布），在模型训练过程中，当有新的数据加入模型训练时，模型参数的先验分布将依据贝叶斯定理更新，得到后验分布。采用信息论中信息熵的概念量化概率分布的不确定性，通过模型参数的先验分布和后验分布信息熵的减少程度量化新增数据样本对模型训练的效用，评估数据价值。由于信息熵具有可累加性，故可对动态数据价值进行在线评估。最终，形成基于信息熵的在线数据价值评估方法。

在数据定价阶段，针对数据贡献者在机器学习服务中数据价值的上下文相关性，将数据定价建模为上下文多臂老虎机问题，并基于LinUCB算法，在线学习数据贡献者的私人价值信息，找到效用最高的均衡状态来最大化数据交易平台的效用。此外，基于标价（posted price）设计真实的数据定价机制，激励数据贡献者揭示其产生数据的真实成本，将数据采集问题建模为反向拍卖发布价格机制。标价策略在主导策略（dominant strategies）中保证真实性，还具有群防策略性（group-strategy proof）及防范其他数据贡献者的复杂战略行为的能力。

2.4.5 面向特定数据类型的定价方法

1. 基于关系数据的查询定价

近年来，数据库领域已经开展过诸多研究关系型数据的定价工作。来自华盛顿大学由 Dan Suciu 教授领导的研究组是这个方向的开拓者，并且已经推出了数据交易生态系统项目来研究数据交易市场中的一系列相关工作。在他们最早的数据定价文章中，Balazinska 等人展望了数据交易市场的前景，并且提出了一种细粒度的数据定价思路。受到传统电子产品“多版本”销售策略的启发，他们将数据库视为不同版本数据产品的合成，每个版本的数据产品对应一个具体的数据库视图。通过确定每个视图的价格，并结合数据库查询的关联规则，即可实现任意视图组合（查询）的自动定价。之后 Koutris 等人指出工业界中现有数据定价方法的局限性和不灵活性，提出了基于查询的数据定价（query-based data pricing）框架。在该框架中待交易的数据往往存储在结构化数据库中，用户要购买的数据需要通过对数据库的查询获得，因此产生了基于数据库查询的数据定价模型。在该模型下，允许数据卖方指定数据库中特定视图的价格，买方依据自身数据需求进行数据查询以购买所需数据。依据数据库中视图的依赖关系，数据定价模型能够通过指定视图的价格来生成其他任意视图的价格。数据查询价格是一系列能够组合出该查询结果的最优价格，这种设定能够进一步避免用户可能存在的套利行为。在该数据定价模型下，买方可以完全自由地选择购买任意查询的数据产品，卖方也不需要对所有可能的查询设置价格。

基于查询的数据定价方法需要满足两个重要性质：

- **无套利性（arbitrage-free）**：以购买全美国的商业数据为例，美国全国的数据价格应该比分别购买50个州的价格之和便宜；
- **无折扣性（discount-free）**：除了数据卖家特别指定的折扣之外，没有其他额外的折扣。换句话说，即定价应该是满足抗套利条件下的最大值。

在基于查询的数据定价概念被提出之后，涌现出了大量的相关研究。Lin 和 Kifer 考虑了多种类型的数据查询形式，并且提出了对于任何数据查询方式的无套利定价函数。原始数据查询定价模型限制了数据购买者只能以固定的数量或通过预定义的查询来购买数据。Tang 等人对数据库中的每个元组分配价格，然后通过生成满足查询结果的最小元组来定义查询的价格。针对数据购买者的重复和冗余的数据查询，以及为了高效地得出查询结果，Tang 等人还提出了使用 MiniCon 算法对用户提出的查询进行修正，在查询结果一致的情况下，对查询过程进行优化。Li 和 Miklau 提出了基于线性聚合查询的交互式查询定价（interactive query pricing），主要关注关系数据库中的聚合查询，将每个查询视为来自数据库实例单元的线性组合，并且在计算查询价格时充分考虑用户已经支付的查询，以避免对用户重复收费，同时还充分考虑非披露、无套利、无遗憾的要求。

2. 面向感知数据定价

由于嵌入式技术和移动网络的发展，固定传感器设备和个人移动智能设备在智能社会（智慧城市、智慧交通等）中扮演了非常重要的角色。由传感器和移动智能设备产生的感知数据具有强烈的时空关联性，比如一个房间的气压传感器的数据与同一房间的温度传感器的数据有明显的空间上的关联性。相邻区域的交通拥堵数据具有时间上的关联性。关联性为数据定价带来了新的挑战，因为用户可以利用时空关联性通过购买不同设备的低精度感知数据来获得更加精确的更有价值的数据，也可以通过购买非目标地点的数据来推测目标地点的数据。这样感知数据对消费者的价值不仅取决于它本身，而且受到关联数据的影响。

针对感知数据真值缺失导致数据价值模糊等问题，学术界通常采用统计学习模型，例如线性回归、高斯过程、时间序列、深度学习模型等来对数据之间的时空关联性建模，并用聚类算法等无监督学习方法处理无标准数据。具体地说，他们将设计基于统计模型的时空关联性模型，用概率分布刻画数据的不确定性，并且使用传统的统计模型对数据的时空关联性进行建模。上海交通大学的吴帆教授团队以高斯过程模型为例，假设不同位置所提交的感知数据服从非独立的概率分布，使用相应的空间位置信息来构建数据分布之间的协方差，多个位置（离散空间）的数据形成联合高斯概率分布，将一个区域内（连续空间）的感知数据的时空关联性建模成多元高斯分布。通过概率分布的协方差信息刻画数据在空间维度的关联性，并指导数据集的价值评估以及使用。以统计概率模型作为数据商品，以模型精度作为数据多版本划分的依据，建立灵活的基于版本划分的数据售卖方式，并创造最大化的利益。

3. 面向多媒体数据定价

随着网络技术和移动智能设备的蓬勃发展，在各类信息系统和智能物联网系统中，数据形式更为复杂的文本、图片、音频等多媒体数据已成为主流数据形式。无结构的多媒体数据难以像数值数据一样用统一的标准去衡量其价值。多媒体数据的价值更依赖于模糊的主客观评价，比如图像数据的清晰度、失真程度、内容多样化程度，视频数据的流畅度、清晰度、有无水印等。但这些主观评价无法简单地用数值描述，且单一指标无法完成对数据价值的评估。例如，对于猫狗图像识别分类任务中，高清晰度的小鸟照片反而没有低清晰度的猫狗照片有价值。

面对多媒体数据价值模糊、评估标准难统一的挑战，研究人员首先采用深度学习等技术，进一步提出客观、统一的质量评估标准，以质量标准来衡量多媒体数据的价值。首先，针对图像数据，Kim 等人在考虑缺乏充足的标准化样本图片的情况下，采用卷积神经网络预测和评估图片的质量。美国得克萨斯大学奥斯汀分校的 Bovik 等人针对图片数据提出基于广义回归神经网络的质量评估算法。新加坡南洋理工大学的 Lin 等人有效地捕捉图像的结构和对比度的变化，构建了基于梯度相似度的图片价值评估算法。Gao 等人采用了自然图像统计（natural scene statistics, NSS）特征的非高斯性、局部依赖性和指数衰减特性训练一个多核学习模型，并提出了两种数据质量评价方案：一是直接从自然图像统计特征估计图像质量的整体方案；二是先进行失真分类再进行特定失真价值评价的方案。对于视频数据，Liotta 等人针对视频数据在准确性、实时性、适应性和可扩展性方面的表现，提出了一种基于无监督深度学习的在线视频数据价值评估方法。中国科学技术大学的李向阳教授针对某一特定的任务（例如图像分类或情感分析任务），提出了一种面向机器学习任务的高效且可解释的多媒体数据采集方法。该方法主要从任务相关性和内容的多样性来评估，并采用基于局部敏感哈希的采样方法对数据价值进行量化。

另外，具有差异性和互补性的多媒体数据之间可以进行跨模态融合。例如：语音数据和视频数据可以通过多模态融合模型更精准地完成识别任务。多模态数据的差异性和互补性在挖掘了数据更多价值的同时也为数据定价带来了更多困难。研究人员借鉴机器学习中的集成学习（ensemble learning）技术对每一个模态搭建相应的机器学习模型。例如，针对数值数据搭建轻量的逻辑回归模型，针对图片数据搭建适合图片处理的卷积神经网络模型，针对文本数据搭建循环神经网络模型。这样就将多模态融合模型分解为几个简单的子模型，并用投票博弈（voting game）模型构建子模型对最终决策结果的影响以及利用合作博弈的方法构建量化数据对子模型的影响。通过子模型的影响力因子与数据对子模型的影响力因子，对数据进行定价。

2.5 数据定价技术发展趋势

2.5.1 数据定价技术总结

从以上探讨中我们发现系统地研究大数据产品定价方法的研究成果并不多，大数据产品定价问题的研究在工业界和学术界都尚处于起步阶段。探其缘由，虽然数据资产的流通与共享吸引了产学研各界关注和探究的目光，而且数据在机器学习以及人工智能等产业中的价值也是不言而喻的，但数据定价技术作为大数据共享与交易的关键一环，无论国内外理论研究还是在实际数据交易产业中都未形成一个被大家广泛认同的数据定价技术。我们认为当前数据产品定价方法的不足具体表现为以下方面：

- **基于数据要素的定价方法**

  基于效用的定价方法以使用数据后的预期收益作为数据价格，主要考虑了数据的使用价值，即数据给买方带来的效益。该方法难以对未明确使用用途的数据进行定价。

基于隐私量化的定价方法以数据隐私暴露风险作为隐私补偿的标准，并加入数据定价问题考虑，是非常有价值的研究方向。虽然已经有隐私量化的方法，如差分隐私，但是对于如感知数据等相关性强的数据隐私量化问题仍然值得探讨。用户对数据容忍度不同，如何设计基于隐私泄露程度的个性化数据定价方法也是需要进一步考虑的问题。数据价格信息也可能会在一定程度上泄露数据的隐私，比如高价格的数据往往蕴含更多有价值的隐私数据。

- **基于博弈论和微观经济学的定价方法**

基于拍卖机制的定价方法强调了买家对数据的价值，通过公开拍卖的方式定价，提高了定价的透明度，解决了数据交易双方信息不对称的定价难点。但需要对数据价值有准确的估计是拍卖机制的难点。在很多场景下，数据买家对数据资产也没有准确的估值，难以在拍卖中提出合适的竞价。

基于信息设计的定价技术打破了数据交易的信息壁垒，构建了信息对称的数据交易新范式。但是其数据交易模式过于复杂，理论假设较强，定价方法让数据用户难以理解，接受度较低。

基于机器学习的定价技术普遍依赖于机器学习的预测结果。而机器学习模型的不稳定性与黑盒性质导致数据定价的结果可能出现难以解释的矛盾，降低用户的交易意愿。

- **基于数据特定类型的定价方法**虽然能够适应特定类型的数据交易场景，但是其方法标准化程度低、灵活性低。通常是面向一类数据制定一套方法，难以与其他定价方法相适应，很难同时考虑数据隐私、效用等定价因素。

基于查询的定价方法虽然能够通过给视图单元定价，快速地自动派生买家所需查询的价格，但是这种方法的限制条件多、计算复杂度高，需要充分考虑数据库查询间复杂的依赖关系，且容易导致数据隐私泄露的风险。

采用何种形式来售卖多媒体数据仍然是一个值得探讨的问题，基于数据访问接口的订阅是当下比较流行的数据售卖方法，但是多媒体数据容量大，访问复杂，数据订阅无法满足多媒体数据多样化的形式，不利于大数据资源的有效利用。

2.5.2 数据定价技术趋势

在现有数据定价技术的基础上，我们对数据定价技术未来的发展做进一步的展望。

- 面向区块链数据交易市场的数据定价技术。众多的数据交易平台已经开始使用区块链技术作为其底层的支撑技术。借助区块链技术，数据交易中的数据权益保障、数据隐私保护、可信安全交易等问题会找到相应的解决方案。基于区块链构建的数据交易市场将形成无中心或者多中心的分布式数据交易模式，如何在分布式数据交易的模式下进行数据定价是未来需要探索的方向。区块链技术的引入也为数据定价方法提供了设计上的便利。比如，我们可以将定价算法直接嵌入智能合约，由智能合约来保证算法的正确运行，自动检测套利行为是否存在；区块链技术还能更好地实现数据共享中的收益分成，数据定价产生的收益以夏普利值等公平性指标为指导，结合区块链安全可信的数据追溯技术，完成数据价值链条上的公平收益分配。
- 面向联邦学习数据共享系统的数据定价技术。联邦学习是数据共享的一种新范式：在不共享原始本地数据的情况下，通过分布式机器学习技术，共享本地模型参数，聚合更新全局模型，从而完成多终端的数据共享与知识传递。如何在联邦学习的框架下进行数据定价与收益分成也是未来重要的研究方向。在联邦学习中，终端数据来源多样，分布各异，在无法访问终端本地数据的情况下，如何制定个性化的数据定价技术，衡量数据源数据价值，是联邦学习中的基本问题。联邦学习中的数据定价技术还需要进一步克服数据终端可能存在的恶意攻击行为，数据终端可能通过修改本地数据来获得更多的数据报酬，或者通过“搭便车”的方式只利用全局模型而不共享数据。因此，我们需要进一步考虑具有鲁棒性抗攻击的数据定价技术。

参考文献

[1] Reinsel D, Gantz J, Rydning J. Data age 2025: the evolution of data to life-critical don’t focus on big data; focus on the data that’s big//IDC, Seagate, April.

[2] Amant K S, Ulijn J M. Examining the information economy: exploring the overlap between professional communication activities and information-management practices. IEEE transactions on professional communication, 2009, 52(3): 225–228.

[3] Frischbier S, Petrov I. Aspects of data-intensive cloud computing//From Active Data Management to Event-Based Systems and More. Springer,2010: 57–77.

[4] Manyika J, Chui M, Brown B, et al. Big data: The next frontier for innovation, competition, and productivity. McKinsey Global Institute, 2011.

[5] Balazinska M, Howe B, Koutris P, et al. A discussion on pricing relational data//In Search of Elegance in the Theory and Practice of Computation. Springer, 2013: 167–173.

[6] Infochimps. http://www.infochimps.com/.

[7] DataMarket. https://datamarket.com/.

[8] Quandl. https://www.quandl.com/.

[9] Benzinga. https://www.benzinga.com/.

[10] Terbine. http://www.terbine.com.

[11] Thingspeak. https://thingspeak.com/.

[12] Tingful. https://www.thingful.net/.

[13] IOTA. https://data.iota.org/.

[14] AWS Data Exchange. https://amazonaws-china.com/cn/about-aws/whats-new/2019/11/introducing-aws-data-exchange/.

[15] Goodfellow I J, Shlens J, Szegedy C. Explaining and Harnessing Adversarial Examples. BENGIO Y, LECUN Y. //3rd International Conference on Learning Representations, ICLR 2015, Conference Track Proceedings.

[16] Lee J-S, Hoh B. Sell your experiences: a market mechanism based incentive for participatory sensing//2010 IEEE International Conference on Pervasive Computing and Communications (PerCom). IEEE,2010: 60–68.

[17] Yang D, Xue G, Fang X, et al. Crowdsourcing to smartphones: Incentive mechanism design for mobile phone sensing//Proceedings of the 18th Annual International Conference on Mobile Computing and Networking.

[18] Zhang X, Yang Z, Zhou Z, et al. Free market of crowdsourcing: Incentive mechanism design for mobile sensing. IEEE transactions on parallel and distributed systems, 2014, 25(12): 3190–3200.

[19] Abernethy J, Chen Y, Ho C-J, et al. Low-cost learning via active data procurement//Proceedings of the Sixteenth ACM Conference on Economics and Computation.

[20] Waggoner B. Acquiring and Aggregating Information from Strategic Sources.

[21] ŠTrumbelj E, Kononenko I. Explaining prediction models and individual predictions with feature contributions. Knowledge and information systems, 2014, 41(3): 647–665.

[22] Lundberg S M, Lee S-I. A unified approach to interpreting model predictions//Proceedings of the 31st International Conference on Neural Information Processing Systems.

[23] Ancona M, Oztireli C, Gross M. Explaining deep neural networks with a polynomial time algorithm for shapley value approximation//International Conference on Machine Learning. PMLR,2019: 272–281.

[24] Wang R, Wang X, Inouye D I. Shapley Explanation Networks. arXiv preprint arXiv: 2104.02297, 2021.

[25] Ghorbani A, Zou J. Data shapley: Equitable valuation of data for machine learning//International Conference on Machine Learning. PMLR, 2019: 2242–2251.

[26] Ghorbani A, Kim M, Zou J. A distributional framework for data valuation// International Conference on Machine Learning. PMLR, 2020: 3535–3544.

[27] Jia R, Dao D, Wang B, et al. Towards efficient data valuation based on the shapley value//The 22nd International Conference on Artificial Intelligence and Statistics. PMLR, 2019: 1167–1176.

[28] Jia R, Dao D, Wang B, et al. Efficient task-specific data valuation for nearest neighbor algorithms. arXiv preprint arXiv: 1908.08619, 2019.

[29] Dandekar P, Fawaz N, Ioannidis S. Privacy auctions for inner product disclosures. CoRR, abs/1111.2885, 2011.

[30] Dwork C. Differential privacy//International Colloquium on Automata, Languages, and Programming. Springer, 2006: 1–12.

[31] Dwork C, McSherry F, Nissim K, et al. Calibrating noise to sensitivity in private data analysis//Theory of cryptography conference. Springer, 2006: 265–284.

[32] Ghosh A, Roth A. Selling privacy at auction//Proceedings of the 12th ACM conference on Electronic Commerce.

[33] Jorgensen Z, Yu T, Cormode G. Conservative or liberal? Personalized differential privacy//2015 IEEE 31St International Conference on Data Engineering. IEEE, 2015: 1023–1034.

[34] Wang W, Ying L, Zhang J. The value of privacy: Strategic data subjects, incentive mechanisms and fundamental limits//Proceedings of the 2016 ACM SIGMETRICS International Conference on Measurement and Modeling of Computer Science.

[35] Niu C, Zheng Z, Wu F, et al. Unlocking the value of privacy: Trading aggregate statistics over private correlated data//Proceedings of the 24th ACM SIGKDD International Conference on Knowledge Discovery & Data Mining.

[36] Blum A, Kumar V, Rudra A, et al. Online learning in online auctions. Theoretical Computer Science, 2004, 324(2-3): 137–146.

[37] Balcan M-F, Blum A. Approximation algorithms and online mechanisms for item pricing//Proceedings of the 7th ACM Conference on Electronic Commerce.

[38] Riederer C, Erramilli V, Chaintreau A, et al. For sale: your data: by: you// Proceedings of the 10th ACM WORKSHOP on Hot Topics in Networks.

[39] Jentzsch N. Auctioning Privacy-Sensitive Goods//Annual Privacy Forum. Springer,2014: 133–142.

[40] Dughmi S. Algorithmic information structure design: a survey. ACM SIGecom Exchanges, 2017, 15(2): 2–24.

[41] Bergemann D, Morris S. Information design: A unified perspective. Journal of Economic Literature, 2019, 57(1): 44–95.

[42] Mao W, Zheng Z, Wu F. Pricing for revenue maximization in iot data markets: An information design perspective//IEEE INFOCOM 2019-IEEE Conference on Computer Communications. IEEE,2019: 1837–1845.

[43] Bergemann D, Bonatti A, Smolin A. The design and price of information. American Economic Review, 2018, 108(1): 1–48.

[44] Chen L, Koutris P, Kumar A. Towards model-based pricing for machine learning in a data marketplace//Proceedings of the 2019 International Conference on Management of Data.

[45] Upadhyaya P, Balazinska M, Suciu D. Price-optimal querying with data apis. VLDB Endow, 2016, 9(14): 1695–1706.

[46] Zheng Z, Peng Y, Wu F, et al. An online pricing mechanism for mobile crowdsensing data markets//Proceedings of the 18th ACM International Symposium on Mobile Ad Hoc Networking and Computing.

[47] Niu C, Zheng Z, Wu F, et al. Online pricing with reserve price constraint for personal data markets. IEEE Transactions on Knowledge and Data Engineering, 2020.

[48] Balazinska M, Howe B, Suciu D. Data markets in the cloud: An opportunity for the database community. Proceedings of the VLDB Endowment, 2011, 4(12): 1482–1485.

[49] Koutris P, Upadhyaya P, Balazinska M, et al. Toward practical query

pricing with querymarket//proceedings of the 2013 ACM SIGMOD International Conference on Management of Data.

[50] Lin B-R, Kifer D. On arbitrage-free pricing for general data queries. Proceedings of the VLDB Endowment, 2014, 7(9): 757–768.

[51] Tang R, Wu H, Bao Z, et al. The price is right//International Conference on Database and Expert Systems Applications. Springer,2013: 380–394.

[52] Li C, Miklau G. Pricing Aggregate Queries in a Data Marketplace.// WebDB.

[53] Zheng Z, Peng Y, Wu F, et al. Trading Data in the Crowd: Profit-Driven Data Acquisition for Mobile Crowdsensing. IEEE J. Sel. Areas Commun., 2017, 35(2): 486–501.

[54] Papernot N, McDaniel P, Wu X, et al. Distillation as a defense to adversarial perturbations against deep neural networks//2016 IEEE symposium on security and privacy (SP). IEEE,2016: 582–597.

[55] Chen G, Choi W, Yu X, et al. Learning Efficient Object Detection Models with Knowledge Distillation. GUYON I, LUXBURG U von, BENGIO S, et al. // Advances in Neural Information Processing Systems 30: Annual Conference on Neural Information Processing Systems 2017.

[56] Park W, Kim D, Lu Y, et al. Relational knowledge distillation//Proceedings of the IEEE/CVF Conference on Computer Vision and Pattern Recognition.

[57] Mirzadeh S I, Farajtabar M, Li A, et al. Improved knowledge distillation via teacher assistant//Proceedings of the AAAI Conference on Artificial Intelligence.

[58] Vega M T, Mocanu D C, Famaey J, et al. Deep learning for quality assessment in live video streaming. IEEE signal processing letters, 2017, 24(6): 736–740.

[59] Li A, Zhang L, Qian J, et al. TODQA: efficient task-oriented data quality assessment//2019 15th International Conference on Mobile Ad-Hoc and Sensor Networks (MSN). IEEE,2019: 81–88.

[60] 陈筱贞．大数据交易定价模式的选择．新经济，2016（18）：3–4.

[61] 干春晖，钮继新．网络信息产品市场的定价模式．中国工业经济，2003（5）：34–41.

[62] 李向阳，张兰，韩风．大数据共享及交易中的机遇和挑战．中国计算机

学会通讯，2019，15（1）：43–51.

[63] 刘朝阳 . 大数据定价问题分析 . 图书情报知识，2016（1）：57–64.

[64] 彭慧波，周亚建 . 基于隐私度量的数据定价模型 . 软件，2019，40（1）: 57-62.

[65] 彭慧波，周亚建 . 数据定价机制现状及发展趋势 . 北京邮电大学学报，2019，42（1）：120-125.

[66] 上海数据交易中心 . https://www.chinadep.com/.

[67] 史宇航 . 个人数据交易的法律规制 . 情报理论与实践，2016，39（5）：34–39.

[68] 数据堂 . http://www.datatang.com/.

[69] 王文平 . 大数据交易定价策略研究 . 软件，2016（10）：94-97.

[70] 吴超 . 从原材料到资产——数据资产化的挑战和思考 . 中国科学院院刊，2018（8）：791–795.

[71] 武汉东湖大数据交易中心 . http://www.chinadatatrading.com/.

[72] 翟丽丽，马紫琪，张树臣 . 大数据产品定价问题的研究综述 . 科技与管理，2018（6）：105-110.

[73] 张坦，黄伟，石勇，等 . ISO 8000（大）数据质量标准及应用 . 大数据，2017，3（1）：2017001.

[74] 张意轩，于洋 . 大数据时代的大媒体 . 人民日报，2013-01-07.

[75] BG 真人 – 官方网站 . http://crazyapi.org/.

[76]《促进大数据发展行动纲要》解读 . 中国资源综合利用，2016，34（2）: 17-19

第三章 数据管理技术

本章将介绍数据基础设施层的数据管理技术，包括数据目录、元数据和主数据管理、数据质量管理、数据清洗与集成等。数据互操作也属于广义的数据管理，但其内容相对独立，我们将在第四章中单独介绍。

3.1 数据目录

本节介绍企业如何管理其散布在各部门的、以各种形式存在的数据资源。我们将首先介绍各种数据模型，然后介绍数据分类技术，最后介绍数据资源目录。

3.1.1 数据模型

本部分主要介绍常见的数据模型，包括关系模型、三元组模型、文档模型、XML 以及 JSON。

1. 关系模型

关系模型是最常见的数据模型。关系模型基于关系代数，用关系的形式表示实体以及实体之间的联系。关系模型通常由关系名称、属性的集合、从域到属性的映射集合以及函数依赖集合构成。

为了保证数据的正确有效，关系模型规定了三类完整性，包括实体完整性、参照完整性和用户定义的完整性，分别保证实体的唯一性、关系之间引用的正确一致性以及符合业务逻辑的数据正确性。

关系模型对数据的操作可以用数学语言精确定义，即关系代数。关系代数的基础是集合论，包含常见的并、交、差、补等集合运算，以及选择、投影、连接等特殊的关系运算。

关系模型源于20世纪70年代，并从20世纪80年代开始成为主流的结构化数据管理方式，至今已有半个世纪的历史。主要的关系数据库管理系统产品有Oracle、SQL Server、MySQL、OpenGauss、PostgreSQL、OceanBase和Kingbase等。

在关系模型的基础上，发展出了SQL（结构化查询语言）、关系范式、查询优化、数据库恢复、事务、数据库并发控制、并行和分布式数据库等核心技术，使得关系数据库管理系统的功能日益完善，性能不断提升，成为数十年来最成功、应用最广泛的数据管理软件。

在数据治理活动中，关系数据库管理系统负责存储、查询、更改所有结构化和部分半结构化的数据，发挥了非常重要的作用。限于篇幅，本书只介绍了关系模型和关系数据库管理系统的基本概念。

2. 三元组模型

三元组模型采用简单的＜主语，谓语，宾语＞来描述数据，比如＜数据治理之法，属于，书籍＞这个三元组描述了“数据治理之法”这个实体属于“书籍”这个概念类型。

关系模型对数据的结构化要求很高，现实中很多数据可能无法用精确的关系模型予以表达，但却可以通过三元组模型来刻画彼此之间的关系。因此，三元组模型适用于数据格式不统一、来源复杂的情况。例如，当我们从网页等自然语言中抽取数据时，得到的往往就是三元组形式的结果。

如果将实体视为顶点，实体之间的关联（谓语）视为边，我们就可以构建一个由三元组数据构成的图。这正是知识图谱的基本形态。更多关于三元组以及知识图谱的内容，请参见 3.4.3 节。

3. 文档模型

文档模型将文档视为信息的基本单位，一个文档类似于关系数据库中的一条记录。与关系模型不同，文档可以是无结构的数据，也可以是半结构的数据，如 XML、JSON 等。文档模型可以看作键值的特例，每个键对应一个文档。

文档模型不同于文件系统，其数据是可以共享的，且程序和数据之间存在一定程度的独立性。很多文档数据库支持事务，保证一致性和可用性，并且提供查询语言。

文档模型常用于内容管理平台，如网站、博客、论坛等；业务灵活多变的应用，如游戏；多源异构的应用，如物联网。

常见的文档数据库系统包括 Lotus Notes，是由 IBM 开发的协同工作平台；MongoDB®，是一个基于分布式文件存储的数据库，支持松散的数据结构、功能较完善的查询语言、高效的数据访问能力；CouchDB，是分布式文档数据库，同样具备较为完善的查询语言和不错的查询处理能力；Orient DB，是可伸缩的文档数据库，保证事务的 ACID 特性，支持 SQL。

4. XML 和 JSON

XML（extensible markup language）即可扩展标记语言。[①] 设计 XML 的初衷是为了克服 HTML 的缺陷，如数据描述性差、可读性差、难

① Extensible Markup Language (XML) , https://www.w3.org/XML/.

以搜索等，从而为不同组织之间的数据交换提供一个标准的数据格式。

一个 XML 文档由多个 XML 元素组成，每个 XML 元素必须包括一个开始标记和一个结束标记，可以包含一组属性，并且开始标记和结束标记中间可以包含其他多个 XML 元素。

XML 可以将数据从网页中分离出来，使得前端展示和后端数据内容独立。XML 也可用于数据共享，不同组织之间可以按预先规定的 XML 模式来交换数据。XML 数据对机器友好，程序可以根据 XML 模式定义来读取数据，并检查格式是否正确。XML 还经常被用于 Web 服务，采用 XML 来描述服务，并用 XML 形式传递数据。

XPath 语言（XML Path Language）[①] 是专用于 XML 的查询语言，通过元素和属性进行导航，快速检索 XML 文档。XPath 已经是 W3C 标准，采用路径表达式进行查找，并包含 100 多个函数。值得一提的是，不少关系数据库和文档数据库系统也都实现了对 XML 和 XPath 的支持。

JSON（JavaScript Object Notation, JS 对象简谱）[②] 是另一个常见的半结构化数据格式，适用于轻量级的数据交换。JSON 出现于 21 世纪初期，由计算机科学家 Douglas Crockford 发明，目前已成为主流的数据模型之一。

JSON 本质上是一个序列化的对象数组。每个 JSON 对象包含多个成员，而每个成员可以视为一个键值对。与 XML 类似，JSON 也支持嵌套，每个成员可以继续展开。不同之处在于，JSON 更为简单、更轻量级。

JSON 也有专用的查询语言——JSONPath 和 JMESPath。但这两个语言都还在发展完善中，不如 XPath 完善。

---

① XML Path Language , https://www.w3.org/TR/xpath/.

② Introducing JSON , https://www.json.org/json-en.html.

3.1.2 数据分类

数据分类是数据治理的重要基础之一，本节将介绍数据分类的概念，以及数据分类的过程、视角和方法。

1. 数据分类的概念

数据分类指采用多维特征来准确描述数据，依据一定的原则和方法，建立起分类体系，以有效管理数据，并按类别正确开发利用数据的过程。

数据分类应根据实际情况划分不同参与角色的职责，选择适用的分类方法和分类策略，并且具有良好的普适性、可操作性和扩展性，以适用于各相关行业领域和各相关参与角色。

与传统数据分类相比，大数据分类涉及更为复杂的角色，以及更多样化的分类方式，原因在于大数据自身的特点：数据量极其庞大、数据类型复杂、数据变化速度快等。鉴于目前主流场景都是大数据应用，下文将不区分数据分类和大数据分类。

2. 数据分类过程

数据分类过程通常可分为分类规划、分类准备、分类实施、结果评估、维护改进等步骤（如图 3-1 所示）。这些步骤形成一个闭环，可重复迭代。

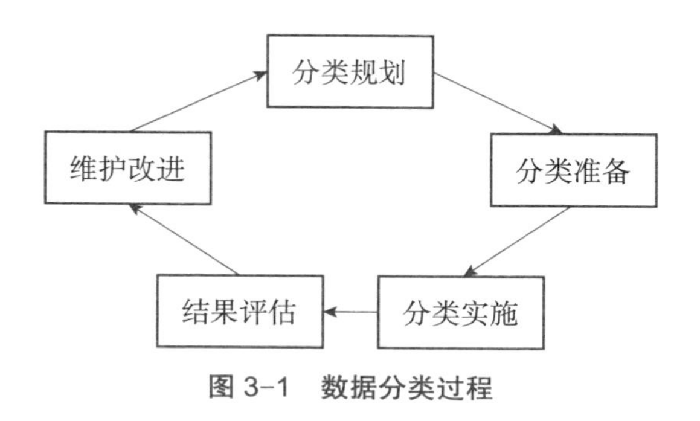

图 3-1 数据分类过程

（1）分类规划

在开始数据分类工作之前，应先制订数据分类实施计划，管理各项分类工作的进程，并作为验收分类工作的主要依据。数据分类实施计划可包括下面的内容：

- 数据分类的业务场景和分类目的；
- 拟开展分类的数据范围；
- 拟采用的分类维度和方法；
- 预期的分类结果；
- 分类工作实施方案及进度安排；
- 对分类结果的评估方法；
- 对分类结果体系的维护方案。

（2）分类准备

在实施数据分类之前，应对组织的数据资源进行调研，确定分类范围，并选择分类维度和方法。

调研数据现状：在开展数据分类之前，分类主体应对组织目前的数据现状进行全面的调研。通过对数据现状的调研，识别出组织各业务信息系统中有哪些数据，并识别出每项数据的关键属性，从而梳理出组织的数据资产。

进行数据现状调研时，应厘清数据产生情况、数据存储现状、数据质量情况、数据业务类型、数据敏感程度、数据应用情况和数据实时情况。

确定分类范围：调研组织数据现状之后，需进一步确定需要开展分类工作的数据范围。应结合分类目的，考虑以下几个方面的因素，合理定义分类范围。

- 数据分类的业务场景；
- 数据产生的起止时间范围；
- 数据量大小的范围；
- 数据内容格式的范围；
- 数据产生来源的范围；
- 数据产生频率的范围；
- 数据敏感程度的范围。

选择分类维度和方法：针对不同的业务场景和分类目的，应结合以下几个方面的因素，采用不同的分类维度和方法。

- 根据业务场景再次明确分类目的；
- 根据分类目的选择分类维度；
- 根据应用需求、分类维度和分类粒度选择分类方法。

（3）分类实施

在实施数据分类操作时，应根据选择的数据分类维度和方法，执行下列步骤：

- 拟定实施流程。结合数据的生命周期，将数据分类的维度和方法与数据的处理和分析相结合。
- 开发分类工具。根据分类维度和方法编写分类算法，编写规范的开发分类工具。
- 记录实施过程。包括分类计划、调研报告、实施流程、分类结果、结果评估等过程性文档。

- 输出分类结果。详细记录分类中间结果、阶段性结果、分类结果的变更和调整等内容。

（4）结果评估

对数据集分类的准确性、有效性等进行评估，确保分类结果符合预期目标。通常的评估方法包括核查、访谈、测试等。

核查方法是对分类结果进行观察、查验、分析。比如核查大数据分类表，核查分类过程记录，核查分类维度以及核查分类方法等。

访谈方法是引导大数据分类相关人员进行有目的的交流以评估分类结果。这些人员包括大数据分类人员、数据所有者、数据管理者、数据使用者等。

测试方法是使用预定的工具使数据产生特定的行为，通过查看分析结果以评估分类结果。例如，查询分类后的数据，查看数据是否分类正确。

评估工作完成后应形成最终的评估结果。

（5）维护改进

维护改进包括变更控制和定期评估两部分。

变更控制的目的是应对在分类实施过程中，数据分类的业务场景、分类目的、数据范围、数据属性、数据处理方法或过程等发生变化的情况。要确定变更是否影响整体大数据分类和大数据使用，然后按照变更后的分类目的及时对大数据分类结果进行评估或调整。

最后，应定期评估数据分类结果的科学性和有效性，使数据分类持续有效应用。定期评估的内容包括数据分类维度和方法的合理性，以及数据分类结果的有效性和应用情况。针对评估中发现的不符合实际的情况，应及时核查原因，进行必要的调整。

3. 数据分类视角

数据分类视角可分为技术选型视角、业务应用视角和安全隐私保护视角三类。

技术选型视角包括理清数据产生频率，理清数据产生方式，分析数据的结构化特征，明确数据的存储方式，理清数据稀疏稠密程度，明确数据处理的时效性要求以及理清数据交换方式等内容。

业务应用视角包括理清数据产生来源，明确数据应用场景，明确数据分发场景，理清数据质量情况等。

安全隐私保护视角包括明确不同敏感程度的数据的安全需求，明确不同敏感程度的大数据的隐私保护要求，指导分类主体制定隐私保护方案和安全管理方案。

4. 数据分类方法

目前常用的数据分类方法包括按数据结构分类、按实时性要求分类、按算法分类以及按安全性分类四种。

（1）按数据结构分类

主要针对数据的数据结构和数据的存储方式来分类。数据类型与数据结构有相关性，而数据结构与存储方式密不可分，所以数据结构和存储方式是重要的分类标准。

（2）按实时性要求分类

按照实时性要求分类，有利于根据不同的实时性要求分配计算资源。根据实时性要求分为：实时（金融、复杂数据处理、入侵检测等）、普通实时性要求（广告替换）、批处理（零售、生物信息、地球信息处理等）。

（3）按算法分类

机器学习是目前常见的挖掘数据价值的方法，包括监督学习算法、无监督学习算法和半监督学习算法等。不同算法对数据可能有不同的要求。根据适配算法的不同，可以对数据进行分类。

（4）按安全性分类

数据安全包括信息在保密性、完整性和可用性三个属性方面的安全，也包括个人隐私。信息安全的重要程度由信息的保密性、完整性或可用性被破坏时对单位或个人、社会以及国家安全利益所造成的影响确定。数据安全的影响可分为三个等级：低级、中级和高级。

3.1.3 数据资源目录

数据资源目录是组织信息系统的重要组成部分和基础设施，也是组织实施数据治理的基本方法。数据资源目录依托于组织内部的数据资源，为组织内各信息系统提供目录服务和信息交换服务，实现不同信息系统之间的信息共享，支撑业务协同。

组织内部的数据资源以不同模型的形态分散在多个信息系统中，数据资源目录通常采用元数据来描述数据资源的特征，以统一规范的目录形式，定位组织内部的数据资源，实现物理分散、逻辑集中的数据共享方式。

数据资源目录可分为数据资源库和目录内容服务系统两大部分。数据资源库可包括部门共享资源库、部门目录内容资源库、目录内容管理库和目录内容服务库。目录内容服务系统可包含共享信息服务库、编目系统、目录传输系统、目录管理系统、目录服务系统。

我国在 2007 年之后陆续发布了多个与数据资源目录相关的重要标准，包括“政务信息资源目录体系 第 1 部分 总体框架”（GB/T 21063.1—2007），“政务信息资源目录体系 第 2 部分 技术要求”（GB/T 21063.2—2007），“政务信息资源目录体系 第 3 部分：核心数据”（GB/T 21063.3—2007），以及“政务信息资源目录体系 第 4 部分：政务信息资源分类”（GB/T 21063.4—2007）。

3.2　元数据和主数据管理

元数据和主数据是对数据资源的描述，在进行数据治理的过程中，需要建立数据资源的元数据信息，以把握数据的整体情况，进一步建立数据资源目录；也需要建立组织内部的主数据，确保内部各应用系统间能保持数据一致、完整和有效。DCMM 建议，应对元数据进行分类，实现不同来源的元数据的有效集成，并建立元数据应用和元数据服务。

3.2.1　元数据管理

元数据（meta-data）是描述数据的数据，包括数据资源的各种属性，如名称、类型、含义、来源、规模、存放地等。元数据在组织内部不同信息系统之间充当了纽带和桥梁的作用，便于数据跨系统正确、高效流动。具体地讲，元数据可以帮助用户理解数据。用户可以根据元数据的内容，掌握数据的含义、来源等关键信息。元数据对保证数据质量也发挥了重要作用。元数据的信息可以帮助用户对数据进行溯源，定位问题原因，增加可靠性。元数据还能够辅助查询。特别是在跨系统、跨数据库查询的时候，可以通过元数据来实现数据源和查询数据之间的对齐。

根据用途，元数据一般可以分为三类，即技术元数据、业务元数据和管理元数据。根据描述对象的不同，元数据可以分为数据库级元数据、数据集元数据和数据要素元数据三类。

元数据生命周期包括需求评估与内容分析、系统需求描述、元数据管理系统、服务与评估四个部分。具体又分为 10 个步骤：获取元数据的基础需求、评估相关的元数据标准和项目、深入调查元数据的需求、识别元数据管理的策略和标准、准备元数据需求规范、评估元数据管理系统、准备最佳实践、开发元数据管理系统、维护元数据服

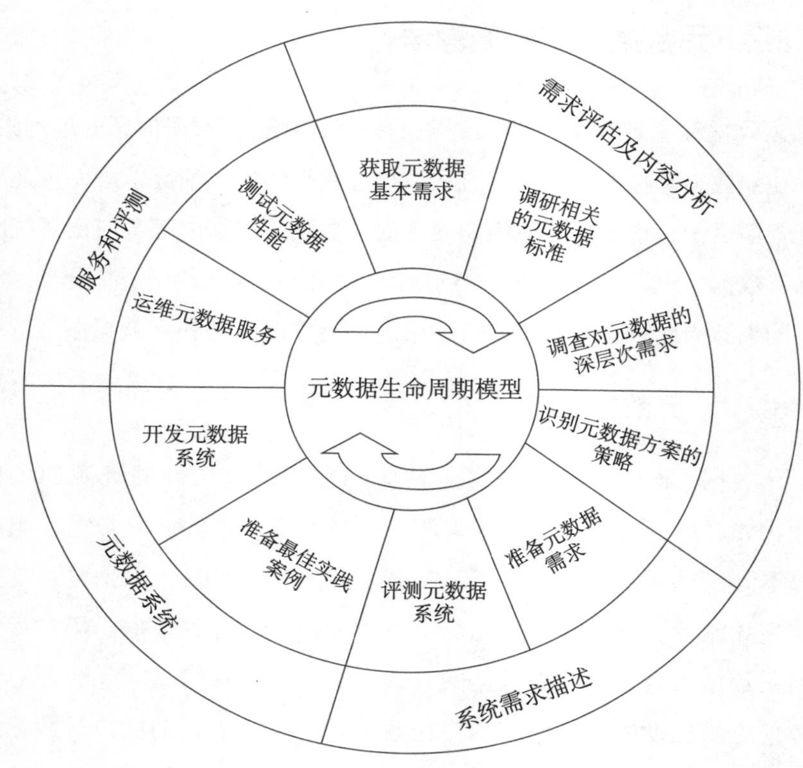

图 3-2　元数据生命周期

资料来源：Ya-Ning Chen, Shu-Jiun Chen, Simon C. Lin. A metadata lifecycle model for digital libraries: methodology and application for an evidence-based approach to library research. World Library and Information Congress: 69th IFLA General Conference and Council.

务、评估元数据管理系统的性能。

3.2.2　主数据管理

主数据（master data）指组织内部各信息系统之间共享的核心业务数据，例如客户数据、订单数据、产品数据等。主数据的模式变化相对缓慢，描述的数据实体通常是基础的和独立的，通常具备高价值、广泛共享和跨信息系统分布等特点。主数据在整个组织范围内要保持一致、完整和可控。

在数据治理过程中，一个重要问题是如何识别组织的主数据。根据主数据和其他数据的差异进行选择，是一个有效识别主数据的方法。一般而言，主数据具备四个特性：特征一致性、识别唯一性、长期有效性和流转过程稳定性。DCMM 建议，组织应该建立主数据的 SOR（system of record），准确记录以及管理规范。

主数据管理的目标是在企业范围内保证关键数据的一致性，并对其质量进行有效管控。其流程通常包含收集、匹配、集成、质量管理和分发使用等步骤。质量管理是主数据的核心要求，一般需要采用数据清洗等手段去除劣质数据。

3.3　数据质量管理

本章介绍数据质量管理的相关内容，包括数据质量维度（基于 GB/T36344-2018）、数据质量评估框架以及数据质量评估标准。

3.3.1　数据质量维度

对于数据质量，存在不同的评价指标体系，各有侧重。本节主要介绍国家标准《信息技术 数据质量评价指标》（GB/T 36344-2018 ICS 35.240.01）中关于数据质量的评价指标（见图 3-3），包括规范性、完整性、准确性、一致性、时效性和可访问性。

1）规范性：顾名思义，数据的规范性指的是数据对相关的标准或规范的符合程度，如数据标准、数据模型、业务规则、元数据或权威参考数据等。

2）完整性：指的是根据规则要求，数据元素被赋予数值的程度，包括数据元素完整性以及数据记录完整性。

3）准确性：指的是数据准确表示其所描述的客观实体真实值的

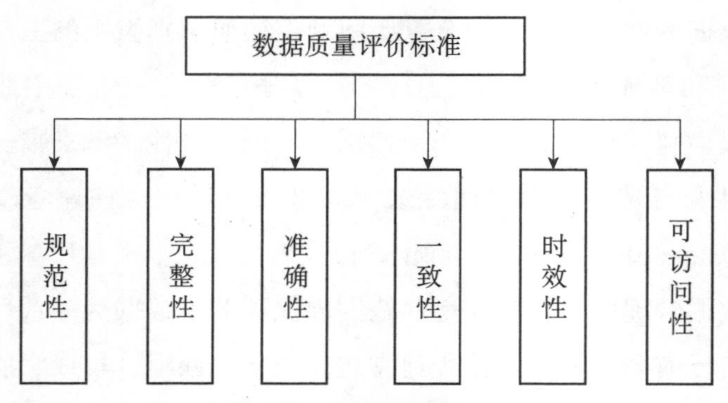

图 3-3 数据质量评估标准的六个维度

程度。准确性包含多个评价指标，如数据内容的正确性、数据格式的合规性、数据重复率、数据唯一性、脏数据比例等。

4）一致性：指的是数据与相关数据无矛盾的程度，包括两个评价指标：一是相同数据的一致性，指同一数据出现在不同位置时是否相同，当数据发生变化时是否被同步修改；二是关联数据的一致性，根据一致性约束规则检查关联数据的一致性。

5）时效性：指的是数据在时间变化中的正确程度。时效性有三个评价指标，即基于时间段的正确性、基于时间点的及时性以及时序性。

6）可访问性：指的是数据可以被访问的程度。可访问性有两个评价指标，即可访问和可用性。

3.3.2 数据质量评估框架

本节介绍常见的两个数据质量评估框架，DQAF 和 AIMQ。

1. DQAF

DQAF（Data Quality Assessment Framework）是由国际货币基金组织（IMF）于 2001 年提出的通用的数据质量评估框架。该框架包括一套共 48 种通用测量类型，这些类型基于数据质量的五个方面，即完备性、及时性、有效性、一致性和完整性。

DQAF 包括多个阶层。第一阶层提出了质量的先决条件以及衡量数据质量的五个维度，第二阶层介绍这五个维度的评估要素，第三阶层则介绍相应的评估指标。

此外，DQAF 还包含七大专项框架，分别为国际收支统计、外债统计、国民账户统计、政府财政统计、货币统计、生产价格指数、消费物价数据质量评估框架。

在数据质量的评估标准上，DQAF 考虑具体应用场景的差异。允许用户根据自身情况，定义特定的子级评估元素和评估指标，使得用户可以根据需要扩展或定制该框架。

下面简单介绍 DQAF 提出的质量的先决条件，以及评估数据质量的五个维度。

- 质量的先决条件。负责统计生产的机构规定一系列条件，涉及法律法规、机构环境和资源等。另外还有 9 个质量指标。
- 保证诚信。在数据生命周期中必须遵循多个要素，以保证客观性。要素包括专业化、指导政策和实践的道德准则等，总共有 8 个具体指标。
- 方法健全性。包括一系列应用准则，促进数据的国际可比性。包含概念、定义、范围、分类和功能分区等。
- 准确性和可靠性。包括源数据、统计技术、支持评估和确认等要素，保证数据的真实性。
- 适用性。即数据集满足用户需要的程度。包括数据的相关性、及时性和国际可比性等要素。
- 可获得性。主要讨论用户关于信息的可用性。比如数据和源数据是否清晰易懂，能否提供足够的帮助等。

2. AIMQ 框架

AIMQ 是多位美国学者于 2001 年提出的质量评估框架，它由以下 3 个部分组成。

（1）PSP/IQ 模型

如图 3-4 所示，该模型包含两个方面：一是产品质量，产品应提供有效的、有用的信息，应没有错误、简明表达、保持完整、一致表达；二是服务质量，应提供可靠的、有用的信息，应注意及时性和安全性。

	符合规范	满足或超出消费者期待
产品质量	有效的信息 IQ 维度 没有错误 简明表达 完整性 一致表达	有用的信息 IQ 维度 适当的数量 相关性 可理解性 可解释性 客观性
服务质量	可靠的信息 IQ 维度 及时 安全	有用的信息 IQ 维度 可信度 可获得性 易于操作 声誉

图 3-4　PSP/IQ 模型

资料来源：Lee, Y.W., Strong, D.M., Kahn, B.K., Wang, R.Y. AIMQ: a methodology for information quality assessment. Information and Management, 2002, 40(2), 133–146.

（2）IQA 工具

这是一套测量数据质量的调查问卷方法。首先，需要围绕数据质量设计合适的题目。题目应涵盖数据质量管理的所有方面，且没有重复。应该由用户来检查这些题目是否含义清晰。其次，需要进行初步研究，以评估问题的可靠性，并删减部分问题。最后，需要分析问卷，根据调查问卷结果来评估组织的数据管理质量。

（3）质量差距分析技术

此项分析的目的在于，结合 PSP/IQ 模型，根据问卷调查数据，对组织数据质量管理状况予以评估，并聚焦可改进的部分。此处采用两项分析技术——IQ Benchmark Gaps 和 IQ Role Gaps——来识别数据质量问题领域。

3.3.3　数据质量评估标准

本节介绍数据质量相关的国际和国内标准，包括 ISO 8000 系列标准和 ISO 19100。

1. ISO 8000 系列标准

ISO 8000 是针对数据质量制定的国际标准，由 ISO 工业自动化系统与集成技术委员会（ISO/TC 184）SC 4 小组委员会开发。这一标准以一系列文件的形式发布。

ISO 8000 数据质量标准包括规范和管理数据质量活动、数据质量原则、数据质量术语、数据质量特征和数据质量测试，以保证用户在满足决策需求和数据质量的基础上，高质量地交换、分享和存储数据。使用 ISO 8000 数据质量标准，企业可以不受某个软件应用的约束，独立地购买或销售高质量的数据。

ISO 8000 数据质量标准由以下各部分组成，各部分的侧重不同：

- 通用数据质量：第 1 ～ 99 部分
- 主数据质量：第 100 ～ 199 部分
- 业务数据质量：第 200 ～ 299 部分

● 产品数据质量：第 300 ～ 399 部分

自 2008 年底发布了第一部标准（ISO 8000-110-2008 主数据：语法、语义编码和数据规范的一致性）以来，至今已陆续发布了 6 个 ISO 8000 系列标准。目前已发布的 ISO 8000 标准都集中在 ISO 8000-100，即主数据质量部分。

ISO 8000-100 系列包括 ISO 8000 第 100～199 部分，该系列标准主要涉及质量管理系统的主数据描述和主数据质量的度量。

1）ISO 8000-110 规定了可由计算机检查组织和系统之间交换的主要数据的要求，包括关于符合主数据信息的正式语法的要求、语义编码要求以及数据规范一致性的要求等。

2）ISO 8000-120 对数据的来源信息在表示和交换方面进行了规范，包括数据来源的背景、捕获和交换数据来源信息的要求，以及用于数据来源信息的概念数据模型等。

3）ISO 8000-130 描述了数据捕获和数据交换精度方面的需求，并提出了以声明和担保的形式确保数据准确性的概念模型。

4）ISO 8000-140 的内容是主数据的完整性，对属性值对、记录和数据集的完整性信息在表示和交换方面进行了规范和要求。

5）ISO 8000-150 规定了主数据质量管理的基本原则以及对 ISO 8000 标准的实施、数据交换和出处的要求。核心内容是一个信息框架，用于确定和识别数据质量管理的过程。

2. ISO 19100

ISO 19100 是由国际标准化组织地理信息技术委员会针对地理位置相关的目标或对象，制定的一套结构化的定义、描述和管理地理信息的系列标准。该系列标准的重点是定义地理信息的基本语义和结构，以及地理信息服务的组件及其行为。ISO 19100 目前包括 40 多个标准。它们相互引用，构成彼此密切联系的结构体系。

与该系列标准相关的工作组有框架和参照模型工作组（WG1）、地理空间数据模型与算子工作组（WG2）、地理空间数据管理工作组（WG3）、地理空间数据服务工作组（WG4）、专用标准工作组（WG5）、影像工作组（WG6)、信息行业工作组（WG7）、基于位置服务工作组（WG8）和信息管理工作组（WG9）。

3.4　数据清洗与集成

数据准备是使用数据的基础，包括数据清洗和数据集成。此外，知识图谱是近年来新兴的技术，可用于辅助数据集成以及展示集成后的数据情况，因此本节最后也会介绍知识图谱的内容。

3.4.1　数据清洗

数据清洗是数据管理的经典问题，在实践中，主要采用完整性约束等规则来清洗数据。近期关于数据清洗的研究也有基于统计的方法、基于知识图谱的方法，以及人机交互的方法等。本节先介绍数据约束的种类、数据约束的挖掘方法，再介绍如何检测和修复错误数据。

1. 数据约束

本节介绍数据约束的概念，包括传统的完整性约束、函数依赖，以及条件函数依赖和逻辑蕴涵；挖掘数据约束的方法。

（1）数据约束的种类

数据约束指用于界定数据合法性的规则，即规定哪些数据是合法的，哪些不是。在关系数据库中，我们最常用的是完整性约束。此外，用于范式设计的函数依赖同样也是对于数据的约束。近年来研究者们提出条件函数依赖，主要用于处理海量数据清洗问题。此外，通常认为逻辑蕴涵（如霍恩子句 (Horn Clause)）是数据约束的一般形式。

完整性约束是关系数据库中的经典概念。通常，完整性约束包括实体完整性、参照完整性以及用户定义的完整性。

实体完整性指一个数据记录在主码上的取值必须唯一，且在主属性上不可为空。实体完整性体现了客观世界中一个实体必须可标识且与其他实体可区分的本质要求。

参照完整性主要表现在不同的记录之间。若一个记录的某个属性参照了其他记录的主码，则该属性或者为空，或者必须等于某个确切存在的记录在主码上的取值。参照完整性体现了不同数据记录之间的一致性要求。

用户定义的完整性则是指根据应用需要，对数据记录取值的额外要求。例如，要求身份证号必须是 18 位，且满足一定规律，或者要求员工的年龄必须介于 0～200 之间。用户定义的完整性反映了应用的要求。

函数依赖指在不同属性之间存在的约束关系，例如若两条销售记录的订单号一致，则这两条记录的发货地址也应该相同。函数依赖主要用于数据库设计，通过规范化理论来检查数据库模式的合理性。在数据清洗任务中，也可使用函数依赖来检查数据的正确性。在上面销售记录的例子中，若发现两条记录的订单号相同但发货地址不同，则可能存在错误。

条件函数依赖是近年来学术界关注的热点，它可以根据特定的条件判断属性之间的依赖关系。条件函数依赖在标准的函数依赖的基础上附加了一个条件模板，以定义函数依赖的适用情况。条件函数依赖反映了在某些特定条件下，属性之间的依赖关系。

特定数据约束：在特定的数据清洗场景中，研究者们还提出了否定约束、时效约束等新型数据约束。

否定约束通过表达式合取再取反的形式描述多个元组之间的约束关系。例如，下面的否定约束表示，不存在两条这样的销售记录，即它们的订单号一致，但发货地址不同。

$$\forall t_a, t_b \in R, \neg(t_a.\text{order} = t_b.\text{order} \wedge t_a.\text{Addr} <> t_b.\text{Addr})$$

时效约束用来判定实体属性的时效顺序，利用一组属性的偏序关系来判断另一组属性的时序关系。例如，两条物流记录对应同一个订单，若第二条记录的时间晚于第一条，则第二条记录的位置应比第一条新。

霍恩子句是一种特殊的逻辑蕴含表达式，其右侧（头部）只有一个原子，左侧是一个合取范式。用霍恩子句来描述前面的销售记录的例子：

$$\forall t_a, t_b \in R, t_a.\text{order} = t_b.\text{order} \to t_a.\text{Addr} = t_b.\text{Addr}$$

从表达能力来看，霍恩子句强于函数依赖、条件函数依赖和否定约束。

（2）数据约束的发现

完整性约束一般是基于对应用的分析，由开发人员和领域专家在数据库设计阶段人工设定。函数依赖通常也在这一阶段被识别出来。但在大数据时代，由于数据体量巨大、来源复杂、灵活多变，单靠人工很难完整准确地识别所有函数依赖和其他数据约束，而必须借助数据挖掘的手段。

函数依赖的挖掘方法可以归为基于 Lattice 结构的方法、基于一致集的方法以及基于规则归纳的方法三种。Lattice 是一种层次结构，该方法将属性集合划分为多个层次，自底向上进行搜索，以发现可能的函数依赖。所谓一致集，是指两个元组之间具有相同特征的集合。基于一致集的方法将数据基于一致集进行划分，并在划分基础上尝试发现规则。基于规则归纳的方法是利用函数依赖的内部联系，排除有矛盾的候选规则，从而得到最小的函数依赖规则集合。

否定约束或霍恩子句的表达能力强于函数依赖，更接近于一阶逻辑表达式，可以采用规则挖掘的方法来发现可能的约束规则，其中常见的方法是归纳逻辑编程（Inductive Logic Programming，ILP）。ILP方法的思路是首先构造初始的规则集，然后通过增加条件的方式尝试扩展每个候选规则。每次扩展之后，根据数据集对候选规则的符合情况来计算候选规则的质量，抛弃不满足质量要求的规则。多次迭代，直到所有规则都不能再扩展为止。

2. 错误检测

本部分介绍错误数据的类型，如异常值、结构性错误、记录重复和数据缺失等；以及检测错误数据的方法，包括基于完整性约束的方法、字符串匹配方法、基于统计的方法等。

（1）错误数据的类型

异常值指明显不符合属性语义的取值。例如，在一条数据记录中，某人的年龄为 -10。又如，在另一条数据记录中，某本书的长度为 10^5 米。

结构性错误指数据不符合特定领域语义要求的完整性约束。例如，在上文的例子中，我们有这样的否定约束：不存在两条这样的销售记录，即它们的订单号一致，但发货地址不同。如果数据集中发现有两条记录违背了这一约束，就出现了结构性错误。

记录重复指数据集中存在两条相同的记录。由于主键的存在，通常不存在两条完全相同的记录。但在很多情况下，主键是自动生成的，不能避免数据的重复。记录重复往往是在数据导入或数据集成过程中产生的。两条重复的记录并不一定完全相同，但都对应同一个实体。例如，在关于公司的数据集中，可能存在两条记录均表示同一个公司，但其中一条使用了该公司全称，而另一条使用了简称。

数据缺失指数据的部分属性不存在于数据集中。例如，在销售数据集中，某条销售记录的收货地址为空或收货人的电话为空。数据缺失有多重原因，可能由于数据录入过程遗漏，也可能是从其他数据源导入的过程中由于编码等技术原因数据丢失。

（2）检测错误数据的方法

数据库管理系统一般都实现了对完整性约束的支持。数据库管理员或其他数据库用户可以在设计数据库模式时定义完整性约束，并且定义相应的处理机制。当数据发生改变时，数据库管理系统会自动检查是否违背了相关的完整性约束，并对不合法的操作采取相应措施，如拒绝操作或级联更改。

字符串匹配方法主要用来发现重复记录。一般策略是设计一种字符串相似度的度量方式，比如 Jaccard、编辑距离等，按此度量方式将数据集中的记录两两比较，若一对记录的相似度高于预设阈值，则认为它们很可能是重复记录。

基于统计的方法主要用于检测异常值，使用一定的分布对数据进行建模，进而检测某个取值是否显著地偏离正常值。例如，使用正态分布对数据建模，并计算均值与标准差，如果某个取值在 3 倍标准差外，则认定其为异常值。

3. 错误修复

本部分介绍错误修复的方法，包括基于函数依赖的方法、基于规则的方法、基于统计的方法以及人机结合的方法。

（1）基于函数依赖的方法

解决函数依赖冲突，最常用的方法是通过属性值的修改得到满足一致性且与原始数据表差别最小的数据表。例如，在数据对（元组，属性）上划分等价类，然后把属于相同等价类的属性修改成相同的值。也可以通过用户定义的强制约束来指定清洗过程中不允许变动的属性值，以此来得到更符合用户预期的清洗结果。

（2）基于规则的方法

根据应用场景需求，设计合理的数据清洗规则。例如，将不符合语义的异常值更改为空值，将缺失值填充为平均值，删除关键属性缺失的记录，对重复记录进行标记，等等。基于规则的方法简单易行，效率较高，但存在“一刀切”的问题。

（3）基于统计的方法

下面以缺失值修补中经典的多重插补算法为例介绍基于统计的方法。多重插补为数据集建立多个不同的插补模型，不断尝试修补缺失值。首先，对含有缺失值的数据集，分别建立不同的插补模型进行修复，得到多个候选结果。然后，用测试算法来评估候选结果的质量。最后，根据质量得分合并所有候选结果，得到一份完整的数据。近年来，也有不少基于机器学习的错误修复算法，如贝叶斯、k– 近邻以及神经网络等。基于统计的方法往往可以取得很好的修复效果，但效率较低，需要耗费更多计算资源。

（4）人机结合的方法

人机结合的方法是近期研究热点，其思想是在错误修复过程中，综合人力和计算机的能力，以取得最佳的修复效果。相对于计算机，人工的精确度更高，但成本也更高。如何使用人工，在一定成本约束下取得最优的修复效果，是该领域重点研究的问题。

3.4.2　数据集成

数据集成是数据库领域的一个经典问题，在本丛书第一册《数据治理之论》中对此有详细介绍。出于内容的完整性，在本章中我们将简单概括数据集成的方法，并介绍其常见的工具。

1. 数据集成的概念和作用

数据集成（data integration）通过逻辑或物理的方式将分散在不同数据源中的数据封装到一个数据集中，使用户以统一的方式访问这些分散的数据。经典的数据集成核心是模式集成，即建立一个全局统一的模式来涵盖多个独立的分散的子模式。

数据集成的应用非常广泛。很多组织甚至将“数据治理”等同于“数据集成”。随着数据的急剧增长，“信息孤岛”问题日趋严重，大量的数据分布在不同的组织或部门中，不能被统一使用。另外，大数据分析客观上要求掌握尽可能全面的数据，以挖掘有用的知识。而数据集成正是解决这一矛盾的核心技术。

2. 数据集成的常见方法

根据集成之后的数据集在物理上的耦合程度，可以将数据集成方法分为虚拟集成、物化集成和混合集成三大类。

虚拟集成的核心是构建一个虚拟的视图，或者说用户和数据源之间的统一接口。在数据集成系统中不存放数据，而是根据集成模式和子模式之间的映射关系，将用户提交的针对统一视图的查询改写为在多个子模式上运行的查询。虚拟集成的主要问题在于查询处理的代价较高。

物化集成会在集成系统中存储按统一模式重新组织的数据。相比于虚拟集成而言，物化集成方法可以大幅提高查询处理的效率。代价则是需要维护统一的数据集，不但需要一定的存储开销，还需要处理源数据发生变化的情况。在数据仓库中，大多采用物化集成方式。

混合的数据集成的目的是综合虚拟和物化两种集成方式的优点。在集成系统中，只存储数据源中的部分数据以及元数据信息。在处理查询时，可以使用集成系统中现有的数据，也可以根据需要去访问源数据。混合的数据集成可以较好地平衡查询处理和数据存储两方面的要求。

3. 数据集成工具介绍

目前主流的数据集成工具是 ETL（extract，transform，load），其目标是从不同的数据源中抽取数据并转换成规定的格式。在这个过程中，通常会对数据进行一定程度的清洗。下面介绍几款目前流行的 ETL 工具。

（1）Kettle[①]

一款开源 ETL 工具，采用 Java 语言编写，可以支持不同的操作系统。Kettle 可以将数据集成的任务以工作流方式组织起来，如数据抽取、质量检测、数据清洗、数据转换、数据过滤等。Kettle 的缺点是在处理大数据量的 ETL 任务时性能较差。

（2）DataStage[②]

DataStage 是 IBM® 公司推出的一款 ETL 工具，可以处理多种数据源的数据，支持数据清洗、转换和加载。作为一款商业软件，DataStage 具有较为完善的功能，特别是具备较好的实时监控能力，方便用户管理 ETL 任务。缺点在于不支持二次开发。

① The Kettle Open Source Project on Open Hub, https://www.openhub.net/p/kettle.

② IBM DataStage, https://www.ibm.com/products/datastage.

（3）Talend[①]

它是由 Talend（拓蓝）公司开发的一个数据 ETL 软件。优点是简单易用。它支持同步多种数据库、清洗、筛选、数据导入导出、内联查询等。

3.4.3　知识图谱

本部分围绕知识表示、知识图谱构建、知识图谱的查询、知识图谱的存储以及基于知识图谱的应用这几个方面来介绍知识图谱技术。

1. 知识表示

下面介绍各种知识表示方法，主要包括基于符号逻辑的知识表示方法，以及 RDF 图模型和属性图模型。

知识图谱技术中的知识表示主要对客观世界的知识进行建模，使机器便于理解和处理，具体方法可以分成以下三类。

（1）基于符号逻辑的知识表示方法

符号可以用来表示知识，处理符号就是认知的过程，因此可以基于符号逻辑进行知识表示。常见的方法有：基于逻辑的表示法，比如命题逻辑、谓词逻辑、一阶逻辑等；基于产生式的表示法；基于框架的表示法等。基于符号逻辑的知识表示方法在描述逻辑方面的表现较好，但需要大量人力来手动生成推理规则，因此不适用于大数据量场景下的知识表示。

（2）RDF 图模型

RDF（resource description framework）全称为资源描述框架，由 W3C（World Wide Web Consortium）提出，用于提供语义网上的信息描述规范。RDF 图用包含主语 s（subject）、谓语 p（predicate）、宾语

① Talend - Homepage, https://www.talend.com/.

o（object）的三元组（s，p，o）来定义描述资源的统一格式。其中，主语一般用统一资源标识符 URI（uniform resource identifiers）表示信息实体，谓语描述实体所具有的相关属性，宾语为对应的属性值，这样的表述方式使得 RDF 可以在应用程序之间交换而不丧失语义信息。由于较强的表达力和相对完善的模型特性，RDF 被很多项目（如 Wikipedia、DBLP 等）广泛应用于语义数据描述。

（3）属性图模型

属性图模型主要由顶点和边构成，顶点代表“实体”，边代表“关系”，顶点和边的关联由函数表示，此外，与 RDF 图不同的是，属性图模型对顶点属性和边属性具备内置的支持，其中所有的值属性可以全部存储在顶点和边的成员变量中。当前，属性图模型主要应用在工业界尤其是图数据库中，例如 Neo4j。

2. 知识图谱构建技术

对于如何构建知识图谱，考虑两种不同的情况：第一种是基于已有的结构化异构语义资源；另一种是基于非结构化的异构资源。下面介绍概念层次学习、事实学习和语义集成等技术。

知识图谱的构建，通常需要考虑两种不同的情况，第一种是基于分布的异构资源构建知识图谱，相关的技术有概念层次学习、事实学习等；另一种是基于已有的结构化异构语义资源构建知识图谱，相关的技术有语义集成等。

（1）概念层次学习

概念层次学习就是对信息中的概念进行抽取，并且建立上下位关系，主要分为基于启发式规则和基于统计这两种概念层次学习方法。前者是根据上下位概念的表述方式，从文本或其他资源中抽出可能具有上下位关系的概念对。后者是根据概念的上下文的相似性，利用概率模型判断两个概念是否相同，从而抽取概念。

（2）事实学习

知识图谱中的数据由一系列事实组成，事实通常用三元组来表示。根据构建知识图谱时使用的训练样本是否有标注以及标注数据的多少，可以分为有监督的知识图谱构建方法（例如基于序列标注的方法）、半监督的知识图谱构建方法（例如自扩展方法）、无监督的知识图谱构建方法（例如开放信息抽取）。

（3）语义集成

多个知识库之间存在异构性，不便于传递知识。语义集成就是根据概念间的映射，确定不同的数据源中相同概念的实体，实现不同数据源的知识融合。语义集成可以借助多种方法来进行概念映射，例如：利用自然语言处理技术计算文本中两个实体的相似度；引入现有的知识库作为背景知识来提高相似度计算的准确率；结合图结构和图中的关系计算实体间的相似度；转化为机器学习领域的分类问题或优化问题进行实体匹配。

3. 知识图谱查询语言

下面介绍常见的知识图谱查询语言，包括 SPARQL、Cypher、Gremlin、PGQL 以及 G-CORE。

知识图谱查询语言的主要功能为查询数据来获取信息，或者对数据进行更新等。不同的知识表示方法存在不同的查询语言，以下列举较常用的五种。

（1）SPARQL

SPARQL 是查询 RDF 数据的标准语言，最初由万维网联盟（W3C）的 RDF 数据访问工作组（DAWG）创立，后被 W3C 协会推荐。SPARQL 目前支持四类查询：SELECT、CONSTRUCT、

DESCRIBE 和 ASK。同时，SPARQL 支持多种查询模式，最基本的是三元组模式，也支持基本图模式和复杂图模式等。SPARQL 的查询语法类似于 SQL，SELECT 子句表示查询结果要投影的数据，WHERE 子句用来表达三元组之间的连接关系、过滤条件等。为了应对不同的需求，SPARQL 有许多变种，例如 SPARQL-DL、nSPARQL 等。

（2）Cypher

Cypher 最初是为图数据库 Neo4j 设计的一种声明式查询语言，后来通过 openCypher 项目开放，成为一种语法和语义的参考标准。Cypher 的语法基于 ASCII 艺术，有着直观和方便阅读的优点。Cypher 的查询语句主要由 MATCH、WHERE 和 RETURN 组成。MATCH 子句用于指明要匹配的图模式，WHERE 子句用于指定匹配的约束条件，RETURN 子句用于返回结果变量。此外，Cypher 还支持对数据进行增、删、改等操作。CREATE 和 DELETE 分别用于创建和删除图中的实体和关系，SET 和 REMOVE 用于设置或移除属性值和标签，MERGE 用于确保图数据库中存在某个特定的模式。

（3）Gremlin

Gremlin 是由 Apache TinkerPop 设计的图遍历语言，通常被用于图数据库的数据查询和数据管理。Gremlin 是一种功能性的数据流语言，使用户能够在属性图上简洁地表达复杂的遍历任务或查询任务。Gremlin 每一次对图数据进行遍历都要经过三个基本步骤：映射步骤、过滤步骤和统计步骤，每一个步骤对数据流执行原子操作。Gremlin 的遍历可以用支持函数嵌套的其他编程语言一起编写（如 Java, Python 等），使得 Gremlin 查询可以嵌套在其他编程语言的代码内，因此具有较强的通用性。

（4）PGQL

PGQL 是甲骨文（Oracle）公司开发的基于属性图模型的查询语

言，设计上借鉴了 SQL。因此，PGQL 支持分组、聚合、排序和其他常见的 SQL 操作。除了基本的 SQL 指令，PGQL 还支持固定长度的图匹配以及可变长度的图匹配查询。PGQL 将图形模式匹配和子查询功能进行了集成，这样可以把一个查询中匹配到的顶点和边传递到另一个查询中。PGQL 也支持正则表达式的查询指令，实现了图的可达性。正则表达式表达的查询不但能够提高路径查询的表达能力，而且查询的复杂度不会升高。

（5）G-CORE

G-CORE 是由 LDBC 图形查询语言任务组（LDBC Graph Query Language Task Force）设计的一种查询语言。G-CORE 针对属性图数据模型设计，图中的顶点、边和路径同等重要。G-CORE 支持一系列核心操作：图模式、路径模式、聚合、子查询、路径的查询和图的修改。G-CORE 在设计上追求查询语句的表达能力和查询复杂度之间的最优平衡。

4. 知识图谱的存储

知识图谱的存储技术根据存储机制不同，主要分为两大类：一是基于关系的知识图谱存储技术，例如三元组表、水平表、属性表等；二是原生知识图谱存储技术，例如面向属性图的存储方法、面向 RDF 图的存储方法。

（1）三元组表

知识图谱的每条知识可以表示为一个三元组。三元组表是通过在关系数据库中建立一张具有主语、谓语、宾语这三列的数据表，把知识图谱中的每条知识存储在表中。三元组表的存储方式简单直白，但是当表格的数据规模较大时，多次的连接操作会大大降低查询的性能。

（2）水平表

水平表也是一种简单的存储技术。水平表的行数等于所有主语的个数，行首是所有主语。水平表的列数是所有谓语的个数，列名是所有谓语。每个单元格是对应主语、谓语下的宾语。水平表有许多缺陷，例如：实际应用下谓语的数量可能是巨大的，但每个主语对应的谓语和宾语是有限的，因而水平表可能存在很多空值；过多的谓语可能会超出关系数据库的列数限制；关系数据库限制了一个主语在一个谓语下只能有一个宾语，而现实生活中可能有多个；作为一个大表，水平表的增、删、改操作代价很大。

（3）属性表

属性表按照主语进行分类，把原本的一个水平表变成多个子表，在水平表的基础上减少了列数，缓解冗余，使表的性能得到了提高。另外，属性表也解决了三元组表的自连接造成的性能下降。但是，当应用场景复杂时，属性表可能会有成千上万个主语属性，超出关系数据库的限制。在知识具有相同的主语和谓语时，可能还会存在宾语不同的情况，多值属性的存储问题并没有解决。对于相同属性的主语，它们的差别也可能很大，过多空值的问题依然存在。

（4）面向属性图的存储方法

Neo4j 是当前面向属性图的存储方法使用得最多的数据库系统。Neo4j 的存储方式采用无索引邻接。在 Neo4j 中，所有信息都以边、顶点或属性的形式存储。每个顶点和边都可以具有任意数量的属性，图结构与属性分开存储，这大大提升了 Neo4j 在图上的遍历能力。节点和边都可以进行标记，标记可以用来缩小搜索范围，大大节省了搜索时间。

（5）面向 RDF 图的存储方法

gStore 是一个面向 RDF 知识图谱的开源图数据库系统，由北京大学王选所数据管理实验室研发。gStore 基于图数据模型，维持了原始 RDF 图的结构。gStore 处理 SPARQL 查询的原理为把 RDF 和 SPARQL 表示成图，通过子图匹配的方法来查询所需要的结果。gStore 支持 W3C 定义的 SPARQL 1.1 标准，单机可以支持 30 亿以上的 RDF 三元组存储和 SPARQL 查询，并且具有很好的分布式拓展性。gStore 利用基于图结构的 VS-tree 索引来提升查询的性能。

5. 基于知识图谱的应用

下面介绍知识图谱的应用，包括基于知识图谱的搜索系统、问答系统、推荐系统、大数据分析系统等。

知识图谱提供了一种管理和利用多源、异构、海量数据的有效手段，为许多应用发展提供了良好的支持。

（1）搜索系统

知识图谱最早由谷歌提出，目的是提升搜索引擎的效果。搜索引擎将大规模的文档和关键词进行标注，并且构建知识库。当用户提出某个问题时，结合关键词和知识图谱分析，可以更加准确地分析出问题的语义，并且根据知识图谱直接寻找问题的答案。当用户搜索某个关键字时，搜索引擎可以直接以知识卡片的形式返回给用户所需要的信息，并配上相关的图片。

（2）问答系统

基于知识图谱的问答系统主要有两大类：基于信息检索的问答系统和基于语义分析的问答系统。前者的主要原理是将问题转化为一个基于知识图谱的结构化查询，并且返回与实体相关的若干信息作为回答。后者是首先通过知识图谱分析问题语义，确定用户的意图后直接搜索一个正确答案返回给用户。

（3）推荐系统

在电商等行业中，知识图谱可以把多个用户的信息和多种商品的信息联系起来。通过对知识图谱的分析，可以对用户和商品进行画像，更好地分析和理解用户的购买行为，制定针对特定用户群体的营销策略。通过知识图谱，可以挖掘出用户之间的潜在联系，为具有相同爱好的用户推荐相似的产品。

（4）大数据分析系统

知识图谱可以为特定领域的大数据分析提供帮助。例如，在医学领域，存在大量文献、实验、临床数据。通过将这些数据构建成医疗知识图谱，医生可以针对病患情况进行更加准确的诊断，并且通过知识图谱，寻找最佳的治疗方案和药物。

参考文献

[1] P. Bohannon, W. Fan, F. Geerts, X. Jia and A. Kementsietsidis. "Conditional Functional Dependencies for Data Cleaning," 2007 IEEE 23rd International Conference on Data Engineering, Istanbul, 2007, pp. 746-755, doi: 10.1109/ICDE.2007.367920.

[2] X. Chu, I. F. Ilyas, and P. Papotti. Discovering denial constraints. Proc. VLDB Endow., 2013，6(13):1498-1509

[3] L. A. Galarraga, C. Teioudi, K. Hose, and F. Suchanek. Amie: Association rule mining under incomplete evidence in ontological knowledge bases. In Proceedings of the 22nd International Conference on World Wide Web, 2013.

[4] Stephen Muggleton, Luc de Raedt.Inductive Logic Programming: Theory and methods. The Journal of Logic Programming, 1994，19–20, Supplement 1.

[5] A. Sheth and J. Larson. Federated database systems for managing distributed, heterogeneous, and autonomous databases. ACM Computing Surveys, 1991, 22(3): 183-236.

[6] A. Gupta and I. S. Mumick. Maintenance of materialized views: Problems, techniques, and applications. IEEE Bull.on Data Engineering, 1995,18(2): 3-18.

[7] Diego Calvanese, Giuseppe De Giacomo, Maurizio Lenzerini, Daniele

Nardi, and Riccardo Rosati. Information Integration:Conceptual Modeling and Reasoning Support. In CoopIS, 1998, 280-291.

[8]Hinton, G. E. and Salakhutdinov, R. R. Reducing the dimensionality of data with neural networks.Science, 2006, 313(5786): 504-507.

[9] Nigam V V, Paul S, Agrawal A P, et al. A Review Paper On The Application of Knowledge Graph on Various Service Providing Platforms// 2020 10th International Conference on Cloud Computing, Data Science & Engineering (Confluence), 2020.

[10] Rotmensch M, Halpern Y, Tlimat A, et al. Learning a Health Knowledge Graph from Electronic Medical Records. entific Reports, 2017, 7(1): 5994.

[11] Ya-Ning Chen, Shu-Jiun Chen, Simon C. Lin. A metadata lifecycle model for digital libraries: methodology and application for an evidence-based approach to library research. World Library and Information Congress: 69th IFLA General Conference and Council. https://archive.ifla.org/IV/ifla69/papers/141e-Chen_Chen_Lin.pdf.

[12] 杜方，陈跃国，杜小勇．RDF 数据查询处理技术综述．软件学报，2013，24（06）：1222-1242.

[13] 杜岳峰．基于内容相关的条件函数依赖的数据一致性维护技术研究（博士论文）．东北大学，2016.

[14] 李涓子，侯磊．知识图谱研究综述．山西大学学报（自然科学版），2017，40（03）：454-459.

[15] 刘峤，李杨，段宏，刘瑶，秦志光．知识图谱构建技术综述．计算机研究与发展，2016，53（03）：582-600.

[16] 王珊，萨师煊．数据库系统概论．5 版．北京：高等教育出版社，2014.

[17] 王鑫，邹磊，王朝坤，彭鹏，冯志勇．知识图谱数据管理研究综述．软件学报，2019，30（07）：2139-2174.

[18] 徐增林，盛泳潘，贺丽荣，王雅芳．知识图谱技术综述．电子科技大学学报，2016，45（04）：589-606.

第四章　数据互操作

互操作（interoperate）和互操作性（interoperability）在不同的领域中具有不同的内涵与外延。在计算机领域中，互操作一直是一个重要的研究方向。本章主要就计算机领域中数据互操作的概念、模型、技术框架以及一些具体技术进行介绍与讨论。后文中所提到的“互操作”或“互操作性”一词均默认指代计算机领域中的互操作 / 互操作性。

4.1　数据互操作的概念

在深入介绍互操作的模型以及具体的技术实现框架之前，首先应当明确互操作的概念。本节首先介绍计算机领域中通用互操作的相关概念，并介绍数据互操作的概念与挑战。

4.1.1　互操作的定义

经过大量文献的调研，本节总结了已有工作对计算机领域中互操作 / 互操作性的定义。

1. 互操作（interoperate）

a）所谓互操作，就是指在异构环境下尽管两个或两个以上的实体的实现的语言、执行的环境和基于的模型不同，但它们可以相互通信和协作，以完成某一特定任务。这些实体包括应用程序、对象、系统运行环境等。

b）所谓互操作，就是两个或多个系统在相互连接的基础上进行的一系列交互活动，如进行信息交换、资源共享和合作。

c）互操作：一个系统代表另一个系统执行操作。

2. 互操作性（interoperability）

a）互操作性是两个或多个系统或构件交换并使用所交换信息的能力。

b）互操作性是两个或多个软件构件在语言、接口和执行平台不同的情况下进行协作的能力。

c）互操作性是与对等系统通信并访问其功能的能力。

d）软件互操作性是不同编程语言开发的多个软件构件之间通信和交互的能力。

e）互操作性是不同类型的计算机、网络、操作系统和应用程序可以无须事先通信便有效地协同工作，以便以有用和有意义的方式交换信息的能力，通常包括三个方面：语义、结构和语法。

f）互操作性是指系统之间进行交互（信息和服务交换）的能力。当交互可以发生在数据、服务和流程三个级别上，并且在给定的业务上下文中定义了语义时，认为互操作性很好。

4.1.2　互操作的时代烙印

互操作能力在计算机系统中一直起着重要作用。从计算机诞生之初的单机时代，到随着互联网发展到来的网络时代，再到如今的数据时代，互操作技术的关注点不断发生变化，具有鲜明的时代烙印。

1. 单机时代视角

在单机时代，互操作技术关注的重点在于单个计算机中软件、硬件以及用户之间的协作。操作系统是实现这类协作的关键技术。操作系统合理地组织计算机的工作流程，管理和分配计算机的软件和硬件资源，使之为多个用户高效率地共享；同时，操作系统提供友好的界面，使用户无须了解许多软件、硬件的细节就能方便灵活地使用；并且，操作系统为计算机功能的扩展提供支撑平台，在追加新功能时不影响原有的服务与功能。

2. 网络时代视角

随着互联网的发展，不同的计算机局域网广泛互联，计算机从单机时代步入网络时代。互联网平台不同于传统的计算机硬件平台，它的出现和普及使计算机软件开发、部署、运行和维护的环境开始从封闭、静态、可控逐步走向开放、动态、难控，网构软件随之产生。网构软件是开放、动态和难控网络环境下的分布式软件系统的一种抽象，它包括一组分布于互联网环境下各个节点的具有主体化特征的软件实体，以及一组用于支撑这些软件实体以各种交互方式进行协同的连接子。如何在开放、动态、难控的网络环境下实现各类资源的共享和集成是网络时代下计算机软件技术面临的重要挑战。在网络时代下，互操作技术关注的重点逐渐转向网构软件构件之间的协作。

3. 数据时代视角

从 2012 年开始，人们越来越多地提及大数据（big data）一词，以此描述和定义信息爆炸时代产生的海量数据并命名与之相关的技术发展与创新，计算机进入数据时代。在网络时代，网构软件构件之间的协作通常是同一个软件中的多个构件之间的协作，而在数据时代，互操作技术的重点则转向了不同软件之间的协作，尤其是数据的互联互通和使用。然而在实践中，大量数据被封闭在诸多遗留系统内部，“数据孤岛”成为数据时代下信息系统间互操作面临的主要问题。

4.1.3 数据互操作

1. 数据互操作的概念

从关于互操作 / 互操作性的诸多定义中可以得出如下总结：互操作本质上就是多个主体（例如，软件、软件的构件）间对他方资源（例如，数据、功能）的互相使用，而互操作性就是进行上述互操作行为的能力。

因此，根据所操作的资源类型，我们可以将互操作分为两类：功能互操作与数据互操作。具体来说，功能互操作通常体现为用于执行程序的函数调用和消息 / 参数传递的过程，即通过远程过程调用（RPC）；而数据互操作则通常体现为通过某些特定的数据格式、类型和协议进行数据访问、传输和交换的过程。

因此，我们认为，数据互操作是以数据为中心的互操作，其将数据作为系统内的基本资源，通过数据标识、数据发现、数据传输、数据处理等技术手段实现系统间的相互协作。

2. 数据互操作的挑战

随着数据时代的到来，各种大数据技术的广泛应用使得数据得以在互联互通的过程中充分发挥其潜在价值，数据逐渐被视为一种重要的资产，同时也面临越来越多的互操作需求。然而，随着各类大数据业务场景中数据互操作需求在广度和深度上的不断扩大，数据互操作面临巨大的实践挑战。

数据访问是数据互操作的基础，即数据所有者能够提取其希望互操作的数据，并通过特定的数据访问 API 以特定的格式提供给外界。在实践中，数据所有者通常必须做出一些重构工作，而这对于遗留系统来说是极其困难的。遗留系统内部数据的互操作受到极大限制，数据的价值无法得到开发。这类被称为“数据孤岛”的问题已经成为数据时代下互操作技术面临的重要挑战。

4.2 数据互操作的模型

模型是对于某个实际问题或客观事物、规律进行抽象后的一种形式化的表达方式。为了更好地理解数据互操作，本节主要介绍互操作性的评估模型与互操作的架构模型。需要注意的是，本节所介绍的模型本质上是面向通用互操作的，其适用范围包括但不限于数据互操作。

4.2.1 互操作性的评估模型

系统之间需要更好的互操作性以支持协作并避免潜在问题。为了提高这种能力，首先应该对当前的互操作性状况进行评估。Gabrield 等人对互操作性评估（INAS）的相关工作进行了综述。

1. 互操作性评估的类型

根据评估目标的不同，互操作性评估可以分为三种类型：潜力评估、兼容性评估、性能评估。其中，潜力评估会评估系统与环境之间的互操作性，该分析的目的是评估系统的潜力（也称为成熟度），从而在与潜在合作伙伴交互时进行动态适应以克服可能的障碍；兼容性评估则是对两个相关系统在互操作前后分析其当前状态以评估系统之间的互操作性，识别导致或可能导致问题的冲突；最后，性能评估会评估系统运行时的互操作性，它考虑了因实现可互操作的应用程序而导致的成本和从请求信息到使用信息之间的延迟，以及交换质量、使用质量和一致性质量等因素。

另外，根据评估方式的不同，互操作性评估又可以分为两种类型：定性评估和定量评估。其中，定性评估通常是主观的，在大多数情况下使用由语言变量（例如，“好”、“优化”和“自适应”）组成的等级量表对系统进行认证，对互操作性的定性评估通常用于潜力评估，且通常基于成熟度模型进行；定量评估则通过确定的数值来表征互操作性，常用于兼容性和性能评估。

在上述评估类型中，关于基于成熟度模型定性评估的相关工作是最完善的。此外，互操作性成熟度模型通常针对某一较为宽泛的领域，具有更好的普适性。因此，后文将对互操作性成熟度模型进行重点介绍。

2. 互操作性成熟度模型

成熟度模型是一种旨在基于较为全面的标准来评估所选域的质量的方法。互操作性成熟度模型通常通过不同维度的成熟度评估指标对互操作性的不同层次进行科学化、标准化的描述。互操作性成熟度模型可以用来对互操作能力进行定性评估，并指导互操作性的提升。

（1）软件互操作性的层次

Cameron 等人将软件互操作性分为物理、数据类型、规范级别以及语义四个层次，如图 4-1 所示。

其中，物理层次的互操作性指用户手动将信息从一个应用程序传输到另一个应用程序，例如从一个程序读取输出并手动重新输入到另一个程序中；数据类型层次的互操作性指通过独立于所使用编程语言或硬件平台的数据类型（例如，字节顺序和浮点格式）在不同的对象和过程间共享；规范级别层次的互操作性封装了抽象数据类型和简单类型之间的知识表示差异（例如，使用数组或列表结构来表示一个二

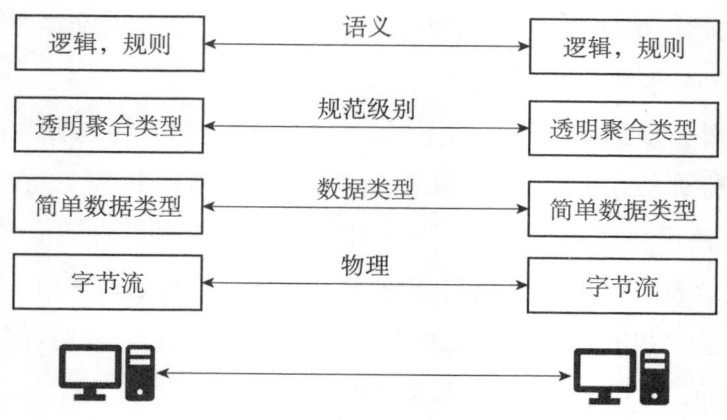

图 4-1　软件互操作性的层次

维表）；语义层次的互操作性则基于现代符号模型明确表示“功能”（设计意图）和预测的“行为”以及“形式”（结构化描述）。

（2）ETSI 四层互操作性

欧洲电信标准协会（ETSI）定义了四层互操作性：技术互操作性、语法互操作性、语义互操作性和组织互操作性，图 4-2 展示了这四个互操作性层次之间的关系。

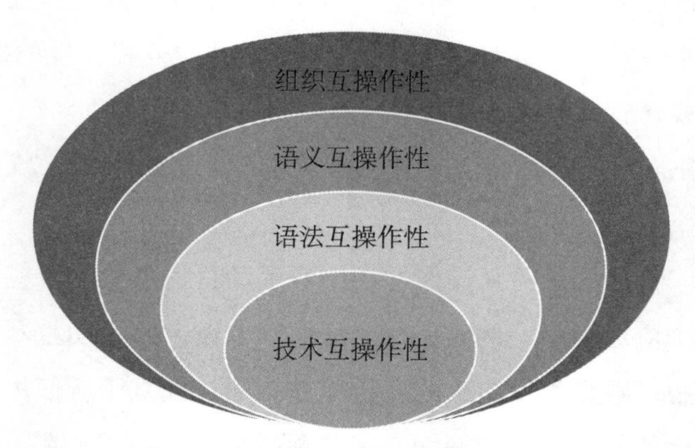

图 4-2　ETSI 互操作性的四个层次

其中，技术互操作性是指在机器间交换任何形式的原始信息的基本能力，通常与进行机器间通信的软硬件构件、系统和平台相关联，并且通常集中在通信协议和这些协议运行所需的基础设施上；语法互操作性是指在机器间交换结构化数据的能力，通常与数据格式相关联；语义互操作性指未对数据语义进行特定开发的系统理解所交换的结构化数据的精确含义的能力；组织互操作性是来自不同域（地理、文化等）的不同组织的基于不同基础设施的（信息）系统间进行交互与信息交换的能力，是基于技术、语法和语义互操作性的更高一层的互操作性。

（3）概念互操作性模型的层次

Tolk 等人提出了概念互操作性模型的层次（levels of conceptual interoperability model，LCIM），其中确定了五个互操作性层次。之后，Turnitsa 将其扩展为了七层模型。

图 4-3 说明了 LCIM 中定义的 7 个层次，并说明了每层的主要对象。其中，基本的技术互操作性是指互操作主体之间传递原始数据（在计算机网络中是位和字节）的能力；通过向原始数据添加通用结构（通常称为语法），可以达到语法互操作性；通过对结构化数据进

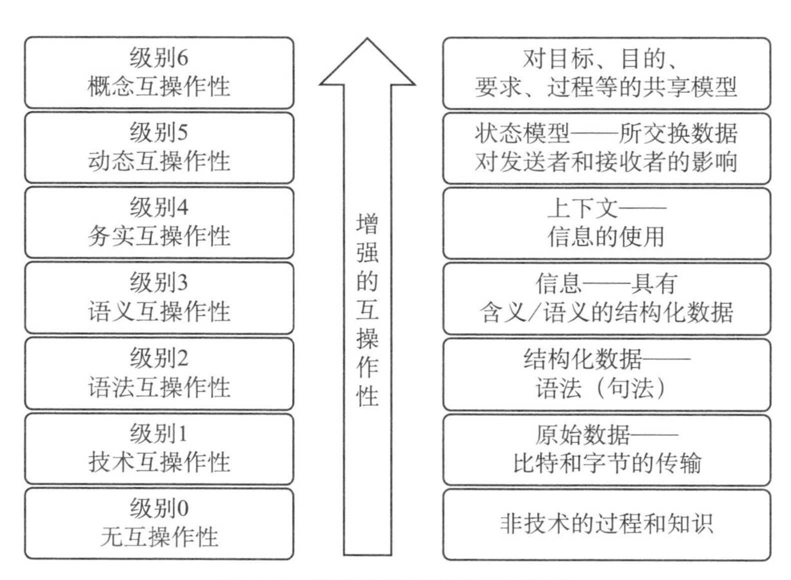

图 4-3　概念互操作性模型的层次

一步应用标准化含义（语义），可以确保语义互操作性；为了实现务实互操作性，必须对上下文（以何种方式使用交换的信息）有一个共同的理解；为了实现动态互操作性，必须为所有通信伙伴提供一个通用状态模型，从而使得参与者能够对交换信息对于发送者和接收者的影响进行建模；最后，LCIM 中最高层次的概念互操作性不仅需要对交换信息的可能影响进行推理，而且需要对目标、信念、商业模式、政治议程等抽象概念有共同理解。

如图 4-4 所示，用开放系统互连（OSI）模型描述的常规（技术）通信标准可以实现语法和语义上的互操作性。

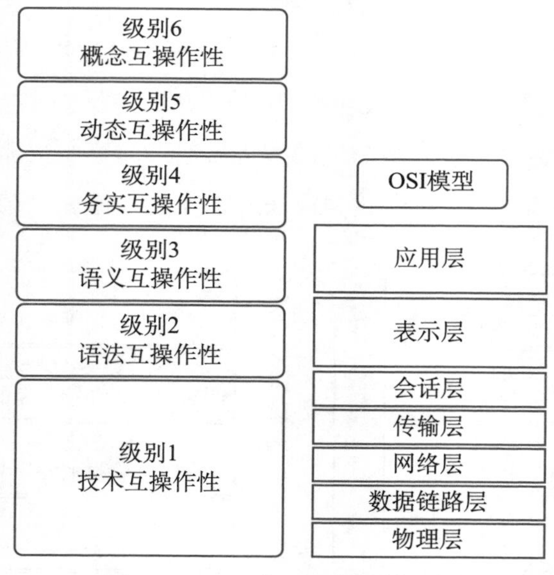

图 4-4　LCIM 与 OSI 模型的比较

（4）信息系统互操作性的层次

美国国防部 C4ISR 工作组在 1998 年发布了信息系统互操作性层次 LISI。LISI 分析了信息系统之间存在的普遍的互操作需求，根据系统间信息交互的复杂性、交互的特点以及需要完成的功能，定义了逻辑上应用于系统之间交互和共享信息的“成熟度”的5个互操作性等级：

4级：全球环境的企业级互操作性；

3级：集成环境的领域级互操作性；

2级：分布式环境的功能级互操作性；

1级：点到点环境的连接级互操作性；

0级：人工环境的隔离级互操作性。

由于每一个互操作等级之间的跨度较大，因此在每一个等级中又定义了若干子级，以提供必要的、附加的间隔尺度，用于反映更细粒度的互操作性能变化，表示在一个互操作等级内信息交换能力的小的提升，以及向更高程度的整体互操作性的进步或过渡。在每个互操作等级内，LISI将这些影响信息系统互操作能力的因素分成4类关键属性：规程（P）、应用（A）、基础设施（I）和数据（D），总称PAID，来确定为达到各种层次的互操作所需要的性能集和可利用的技术实现。表4-1给出了各个互操作性等级简要的PAID属性描述。

表4-1　LISI各个互操作性等级简要的PAID属性

描述	等级	计算环境	P	A	I	D
企业	4	通用的	企业级	交互式	多维拓扑	企业模型
领域	3	集成的	领域级	组件式	广域网	领域模型
功能	2	分布的	程序级	桌面自动式	局域网	程序模型
连接	1	对等的	本地/站点级	标准系统驱动程序	简单连接	局部格式
隔离	0	人工的	访问控制	不适用	独立的	专用合适

4.2.2　互操作的架构模型

单机时代的互操作技术关注单个计算机中软件、硬件以及用户之间的协作，通常由操作系统来统筹完成资源的调度和协同，互操作技术分散于操作系统的各个功能模块之中，并未成为一个独立的技术模块。随着网络时代的到来，互操作不再局限于单个计算机内资源的调度，更多的是已有系统如何通过网络进行协同，互操作技术的重要性不断增加，逐渐发展成为一个独立的技术体系，开始在企业业务集成（EAI）中发挥重要作用，随着企业应用技术以及互联网技术的发展，互操作的基本单位越来越小，互操作的范围越来越大。新的互操作理念和互操作模型，例如 SOA、DOA，也不断被提出。

1. 早期 EAI 模型

信息技术在企业中最初的应用以一些实现小的事务处理系统作为支持企业特定功能的工具为主，随后有了管理信息系统的概念以及 20 世纪 80 年代出现的数据仓库和联机事务处理过程（OLTP）等技术。随着企业信息化应用的深入，到 20 世纪 90 年代初期企业集成的概念开始被提出，首先出现的是 ERP（enterprise resources planning）技术。ERP 是针对物资资源管理（物流）、人力资源管理（人流）、财务资源管理（财流）、信息资源管理（信息流）集成一体化的企业管理软件。ERP 技术旨在搭建一套新的系统，以建立企业跨部门的信息化解决方案。

到 20 世纪 90 年代中期，企业内外部环境呈现快速变化的特征，要求企业信息系统能够根据各种需求变化进行快速调整，而基于 ERP 技术搭建一套新的信息系统的经济成本、时间成本过高。在这种背景下，人们提出 EAI 技术，将应用系统之间的关联关系和企业的核心业务流程提取出来集中管理，提高企业信息系统的适应性。早期的 EAI 技术的目标是解决企业系统之间的互操作问题，其互操作的基本单位是应用系统，互操作概念模型主要包括以下两种：轴辐式（hub and spoke）架构以及消息总线（message bus）架构。

2. 轴辐式架构

在轴辐式架构中，应用程序通过与中心 Server（服务器）建立连接的方式进行互操作，如图 4-5 所示。客户关系管理系统、关系数据库等不同的应用系统通过 Adapter（适配器）与中心 Server 相连，与网络拓扑结构中的星形结构相似，此时中心 Server 就像一个 Hub。中心 Server 主要负责消息的传送，负责管理系统间的通信、数据的传送，以支撑接入系统之间的交互。新的应用系统只需要通过一个 Adapter 连接 Hub 就能够与其他连接到 Hub 的应用相连接，并与其他应用相集成。

轴辐式架构以中心 Server 的形式连接不同的应用系统，极大简化了管理的复杂度。然而从另一个方面来看，中心化的 Server 也会成为系统的瓶颈，并且存在单点故障隐患。

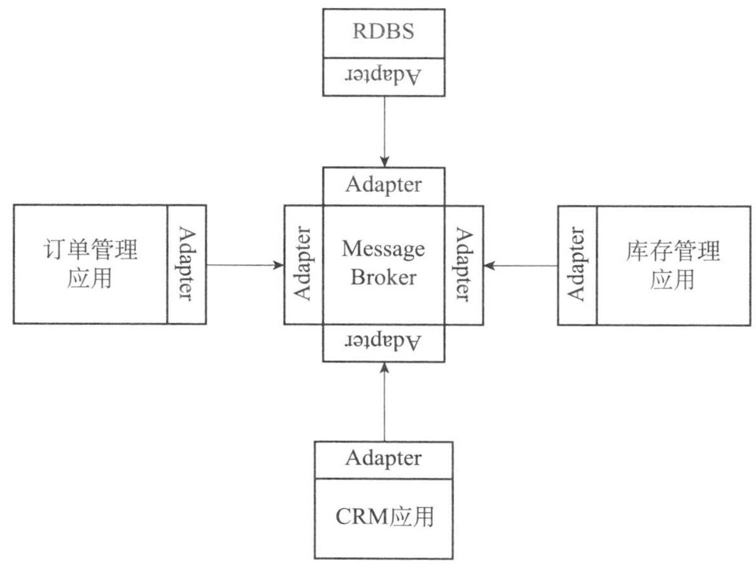

图 4-5　轴辐式架构

3. 消息总线架构

在消息总线架构中，所有节点都通过一个 Adapter 连接到消息总线上，如图 4-6 所示。一般而言，总线架构中会存在一个集成服务器（Integration Server），主要负责数据的接收、路由以及传递，信息总线则作为消息传递的媒介。此外，每个系统需要配置一个 Adapter，以实现和集成服务器及其他系统之间的通信。

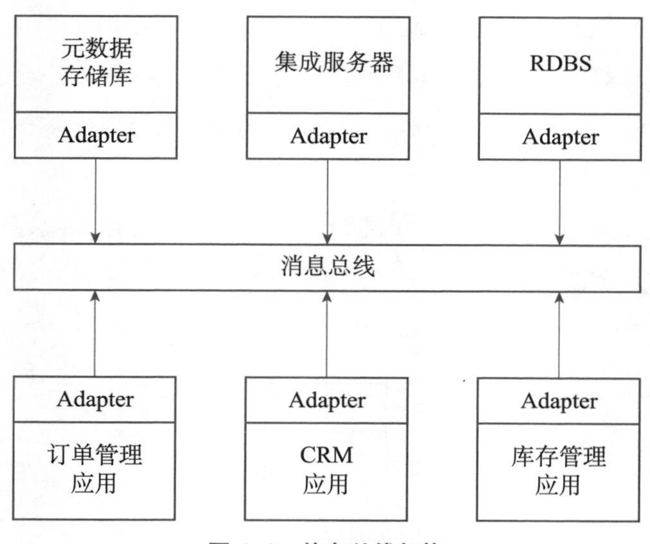

图 4-6　信息总线架构

与轴辐式架构相比，集成 Server 只是起到一个控制的作用，大部分消息传递工作交给了信息总线，减轻了集成 Server 的负荷，从而提升了消息总线结构的性能和可扩展性。消息总线会提供类似 PC 的即插即用的功能，当一个新的应用要集成入信息总线架构时，只要加上一个 Adapter 插入总线即可。然而，总线结构的方案的实施难度要比轴辐式架构大，整个集成环境的控制系统也更为复杂。

无论采用哪种架构，早期的 EAI 技术的主要目的是解决企业应用之间的互操作。然而，随着企业应用的不断发展，应用的体积、数量不断增大，应用粒度的互操作性在重用性、灵活性上不能满足企业应用规模扩张带来的新的 EAI 需求，再加上互联网技术的发展，互操作性的需求不仅仅局限于企业内部的应用集成。传统 EAI 的概念模型较低的可扩展性和较差的开放性难以满足企业间以及互联网环境下的互操作性需求。

4. 面向服务的架构（SOA）

首先，在传统的 EAI 平台中，原有应用系统通过自定义的方式集成在平台中，平台与原有应用系统之间紧密耦合，因此集成系统的重用性有限。其次，由于 EAI 平台承担了大部分系统集成工作，数据转换需要占用资源，中间件需要占用资源，业务流程的编制同样需要资源，从而这对硬件平台提出了更高要求。再次，EAI 平台大多采用专有协议，不同 EAI 平台中的系统无法进行互操作。最后，传统的 EAI 投资比较大，而其所获得的收益对于用户而言不够直观。而基于 SOA（service-oriented architecture）的应用集成可以很好地解决这些问题，尤其在针对跨平台、跨技术、跨部分的应用程序集成上优势明显。

面向服务的架构（SOA）的概念是由 Gartner 公司于 1996 首次提出的。最初 SOA 的主要目的是赋能每个 IT 系统，使其拥有更强的自主能力、更灵活的发展空间，同时又能够更方便地随需共享。但由于当时的市场环境和技术水平所限，并不具备真正实施 SOA 的条件，因此当时的 SOA 只是停留在概念阶段而并未形成具体的观念和技术，并未受到广泛关注。直到 Web Services 等技术的发展以及 XML 语言的出现，SOA 才逐渐得到广泛认可并从概念转向应用。

SOA 是一种软件体系结构风格，目前业内对 SOA 的定义并没有达成共识，不同组织对于 SOA 有不同的定义，以下摘选一些典型的定义：

- Gartner 认为 SOA 是一种“客户端 / 服务器的软件设计方法，基于 SOA 的应用由软件服务和软件服务使用者组成……SOA 与大多数通用的客户端 / 服务器模型的不同之处在于它着重强调软件组件的松散耦合，并使用独立的标准接口。”
- service-architecture.com 认为 SOA：“本质上是服务的集合。服务间彼此通信，这种通信可能是简单的数据传送，或许是两个或更多服务协调进行某些活动。服务之间需要某些方法进行连接。所谓服务就是精确定义、封装完善、独立于其他服务所处环境和状态的函数。”
- W3C 定义 SOA 为：“一套可以被调用的组件，用户可以发布并发现其接口。”

由于 SOA 中的两个领域，即业务领域和技术领域之间存在重叠，到目前为止，关于 SOA 还没有一个统一的、被广泛认可的定义。不同的厂商和个人根据自己的需求对 SOA 进行了不同的诠释，但无论如何诠释 SOA，“服务”都是 SOA 的核心思想。SOA 中的服务包括企业的内部与外部的每一个业务细节。通过将这些服务从复杂的环境中独立出来，使得各个服务之间的互操作性、独立性、模块化的程度增强，同时保证其是位置明确且可相互调用、不依赖于其他系统的。

SOA 是以服务为中心的体系结构，其中的基本组成包括服务提供者、服务代理者、服务请求者和合同。

- 服务提供者：简单来讲就是服务的供应商，供应商提供符合标准的服务，通过服务注册中心将它们发布到服务代理，并对使用自身服务的请求进行响应，同时还需要保证服务的修改尽可能不会影响到使用服务的客户。

- 服务代理者：即服务注册中心，相当于一个存储所有服务信息的数据库。它为服务消费者和服务提供者提供一个服务的交易平台，使两者可以各取所需，一般而言服务注册中心需要一个通用的标准，注册在本中心的所有服务都必须符合这个标准，这样服务消费者才可以跨越不同的服务提供商使用的服务。
- 服务请求者：又称为服务使用者或服务消费者，它从服务注册中心上发现并调用服务提供者提供的软件服务来解决实际的业务需求。
- 合同：是服务提供者与服务消费者之间的方法说明或者说一种协议。它规定了对服务的请求和响应消息的语法和语义，以保证彼此间的通信。

服务请求者、服务提供者以及服务代理者通过3种基本操作相互作用：

- 发布：服务提供者向服务注册中心发布服务，包括所提供服务的功能描述和访问接口等。
- 查找：服务请求者通过服务注册中心查找所需的服务，并与这些服务进行绑定。
- 绑定：通过与指定服务的绑定，服务请求者能够真正使用服务提供者提供的服务。

SOA以服务作为互操作的基本单位，而应用程序则被看作不同服务的组合。以服务作为对象使得系统之间的互操作行为更灵活的同时也更容易扩展。具体来讲，当应用功能模块发生更新时只需要更新相关服务并且调整关联服务的访问接口，而不需要更新整个应用。此外，当有新的功能性需求的时候，可以极大程度地复用遗留系统中已有的服务，通过对现存服务的组装和互操作满足新的功能性需求。

更细粒度的互操作对象带来互操作行为灵活性的同时也为互操作性的实现带来了挑战。服务的数量和种类远大于应用系统，因此如何实现海量异构服务之间的互操作也是 SOA 需要解决的核心问题之一。

微服务架构也是SOA架构的一种，是传统SOA架构风格的演变，目前已成为 SOA 中占主导地位的架构风格选择。微服务架构是一种架构风格，它强调将系统划分为小型和轻量级的服务，这些服务是专门为执行非常内聚的业务功能而构建的，各自运行在独立的环境中，服务之间通过 RESTful API 等方式互相调用，为用户提供最终价值。微服务架构的优势包括更好的敏捷性、弹性、可扩展性、可靠性、可维护性等。微服务架构也被认为是适合部署在云基础设施上的系统架构风格，因为它可以很好地利用云模型的弹性和按需供应特性。与经典的 SOA 相比，微服务架构具有以下主要特点：

①服务细粒度拆分

微服务架构下通常希望对系统进行更细粒度的服务拆分，然而为了避免过细粒度的服务划分导致服务之间产生依赖，实际拆分时需要在许多小型微服务和一些更粗粒度的服务之间进行权衡，一种适当的方式是将业务服务根据单一职责原则垂直分解为自包含系统。

②服务隔离部署和运行

微服务严格遵循独立打包部署、互相隔离运行的准则，以确保即使部分微服务出现问题也不会影响其他微服务。容器化是一种非常适合微服务架构的服务部署方式，能够以更低的开销部署服务实例并利用集群管理基础设施较为便捷地在计算集群中对容器进行调度与管理，以实现负载均衡和按需伸缩等能力。

③服务独立开发和维护

由于不同业务功能对应的微服务独立部署运行并采用与语言无关的方式互操作，因此各微服务可以选择合适的技术开发并独立演化。此外，由于微服务强化了模块化的结构，各微服务的开发团队因此也进一步解耦，大型系统开发与维护过程的管理复杂度得以降低。

④服务自动化治理

在细粒度拆分导致服务内部复杂度下降的同时，对服务治理能力的需求随之提高，需要一个服务治理平台对大量微服务进行自动化治理以降低整体系统的维护复杂度。具体来说，治理平台需要对服务提供自动化的构建、部署、测试、注册与发现、监控、流量管理、伸缩、容错等能力。

5. 数字对象结构（DOA）

SOA 从服务的角度提供了一种互操作模型的视角，随着大数据的发展，数据越来越重要，数字对象结构（digital object architecture，DOA）以数据为核心，提供了另外一种互操作模型的视角。

DOA 是互联网体系结构的一个逻辑扩展，它支持不同系统之间的信息管理需求，而不仅仅是将数字形式的信息从互联网的一个位置传送到另一个位置，使得无论是互联网上还是非互联网中的信息系统之间可以进行互操作。

DOA 思想最早出现在 1988 年，起初主要用于数字图书馆的管理，目前，在学术领域被广泛用于标识论文的数字对象唯一标识（DOI）就是在此基础上建立的。1995 年正式提出了 DOA 的概念，并成立相关组织进行了标准制定和推广。DOA 整体架构见图 4-7。

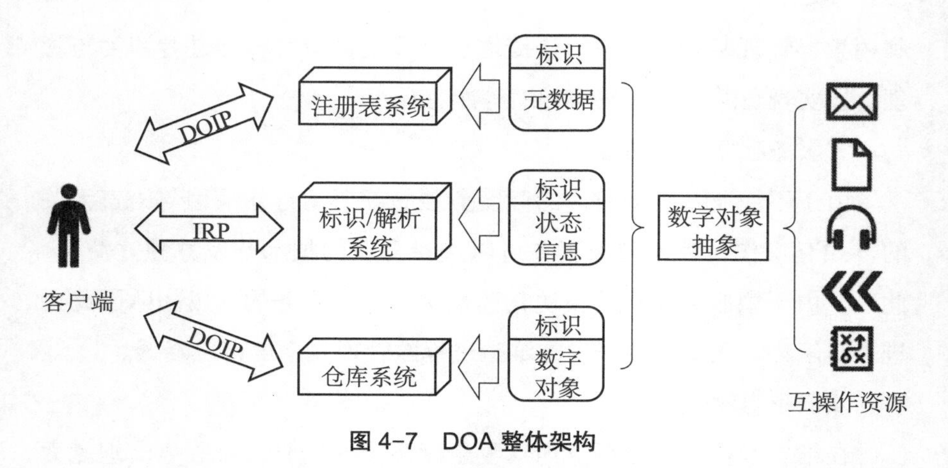

图 4-7　DOA 整体架构

DOA 的整体架构可以概括为：一个基本元素、两个标准协议和三个构件。

一个基本元素是指数字对象（DO）。DO 是 DOA 中的唯一资源，DOA 以 DO 的形式对系统中的数据进行抽象，使得互联网中异构的数据资源可以以统一的形式描述。从技术角度上看，DO 是一个比特序列或者是一系列比特序列的集合，其中包含了一些对于某个人或组织有价值的信息。其中，每个 DO 都必须被分配一个全局唯一的标识。标识作为 DO 的核心属性，不以 DO 的所有者、存储位置、访问方式的改变而改变。

两个标准协议是指标识 / 解析协议（IRP）和数字对象接口协议（DOIP）。

- IRP：IRP 规定了与标识 / 解析系统的通信协议，规范了通信消息的语法及语义，以支持标识的分配、注册、管理和解析。IRP 已有完整的 RFC 规范：Handle Protocol，同时也已在全球部署相应的标识 / 解析系统 Handle System。
- DOIP：DOIP 对 DO 的类型、格式以及互操作交互等方面作出了具体规定，包括：

- 与仓库系统及注册表系统通信的消息语法及语义。
- DO 及和 DOIP 服务交互的操作原语。
- DO 的序列化格式以及 DO 的类型。
- DO 互操作过程中的授权、安全及隐私保障。

与传统 EAI 模型及 SOA 模型不同的是，DOA 自诞生之时就是直接面向互联网的开放互操作模型。此外，为了能够满足互联网环境下的互操作需求，DOA 不仅提出了以数字对象为核心的互操作模型，同时还制定了一系列标准规范，并搭建了一套标识 / 解析系统，以满足开放、异构、多主体的互联网环境下的互操作需求。

三个基本组成部分分别是：标识 / 解析系统，负责 DO 的标识和解析；仓库系统，负责 DO 的存储和访问；以及注册表系统，负责 DO 元信息的注册和 DO 的搜索。

- 标识 / 解析系统：DOA 体系中的三个基本构件之一，其主要功能如下：
  - 制定并维护一套标识体系，为每个序列化为 DO 的资源分配一个全网唯一的标识，无论这个资源的位置在哪里，以何种形式、何种技术被访问。
  - 提供高效、迅速的解析服务，根据 DO 的标识，可以迅速地查询到 DO 的状态，获取 DO 的存储位置、访问方式、所有者、时间戳等和 DO 的访问直接相关的状态信息。
- 提供 DO 状态信息的管理服务。

通过与标识 / 解析系统的交互，数据所有者可以将自己的数据注册在标识/解析系统中，同时被分配一个全网唯一且持久的标识，数据使用者可以通过标识/解析系统解析一个DO的标识，进而查询到该标识对应的DO的状态信息，其中包括DO的存储位置、所有者等和DO的访问直接相关的状态信息。

- 仓库系统：存储DO并且对外提供DO的访问服务。仓库系统是DO的载体，存储真正有价值的数据，同时也是系统的互操作的目标。仓库系统可以是一个完整的数字对象存储系统，也可以基于现有遗留系统封装而成，基于标准协议对外提供DO的访问服务。仓库系统需要将自身的服务信息注册于标识/解析系统中，并获得唯一标识。
- 注册表系统：负责存储管理DO的元信息，并提供搜索服务。在DOA架构中，数字对象标识/解析系统和仓库系统已经可以解决互操作的基本问题，然而标识的不可读性以及海量DO的分散性给DO的发现带来了极大挑战。注册表系统作为DO的搜索引擎，管理、存储、索引DO的元数据，并基于标准的DOIP协议对外提供DO元数据的创建、修改、查询以及基于元数据对DO的搜索服务，解决DO的发现问题。

6. 其他

不同场景下互操作的内涵也略有不同，目前学术界、产业界对于互操作没有一个准确的定义。互操作是一个相对比较宽泛的概念，互操作技术也广泛存在于各个信息系统中，甚至很多不是针对互操作的技术中也有互操作模型的影子。本部分仅介绍了一些具有代表性的直接面向信息系统互操作需求的概念模型，互联网中仍有很多直接或间接解决互操作问题的概念模型，由于篇幅限制，本章并未涉及。

4.2.3 小结

从目的上来说，互操作概念模型都是为了实现不同信息系统之间的协作而进行的互操作行为建模。但不同的互操作概念模型在互操作问题上的建模有较大差异，其主要区别在于：互操作主体、互操作对象以及互操作协议。

- 互操作主体：早期的EAI技术的主要目标是解决企业内部存量系统之间的互联互通互操作问题，进而实现在业务流程上的协作。互操作的主体一般是企业内部的不同部门。SOA模型中互操作主体不仅仅局限于企业内部，以服务为粒度解构应用系统，极大地提升了互操作的灵活性，实现了企业之间信息系统的互操作，而SOAP/WSDL等技术标准进一步将互操作的范围扩展到了开放的互联网中，此时互联网中的任何一个个体都可以作为互操作的主体参与互操作。SOA是一步步地发展，将互操作主体扩展到了互联网范围，而数字对象体系结构的初衷就是解决互联网范围内的信息系统互操作问题。
- 互操作对象：早期EAI模型中的互操作对象是企业内部的信息系统，这种模型在一定程度上能够满足企业信息系统的集成需求，但是灵活性较差，当企业的职能发生变更时，如企业转向或业务过程发生变化等，信息系统就需要升级，重新集成，甚至全部淘汰。SOA模型将信息系统分解为服务的集合并且以服务作为互操作对象，为互操作行为带来更多灵活性。当信息系统需要升级时，只需要升级部分相关的服务，而其他服务可以保持不变，甚至升级行为可以只通过服务的重新组装来完成，而不需要对互操作对象进行任何修改。与SOA面向功能（服务）的互操作不同，DOA则将数据作为互操作的对象，不同信息系统通过数据的交互进而实现互操作。随着数据在信息系统中扮演的角色越来越重要，以服务为互操作对象不能完全满足在以数据为核心的场景下的互操作需求，DOA则提供了一种从数据角度理解并实现互操作的视角。

- 互操作协议：早期的EAI中并不存在统一的互操作协议，系统之间的互操作行为往往是定制化的开发，不具备通用性。SOA和DOA模型中互操作范围的扩大和互操作对象粒度的细化使得定制化的开发不可能满足开放的互操作场景需求，因此在这两种模型中互操作协议扮演着重要角色，规范了互操作对象的操作行为和传输标准。

从互操作技术的发展历程来看，互操作技术逐渐从封闭转向开放：互操作主体范围逐渐扩大，由企业内部的不同部门扩大至参与互联网的所有主体；互操作对象粒度逐渐变细，从面向信息系统的互操作转变为面向服务、数据的互操作；互操作协议逐渐规范，从定制化的开发到标准化的互操作协议，规范对象接口、交互和行为的语法、语义。

4.3 数据互操作的技术框架

数据互操作的技术框架是实现数据互操作所需技术模块的集合，主要包括：数据建模技术、数据标识技术、数据发现技术、数据传输技术、数据访问技术。本节主要介绍互操作的技术框架。需要注意的是，本节所介绍的框架本质上同样是面向通用互操作的，其适用范围包括但不限于数据互操作。

4.3.1　互操作技术框架的要素

互操作性，本质上就是一个主体使用其他主体中资源的能力。而互操作技术就是要解决不同主体之间的资源发现、定位、访问和操作的问题。为了解决这些问题，互操作技术框架的核心可以分为五个模块：互操作对象、对象标识、对象发现、接口定义、互操作协议。

（1）互操作对象

资源是所有互操作行为的目标，然而不同主体、系统内资源的异构性使得无法直接对资源进行操作。互操作对象通过对资源的抽象，以统一的模型描述异构的资源，使得互操作主体可以以统一的模式访问不同系统内的资源。

（2）对象标识

标识是互操作对象的“身份证”，唯一指定一个目标互操作对象。一般来讲，不同系统构件之间往往都有自己本地的资源标识方式。然而，互操作行为往往发生在多主体之间，并且每次互操作的参与主体都不尽相同。但不同主体对自己本地的资源有不同的标识策略，这些资源以及标识的异构性给系统、构件之间的互操作带来了阻碍。对象标识模块为不同互操作主体中的互操作对象提供统一且全局唯一的标识，并提供根据标识获取目标对象访问方式的服务。

具体来讲，资源标识分为标识注册和标识解析：

1）标识注册：实现资源互操作的第一步。互操作主体将本地资源的相关信息特别是访问方式以特定的方式注册在某个标识 / 解析系统中，并且分配给资源一个全局唯一的标识。

2）标识解析：获取目标资源的标识后，资源需求主体需要根据标识解析到目标资源的状态信息，包括资源的当前位置、访问方式等。

（3）对象发现

对象发现模块提供互操作对象的索引和搜索服务，在互操作需求主体不明确互操作目标标识时，提供根据对象元数据发现互操作对象的服务，具体来讲分为索引、发现两个部分：

1）对象索引：资源所有者主体将本地资源的元数据连同标识一起提供给某个资源中心并建立索引。在部分互操作框架中，特别是传统的中间件技术中，标识的注册和索引步骤同时完成，标识 / 解析系统不仅解决标识的注册、分配，还提供标识的索引和搜索功能。

2）对象发现：在资源需求主体访问目标资源前，需要在资源中心发现目标资源的标识。资源中心通常以目录或搜索引擎的形式提供服务，资源需求主体可以以浏览或搜索的形式选取目标资源。在部分互操作框架中，资源的状态信息连同资源的标识一起在标识发现阶段被返回给资源需求主体。

在内联网环境下，互操作范围局限于企业内部，环境较为封闭，一般通过文档、现场对接等手段即可确定互操作目标对象，因此传统的面向内联网的互操作技术框架通常缺少对象发现的标准。然而，在互联网这种开放环境下，对象发现的标准非常必要。

（4）接口定义

异构性不仅存在于不同主体中的资源标识上，还存在于主体对资源的序列化方式以及对资源的访问方式上。资源标识规范了互操作行为中异构资源发现和定位的问题。而接口定义则规范了不同互操作主体对目标资源操作行为的语法和语义。具体来讲，接口定义中定义了访问目标资源的接口，以及接口的输入参数和输出结果的数据结构。

通常情况下，客户机的代码和服务器对象可以用不同的语言实现，并且可以在异构体系结构上运行。为了跨越这种差异，服务器对象的接口是用与体系结构无关的接口定义语言（interface definition language，IDL）指定的。而从 IDL 到标准编程语言（如 C++ 和 java）的映射也属于 IDL 定义的一部分。CORBA IDL 和 Microsoft 的 MIDL

是 IDL 语言的代表。

（5）互操作协议

互操作行为往往发生在网络环境中，互操作主体之间的互操作行为以及互操作行为的结果往往也需要借助于网络消息进行传播。互操作协议则规范了不同主体之间的通信行为。互操作行为属于应用层的行为，互操作消息通常需要包含较为复杂的语义以描述互操作行为的输入和输出。因此，互操作协议至少需要包括对通信消息在语法、语义上的规范。至于互操作主体之间消息的寻址、通信连接的建立一般交由其他传输协议完成，不在互操作协议的规范内。

（6）其他：端点和代理

互操作框架（示意图见图 4-8）约束了基本的互操作行为，为系统间的互操作性提供支撑。但如何与现有系统集成以及适配不同的开发语言和运行环境仍有较大的挑战。传统的中间件产品使用端点及代理解决互操作框架适配问题。端点是完整实现接口规约的编程语言实体的运行空间，负责装载、调用、释放接口实现并为之提供系统级服务；代理则负责互操作框架与端点之间的关联。

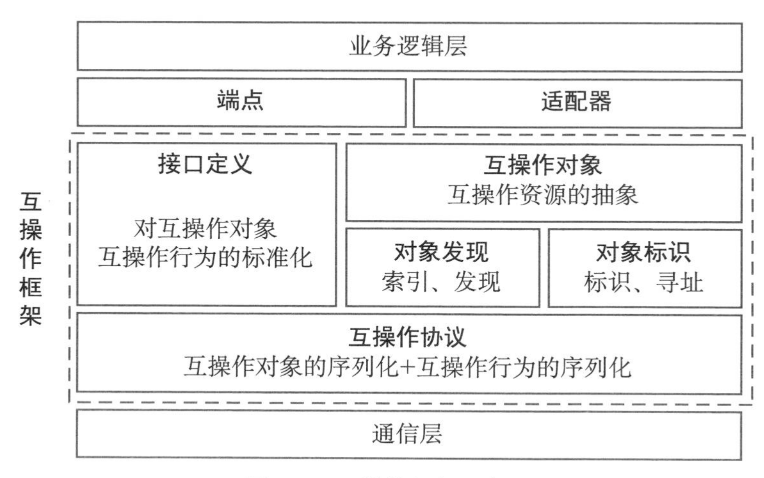

图 4-8　互操作框架示意图

4.3.2 主流互操作技术框架

1. 内联网

在内联网（Intranet）环境下，互操作的范围往往局限在企业内部，互操作技术也以传统的中间件技术为主。下面主要介绍三种主流的中间件技术：CORBA、RMI 以及 DCOM。

（1）CORBA

CORBA 曾是分布式中间件的主流。CORBA 是典型的代理总线（Broker）模式，对远程对象的调用由 ORB 来代理。对用户而言，ORB 隐藏了互操作的细节，互操作框架中的部分内容对用户不直接可见。但从技术结构来看，CORBA 互操作框架的核心技术构成仍在前文所述的互操作框架范围内（见图 4-9）。

1）互操作对象：CORBA 对象。

资源在 CORBA 中表现为 CORBA 对象。CORBA 对象是一个“虚拟”的实体，通过 CORBA IDL 可以定义并实例化一个 CORBA 对象。CORBA 对象可以由 ORB 定位，并且可以被客户程序请求调用。

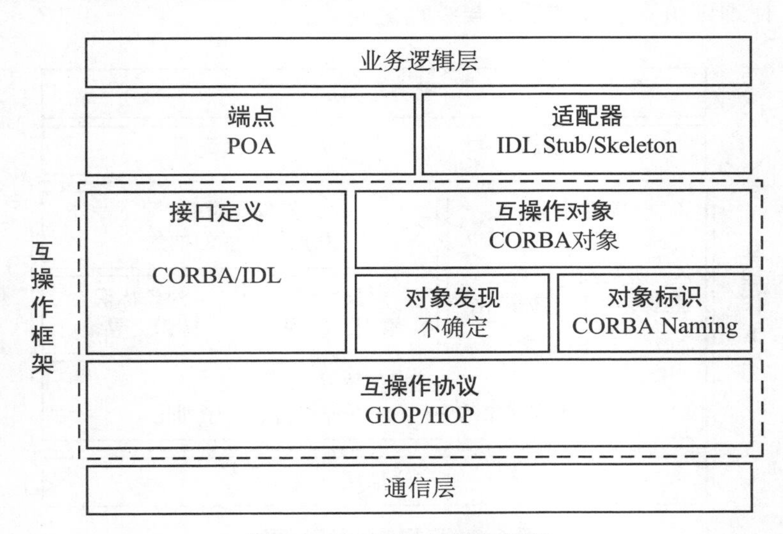

图 4-9 CORBA 互操作框架

2）对象标识：CORBA Naming

标识注册：资源在 CORBA 中表现为 CORBA 对象。通过 POA 提供的 active_object( ) 和 activate( ) 方法来注册对象，并分配一个对该对象的引用。随后 CORBA 命名服务（Naming Service）会为对象在命名空间中分配名称并建立名称和对象引用之间的映射。

标识解析：CORBA 提供两种方式来根据名称获取目标对象的引用。CORBA 命名服务可以将已知的 CORBA 对象名称解析为目标对象的引用；CORBA 交易服务（Trading Service）则以黄页的形式根据客户端的需求将对象名称列表连同对象引用一起提供给客户端。

3）对象发现：缺失（也可表示为“不确定”）

标识索引和发现在 CORBA 中没有标准的规定，一些 CORBA 的实现（例如 Orbix 和 VisiBroker）提供了专有的位置服务来搜索对象。在搜索服务时，客户端提供了关于服务的部分信息（例如，使用“不完整的名称”，提供目标对象应该支持的接口等）以获取潜在目标对象的列表。

4）接口定义：IDL

CORBA 采用 IDL 作为其接口定义语言。用户可以定义模块、接口、属性、方法、输入输出参数甚至异常等等。IDL 在不同的语言下都有相应的实现，可以把 IDL 描述的接口编译为目标语言（例如，C++、Java、SimalTalk），包括客户端代理和服务器端框架，以及相应的帮助类等，比如 Java 中提供了 idlj 命令来编译 IDL。

5）互操作协议：GIOP/IIOP

CORBA 提供两种互操作协议：通用对象请求代理间通信协议（GIOP）和互联网对象代理间通信协议（IIOP）。其中，GIOP 提供了一个标准传输语法（低层数据表示方法）和 ORB 之间通信的信息格式集。GIOP 只能用于 ORB 之间，而且，只能在符合理想条件的面向连接传输协议中使用。它不需要使用更高一层的 RPC 机制。这个协议简单（尽可能简单，但不是简单化），可升级，使用方便，具有可移动、有高效能的表现、较少依靠其他低层传输协议的特点。

而 IIOP 则被设计为面向互联网的工作协议。IIOP 指出如何通过 TCP/IP 连接交换 GIOP 信息。IIOP 为互联网提供了一个标准的协作工作协议，它使兼容的 ORB 能基于现在流行的协议和产品进行“out of the box”（即开即用）方式的协作工作。IIOP 可以看作 TCP/IP 环境下标准化的 GIOP。

6）其他：端点和代理

可移植对象适配器 POA 是 CORBA 中的端点。POA 介于 CORBA ORB 核心和服务器程序之间，标准化 IDL 编译器产生的框架类，负责远程对象的注册、激活和调用。

而 POA 和 CORBA IDL 之间的映射则由 CORBA“桩”（Stub）和“骨架”（Skeleton）完成。“桩”/“骨架”屏蔽了远程调用的具体细节，使得客户端/服务器可以像处理本地调用一样处理远程调用。

（2）RMI

RMI（remote method invocation，远程方法调用）是 Java 在 JDK 1.2 中实现的互操作技术框架（见图 4-10）。Java RMI 则支持存储于不同地址空间的程序级对象之间彼此通信，实现远程对象之间的无缝远程调用。

1）互操作对象：Remote 对象

Remote 对象是对 RMI 中 Remote 接口的实现和实例化。任何实现了 Remote 接口的类实例化的对象均可以作为 RMI 互操作中远程访问的目标。RMI 中也提供了 UnicastRemoteObject 作为默认的 Remote 类，用户可以实例化 UnicastRemoteObject 来创建一个远程对象。

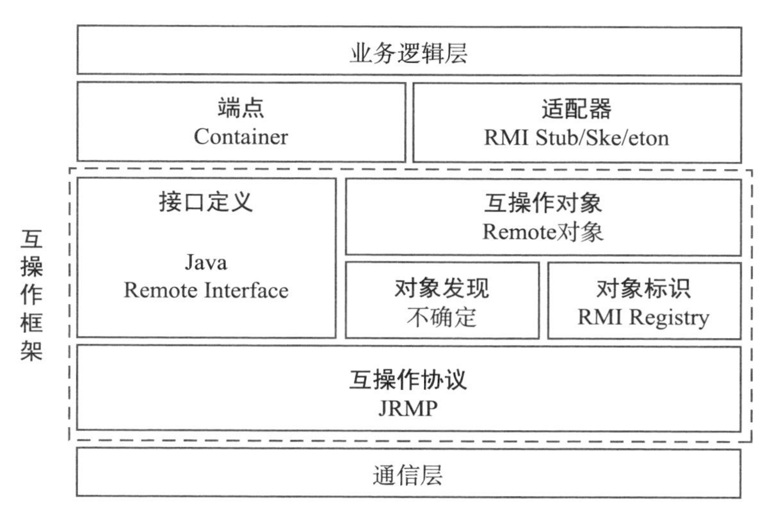

图 4-10　RMI 互操作框架

2）对象标识：RMI Registry

在每个支持 RMI 的节点上，都有一个名为 RMI Registry 的守护进程。RMI Registry是一个名称服务器，它支持一个扁平的命名空间，注册与该节点中存在的远程对象相关联的键值对＜ name，proxy ＞。通过调用特定节点上 RMI Registry 的 bind（ ）（或 rebind（ ））操作，远程对象以选定的名称注册。RMI Registry 可以从节点外部通过其互联网地址进行访问。

3）对象发现：缺失

RMI 通过绑定操作来实现对远程对象的调用，因而不存在独立的标识注册、标识检索服务。

4）接口定义：Remote

RMI 使用 Java 语言规范和构造接口（而不是使用单独的 IDL 语言），通过 Remote 接口来实现一个远程方法接口。Remote 中定义了互操作对象必须实现的接口，但同时不同的互操作对象也可以使用 Java 语言自定义访问接口。

5）互操作协议：JRMP

Java 远程方法协议 JRMP 定义了 RMI 中远程调用消息的传输格式，并采用 TCP/IP 协议作为其传输协议。RMI 服务器会启动 JRMP 来监听客户端的 JRMP 请求。JRMP 被隐藏在 RMI 的实现中，对互操作双方透明。

6）其他：端点和代理

RMI 同样采用“桩”和“骨架”来进行远程对象的通信。“桩”充当远程对象的客户端代理，有着和远程对象相同的远程接口，远程对象的调用实际是通过调用该对象的客户端代理对象“桩”完成的。每个远程对象都包含一个代理对象“桩”，当运行在本地 Java 虚拟机上的程序调用运行在远程 Java 虚拟机上的对象方法时，它首先在本地创建该对象的代理对象“桩”，然后调用代理对象上匹配的方法，代理对象会首先与远程对象所在的虚拟机建立连接，然后打包（marshal）参数并发送到远程虚拟机并等待执行结果，在收到返回结果后解包（unmarshal）返回值或返回的错误并将调用结果返回给调用程序。“骨架”则运行在远程对象所在的虚拟机上，接受来自“桩”对象的调用。当“骨架”接收到来自 Stub 对象的调用请求后，“骨架”会做如下工作：解包 Stub 传来的参数并调用远程对象匹配的方法，最后打包返回值或错误发送给“桩”对象。远程对象的“桩”和“骨架”对象由 RMIC 编译工具根据 Remote 接口的具体实现在编译过程中产生。

（3）COM/DCOM

微软分布式组件对象模型 DCOM 是对组件对象模型 COM 的扩展，使其能够支持在局域网、广域网甚至互联网中不同计算机的对象之间的通信。DCOM 面向 Windows 平台，提供一系列微软的概念和程序接口，利用这个接口，客户端程序对象能够请求来自网络中另一台计算机上的服务器程序对象。DCOM 互操作框架见图 4-11。

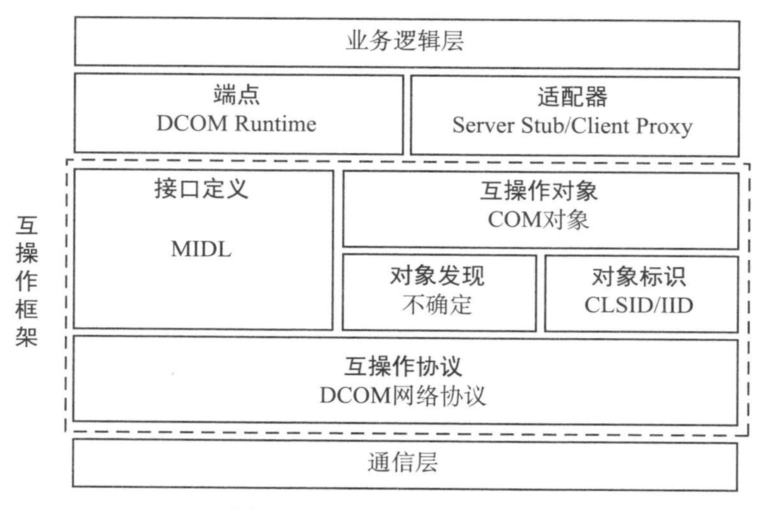

图 4-11　DCOM 互操作框架

1）互操作对象：COM 对象

在 DCOM 中，COM 对象一般以动态链接库（DLL）或可执行文件（EXE）的形式存在。和普通的 DLL 一样，COM 对象暴露一些接口，应用程序通过调用接口访问 COM 对象。

2）对象标识：CLSID/IID

COM/DCOM 中有两种全局唯一的标识：用于标识 COM 对象的类的 CLSID 和标识 COM 对象的接口的 IID。客户机可以通过两种方式绑定到远程服务（服务器 COM 对象的接口）。首先，它可以通过一个已知类工厂的 CreateInstance(…，IID，…) 创建一个服务器对象并提供对其特定接口的访问（其中 IID 表示所创建的 COM 对象所需的接口）。其次，它可以使用与远程对象的外部化状态相关联的名字对象的 BindToObject( ) 方法。此方法要么创建一个新的 COM 对象并将其状态内部化，要么识别出这样一个已经存在的 COM 对象。最终客户机根据代理对象的引用访问远程对象提供的接口。

3）对象发现：缺失

和 RMI 一样，COM/DCOM 同样通过绑定的形式调用远程对象，因此也没有独立的对象发现模块。

4）接口定义：MIDL

COM/DCOM 使用 MIDL 作为接口定义语言。MIDL 编译器或其他的微软编译器（例如，Visual C++）可以编译 MIDL 编写的接口定义代码，生成服务器“桩”以及客户端的代理（proxy）。

5）互操作协议：DCOM 网络协议

COM/DCOM 以 DCOM 网络协议作为其互操作协议。DCOM 网络协议基于 RPC（remote procedure calls，远程过程调用）协议，与 RPC 共用了数据头和数据体，因此 DCOM 协议也被称为对象 RPC 或 ORPC 协议。DCOM 可以根据实际场景，选择 RPC 之下的任意传输协议。

6）其他：端点和代理

COM 对象所有的调用将通过代理和“桩”对象配置。代理和桩使用 RPC 进行通信，RPC 处理所有网络交互。在服务器端，“桩”对象负责配置，而客户端则由代理负责。Server Stub 和 Client Proxy 则分别是 DCOM 中服务端和客户端的代理，由 MIDL 编译生成。

以 CORBA、J2EE、DCOM 为代表的中间件在内联网应用领域取得了巨大成功，但内联网与互联网基础设施和应用模式之间的差异导致现有中间件难以适应上述互联网的特点：

1）互操作对象。传统中间件往往有特定的对象模型对互操作的资源进行抽象，如 CORBA 对象模型、EJB、COM，业界的推动导致这些对象模型各自拥有广泛的应用基础。但在互联网中，产业界的决定作用由于参与者的广泛而被削弱。这意味着很难有一个公认的对象模型产生，更重要的是，与内联网主要拥有企业资源相比，互联网资源的种类和数量是前者无可比拟的，换言之，对象模型无法完备描述所有的互联网资源与应用模式。

2）对象标识。由于内联网中企业资源与应用相对而言是固定的，互操作对象数量往往不大，因此传统中间件技术的标识一般采用系统内的局部标识，标识资源的解析也以直接绑定对象引用的形式为主。而互联网中资源的数量、种类远非内联网可比，需要有更高效的对象标识和寻址方式。

3）对象发现。同样，由于内联网互操作范围的局部性特征，互操作对象数量较少，传统的中间件产品中的对象发现模块的实现一般较为简单或没有独立的实现。然而在互联网环境中，互操作对象数量巨大，并且分布在不同的互操作主体中，需要一种有效的机制解决对象发现问题。

4）接口定义。内联网互操作行为作用域有限，互操作目标的接口定义不需要有过于复杂的功能，传统中间件基于语法描述的 IDL 能够胜任。但开放、动态的互联网不仅仅需要服务的接口语法，更需要丰富的语义信息以描述接口的含义。

5）互操作协议。互操作协议最重要的元素就是编码规则与连接管理。在传统中间件中，传输协议的细节被端点和代理屏蔽，用户不需要了解传输协议的细节。然而在互联网上，更开放的环境使得用户需要监控传输协议中包含的内容。此外，开放环境也导致不可能有统一的端点或代理的实现，用户往往需要针对实际场景基于互操作协议自定义开发端点和代理。因此，需要有一个更开放的互操作协议。

6）端点和代理。虽然端点和代理不是互操作技术框架的基本元素，但端点和代理屏蔽了很多互操作细节，使得用户可以像访问本地资源一样访问远程资源。在内联网环境下，端点和代理无疑为互操作技术的推广做出了巨大贡献。然而，任何一种端点和代理的实现在减轻互操作难度的同时也局限了互操作的场景。如上文所述，开放的互联网环境使得互操作面临的场景是多样的甚至是未知的，无法提供统一的端点和代理，因而端点和代理的作用在互联网环境下的互操作框架中被弱化甚至消失。

2. 互联网

面向互联网环境的互操作技术框架主要包括以 SOAP、REST 为代表的 Web Services 以及数字对象体系结构 DOA。

（1）Web Services: SOAP

以 SOAP 为代表的 Web Services 是典型的 SOA 架构，基于服务提供者、服务注册表、服务请求者三种角色之间的交互（包括发布、查找、绑定三种操作）。典型的应用流程为：一个服务提供者拥有一个可通过网络访问的软件模块（Web Services 的实现体），服务提供者制定该服务的描述并将其发布给服务请求者或服务注册器。服务请求者通过本地或远程的服务注册器查找到所需服务的描述，根据其中包含的信息绑定服务提供者后，就可与 Web Services 的实现交互。服务提供者与请求者是一种逻辑关系，换言之，任何一方都可作为服务提供者或请求者。Web Services 的互操作框架如图 4-12 所示。

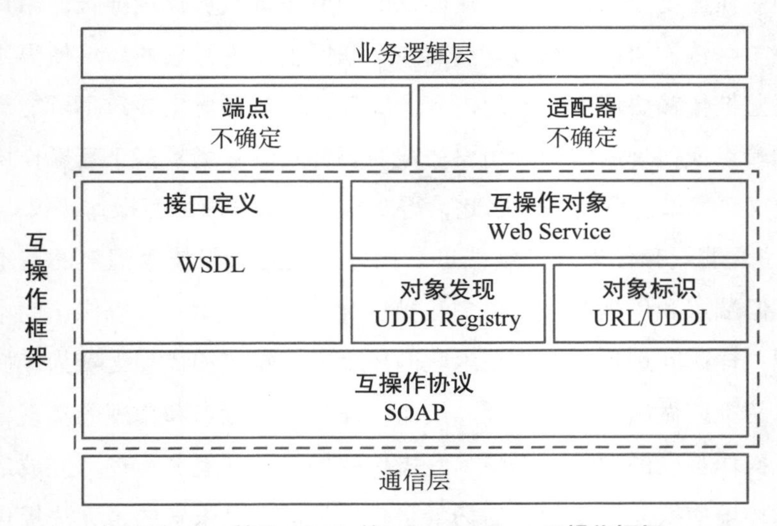

图 4-12　基于 SOAP 的 Web Services 互操作框架

1）互操作对象：Web Services

SOAP 基于 SOA 的理念，将服务作为互操作的基本对象。服务既可以是访问目标资源的通道，也可以是资源本身。互操作主体通过调用服务接口访问远程资源，实现系统之间的互操作。

2）对象标识：URL / UDDI

基于 SOAP 的 Web Services 使用 URL 作为互操作对象的标识，URL 不仅唯一标识一个 Web Service，同时还代表了该 Web Service 的访问地址。使用 URL 作为对象标识也带来了一定的弊端：当对象的访问地址发生变化时，对象标识也必定会发生变化。UDDI 提供了一种 Web Services 的标识、发现机制，可以将对象标识和位置解耦。

通用描述、发现与集成（UDDI）服务是 Web Services 的发布与发现的标准机制，它于 2000 年 9 月由 ARIBA、IBM 和微软三家公司共同提出。UDDI 技术规范主要包含以下三个部分的内容：

- UDDI 数据模型。UDDI 数据模型是一个用于描述商业组织和 Web Services 的 XML Schema。
- UDDI API。UDDI API 是一组用于查找或发布 UDDI 数据的方法。
- UDDI 注册服务。UDDI 注册服务数据是 Web Services 中的一种基础设施，UDDI 注册服务对应服务注册中心的角色。

通过 UDDI 注册的服务会被分配一个全局唯一标识符（GUID），通过 GUID 来搜索并定位资源。UDDI 查询最终指向一个接口（.WSDL、.XSD 和 .DTD 文件等），或指向其他服务器上的实现（例如 .ASMX 或 .ASP 文件）。

3）对象发现：UDDI Registry

UDDI 提供了一种分布式商业注册中心的机制，该商业注册中心维护了一个以 XML 格式组织的企业和企业提供的 Web 服务的全球目录，其形式可能是一些指向文件或 URL 的指针，而这些文件或 URL 是为服务发现机制服务的。从概念上来说，UDDI 所提供的信息一般包含“黄页”（yellow page）、“白页”（white page）、“绿页”（green page）三个部分。其中，“黄页”包括基于标准分类法的行业类别，如服务和产品索引、工业代码、地理索引等；“白页”包括地址、联系方法、企业标识等便于使用人员理解的描述信息；“绿页”则包括企业所提供的 Web 服务的技术信息，如电子商务规则、服务描述、应用的调用方法、数据绑定等。

4）接口定义：WSDL

Web 服务描述语言（WSDL）是一种以语法方式定义接口的 XML 语言。WSDL 端口类型包含多个抽象操作，这些操作与一些传入和传出消息相关联。WSDL 绑定将抽象操作集与具体的传输协议和序列化格式链接起来。用 WSDL 描述服务接口有助于从底层通信协议和序列化细节以及服务实现平台（操作系统和编程语言）中抽象。WSDL 提供了对应请求和响应消息的语法和结构的机器可处理的描述，并为服务定义了灵活的演化路径。随着业务和技术需求的变化，相同的抽象服务接口可以绑定到不同的传输协议和消息传递端点。此外，WSDL 可以基于同步和异步交互模式为系统的服务接口建模。

5）互操作协议：SOAP

SOAP 是一种基于 XML 的轻载协议，用于在松散的分布环境中对等地交换结构化和类型化的信息。SOAP 由四部分组成：

- SOAP 编码规则：定义了一种数据序列化机制，用于交换应用中的数据实例。
- SOAP 信封：定义了一个完整的消息表示框架，用于表示消息中有什么、由谁处理以及消息中的某些内容是可选的还是必需的。

- SOAP 的 RPC 表示：定义了一种规则，用于表示 RPC 调用和响应。
- SOAP 绑定：定义了一种约定，用于在对等应用之间基于特定的底层传输协议交换 SOAP 信封。

SOAP 本身并不涉及任何应用语义，仅仅定义了将应用数据编码与打包的简单机制，并且可以基于任意通信协议，包括 HTTP、TCP、UDP，这使得 SOAP 可被广泛应用于各类系统，满足互联网的开放需求。

（2）Web Services: RESTful

表现层状态转换 REST 是 Roy T. Fielding 在其博士论文中提出的一种面向 Web 的体系结构风格，是 Fielding 对其 HTTP 1.1 协议研究工作的理论性总结。RESTful Web Services 互操作框架见图 4-13。

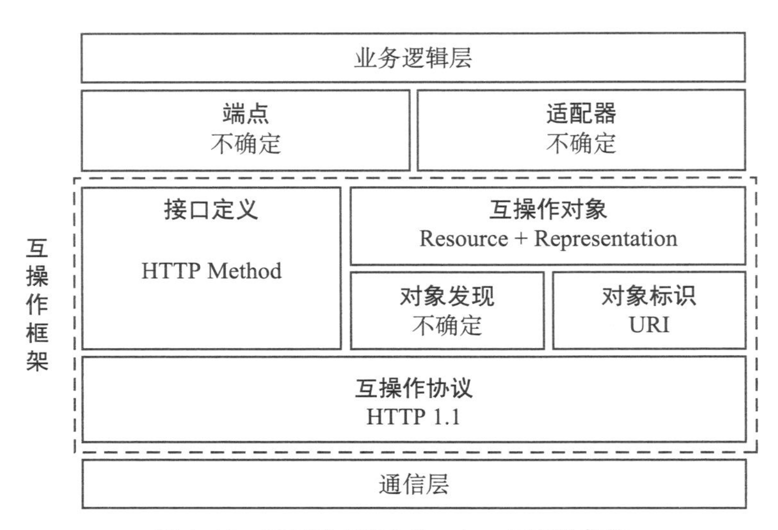

图 4-13　RESTful Web Services 互操作框架

Web 1.0（HTTP 1.0 + HTML + URL）解决了信息共享的问题，而 HTTP 1.1 的主要设计目标就是基于 Web 体系构建一套互操作协议，使得 Web 上的所有应用不仅可以读取网页信息，还能基于 Web 实现应用之间的互操作，构建完整的网构软件形态。

REST 本身不能算是一个互操作的技术框架，因为 REST 只是一种从 Web 的发展历史中提炼出的理论，这套理论可以应用于不同的场景。但其在 Web 中的应用形成的 RESTful Web Services 具有明显的互操作技术框架特征。

1）互操作对象：Resource 和 Representation

在 RESTful Web Services 中，互操作的对象是资源。资源存在于服务端，对外不直接可见。资源以资源表示的形式在互操作主体之间进行传输，互操作主体通过对表示的操作，间接实现对资源的操作。表示和资源的分离是 REST 体系结构风格的特征之一，这使得服务器不需要为不同的客户端存储不同的资源，仅需要在客户端请求时，根据客户端类型生成不同的资源表示即可，增加了客户端的可扩展性，减少了服务器的存储开销。

2）对象标识：URI

URI（统一资源标识符）是 RESTful Web Services 中的资源标识。URI 为资源和服务发现提供了全局寻址空间和统一接口，通过 URI 标识资源，RESTful Web Services 公开一组资源，这些资源标识与客户机交互的目标。URI 由两部分组成：URL+ 本地标识。DNS 负责注册 / 解析 URL 到目标服务器，服务器则负责注册本地资源或将本地标识解析到目标资源。这种分段、分布式的解析方式既利用了现有互联网的基础设施 DNS，同时也使得标识的解析有极强的可扩展性。

3）对象发现：不确定

REST 没有标准的对象发现模块。但由于 RESTful Web Services

的易用性，REST 已经成为诸多资源提供者提供资源的标准形式，Web 中已经形成数个 REST 资源的检索平台。以 ProgrammableWeb 为例，其提供了开放的 API 注册服务，允许资源提供方将其所有资源以 RESTful API 的形式注册在 ProgrammableWeb 中，目前该网站已经拥有超过 20 000 个可公开访问的 API。

4）接口定义：HTTP Method

不同于 SOAP 体系中的 WSDL，REST 采用统一接口的形式来规范互操作的接口。利用 HTTP 协议中的 Method 字段来表示对目标资源的操作：GET/POST/CREATE/DELETE 分别代表对资源的查询 / 更新 / 创建 / 删除操作。统一接口的形式强制资源的提供者必须将自己的资源接口映射到 HTTP 的四种方法中，对资源提供者来说不如接口定义语言的形式灵活，但是对于资源使用者来说，可以通过统一的语义来访问 Web 中的所有资源。实践证明，RESTful Web Services 的这种接口定义方式更有利于实现开放的互联网环境下的互操作。

5）互操作协议：HTTP 1.1

由于 REST 衍生于 HTTP 1.1 协议的开发，因此 RESTful Web Services 采用 HTTP 作为其互操作协议。HTTP 1.1 不仅被用作资源表示的传输协议，还通过一系列协议栈规定了不同主体之间的互操作细节，比如：RFC 7233 规定了如何对较大的单个资源进行范围请求，RFC 7234 规定了如何缓存资源表示，RFC 7235 规定了如何利用 HTTP 协议进行授权和认证。

（3）DOA：IRP+DOIP

DOA（数字对象架构）不仅提出了以数字对象为核心的面向数据互操作的理念，还制定了相应的标准规范以实现面向开放互联网的数据互操作。DOA 不仅是互操作的概念模型，同时也有完整的互操作框架（见图 4-14）。

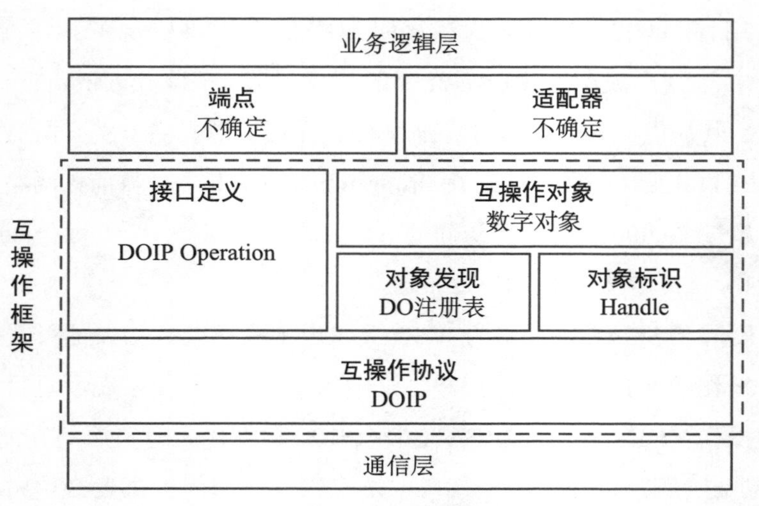

图 4-14　DOA 互操作框架

1）互操作对象：数字对象

DOA 以数字对象的形式抽象资源，不仅抽象了资源本身，还对资源的一些关键描述性信息进行了抽象。数字对象逻辑上分为三部分：元数据、状态信息以及数字对象本身。

- 元数据代表资源的描述信息，用于数字对象的检索、发现，由 DO 注册表（DO Registry）管理，客户端通过 DOIP 协议操作；
- 状态信息代表资源的访问方式，用于数字对象定位，由标识解析系统管理，客户端通过 IRP 协议操作；
- 数字对象则约束了资源的表现形式以及资源在不同互操作主体之间传输的格式，是资源的真正载体，由 DO 仓库管理，客户端通过 DOIP 协议操作。

DOA 的互操作对象涵盖了更广泛的互操作行为，包括：资源发现、资源定位和资源访问。

2）对象标识：Handle

RESTful Web Services 以 URL+ 本地标识的形式标识资源。这种模式拥有很强的可扩展性，但其并没有提供有效的机制来确保资源的标识和资源的唯一对应关系。主要原因是 URI 中本身隐含了目标资源的网络位置。当资源转移到其他服务器上时，其标识也势必会发生变化，使得客户端无法通过原有标识访问移动后的资源。

不同于 RESTful Web Services 中的 URI，标识是数字对象的核心属性，不和数字对象的任何信息关联。通过标识和 DO 的解耦，数字对象的标识在数据的整个生命周期中都不会发生变化。同时由于标识和 DO 的解耦，DOA 中需要一套单独的系统存储标识和 DO 的映射关系。

标识解析系统是 DOA 中负责标识管理的构件，IRP 协议规范了和标识解析系统的交互细则。目前使用最广泛的标识解析系统的实现是 Handle 系统。Handle 系统提供了一套分布式、层级化的标识解析系统。Handle 系统从结构上分为 GHR（Global Handle Registry）和 LHS（Local Handle System）。类似于 DNS 的根域名服务器，GHR 的节点以固定的 IP 地址提供解析服务，提供 LHS 的标识分配和解析。LHS 则可以看作 GHR 的子节点，具体负责数字对象的标识注册和解析工作。Handle 系统中数字对象的标识分为前缀和后缀，其中前缀是对 LHS 的标识，后缀则是 LHS 本地的唯一标识。当需要注册新的数字对象时，客户端向 LHS 发起 IRP 请求，LHS 会为数字对象分配本地唯一的标识，加上本身全局唯一的前缀，数字对象会拥有全局唯一的标识。同时，LHS 本身仅会保存标识和数据对象的状态信息，当数字对象的状态发生变化（例如，复制、移动等）时，数字对象只需要在 LHS 中更新其状态信息即可。

数字对象的解析分为两步：首先，客户端根据数字对象标识的前缀向任意 GHR 中查询对应的 LHS 地址；然后，客户端向 LHS 解析目标数字对象的状态信息。

3）对象发现：DO 注册表

DO 注册表负责管理数字对象的元信息，根据元信息建立索引并对外提供数字对象的检索服务。资源拥有者基于 DOIP 协议中规定的增、删、改、查操作管理注册表中存储的 DO 元信息，资源使用者则通过 DOIP 协议中的 Search 操作搜索 DO 注册表数字对象的标识。DOA 仅规定了和 DO 注册表交互的标准，并没有限定 DO 注册表的部署形式，数字对象所有者可以按照实际需求为每个 DO 仓库部署一个 DO 注册表或者通过 DOIP 协议将数字对象的元数据注册在某个公开可访问的 DO 注册表中，由其提供数字对象的检索服务。

4）接口定义：DOIP Operation

DOIP 协议规定了对 DO 操作的语法和语义。和 RESTful Web Services 一样，DOIP 协议也采用统一接口的方式规范互操作语义。DOIP 协议定义了 Create、Update、Delete、Retrieve 等 7 种基本操作，以涵盖大部分场景下的数字对象互操作需求。同时，DOIP 协议也支持扩展操作，扩展操作本身在 DOA 体系中也被视作数字对象，并被分配一个全网可解析的唯一标识。通过标识，可以获取目标扩展操作的输入、输出等操作的语义描述信息。DOIP 协议没有定义扩展操作的具体语法，但要求其描述信息是可读的。

5）互操作协议：DOIP

DOIP 协议同样规定了互操作消息在不同主体之间的传输方式。DOIP 以 JSON 的格式序列化互操作消息，规定了请求和响应中必须包含的关键属性以及数字对象在消息传输中的序列化格式。由于 JSON 本身并不包含任何安全性和消息完整性的保障机制，因此 DOIP 协议需要基于 TLS 等安全传输协议传输互操作消息。同时，DOIP 协议也基于互联网中的常见规范（如 X509、JWK 等）进行身份认证和消息校验。

4.3.3　小结

表 4-3 对比了主流的互操作技术的互操作框架，从功能角度上看，互操作框架仅约束互操作的核心构件：互操作对象标识、互操作对象接口、互操作协议，真正实现业务层面的互操作还需要在框架基础上进行自定义的开发。早期内联网的互操作需求主要面向企业内部或企业之间的信息系统，互操作范围小，互操作行为较为简单，技术框架往往被集成在中间件产品中。但随着互操作的需求延伸到互联网，其开放性和异构性远非内联网可比，使用中间件产品解决互操作问题的

表4–3　主流互操作框架

互操作技术	互操作框架					其他	
	互操作对象	对象标识	对象发现	接口定义	互操作协议	端点	适配器
CORBA	CORBA 对象	CORBA Naming	不确定	IDL	GIOP/IIOP	POA	IDL Stub/Skeleton
RMI	Remote 对象	RMI 注册表	不确定	Java Remote Interface	JRMP	Container	RMI Stub/Skeleton
COM/DCOM	COM 对象	CLSID/IID	不确定	MIDL	DCOM 网络协议	DCOM Runtime	Server Stub Client Proxy
Web Service: SOAP	Web Service	URL/UDDI	UDDI 注册表	WSDL	SOAP	不确定	不确定
Web Service: RESTful	Resource+Representation	URI	不确定	HTTP Method	HTTP 1.1	不确定	不确定
DOA: IRP+DOIP	数字对象	Handle	DO 注册表	DOIP Operation	DOIP	不确定	不确定

形式不再适用，取而代之的是在特定互操作框架约束下的定制化开发。从互操作框架的应用普及程度来看，REST 由于其简洁的互操作对象和行为的抽象，并且依托于广泛应用的 HTTP、URI 技术，目前已经超过 SOAP 成为 Web 上最主要的互操作框架。至于 DOA，虽然其理念产生于 20 世纪 90 年代，并且从思想上来讲更能满足互联网的互操作需求，但其在互操作框架上的技术发展和推广近几年才开始发力，因此普及程度也不如 REST 和 SOAP。

4.4 数据互操作代表性技术

“数据孤岛”问题是数据互操作实践中面临的最大挑战之一。本节主要介绍现有用于解决“数据孤岛”问题的数据互操作开放技术，包括抽取 – 转换 – 加载（ETL）技术、基于企业服务总线（ESB）的交换技术、机器人流程自动化（RPA）技术以及基于内存数据的反射技术。

数据互操作是信息系统的重要要求，支持数据互操作一直是一项长期的研究和实践挑战。一般地，业务系统可分为 Browser-Server（浏览器 – 服务器）、Client-Server（客户端 – 服务器）和 App-Server（移动应用 – 服务器）三种架构。而这三种构架均可抽象成数据层、逻辑层和视图层三层。在终端，会以浏览器、客户端和移动应用等形式对用户提供服务；而在服务器端，则一般可划分为两层：一是数据层，一般会采用关系型数据库、键值型数据库对业务系统的数据进行持久化；二是逻辑层，采用 Apache Tomcat、Web Logic 等 Web 容器运行和管理后端的业务逻辑。因此，对于实现这些业务系统间的互操作会有如下两类典型技术：第一类是从服务器端入手，包括针对数据库的 ETL 技术和针对逻辑层的企业服务总线技术；另一类则是从客户端入手，包括机器人流程自动化技术和基于客户端的内存数据的反射技术。

4.4.1　抽取－转换－加载（ETL）技术

ETL（extract，transform，load），是指数据从来源端经过抽取（extract）、交互转换（transform）、加载（load）至目的端的过程。信息是现代企业的重要资源，这些数据蕴含着巨大的商业价值，企业如何通过各种技术手段将数据转换为信息、知识，已经成了提高其核心竞争力的主要瓶颈。为此，越来越多的企业构建了企业级的数据仓库系统。ETL 的概念是随着数据仓库的产生而产生的，在整个数据仓库设计工作中，ETL 占到了 60%～70% 的工作量，是整个数据仓库体系的关键一环。

数据抽取、转换、清洗、装载的过程，是基于 ETL 技术构建数据仓库的重要环节。用户从数据源抽取出所需的数据，经过数据清洗，最终按照预先定义好的数据仓库模型，将数据加载到数据仓库中。其目的是将分散、零乱、标准不统一的数据整合到一起，为企业的决策提供分析依据，是保障数据仓库数据质量的前提和基础，同时也是整个数据仓库体系的核心。

之所以需要有 ETL 这一过程，是因为在信息化建设过程中信息化资源一般都是来自不同的生产系统。例如，银行的数据就来自核心系统、柜面系统、票据系统、第三方数据源等系统，不同源系统根据其功能的不同，源源不断地产生着新数据，为企业提供了大量服务，但是这些源系统就像一个个数据孤岛，彼此之间并无关联。ETL 是数据仓库的一个重要方面，它从运作的资源中抽取、转换和装载数据到数据仓库中，用于后续的分析，是实现数据标准化的关键技术，是数据仓库获得高质量数据的关键环节。

1. ETL 框架介绍

数据仓库的 ETL 框架如图 4-15 所示，主要包括数据抽取、数据转换和数据加载三个阶段。

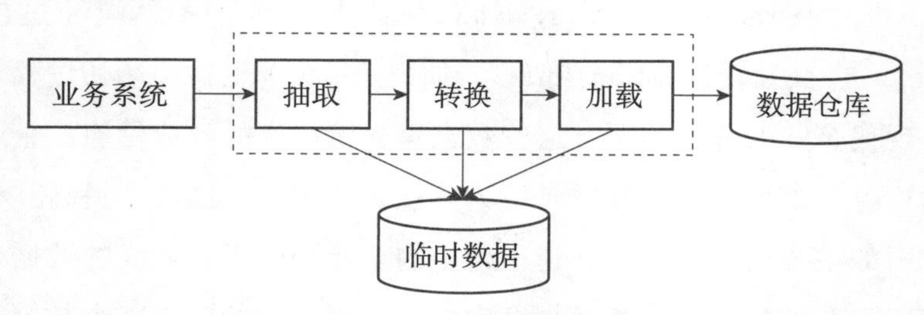

图 4-15　数据仓库的 ETL 框架

（1）数据抽取

数据抽取指的是从不同的网络、不同的操作平台、不同的数据库和数据格式、不同的应用中抽取数据的过程。这一环节的主要工作是获取源系统的数据，并按照数据仓库的规则进行数据加工，对不完整的数据、错误的数据、重复的数据进行处理，最终提取出目标数据。

根据 ETL 实际考虑抽取的效率和可靠性，选择合适的数据抽取策略。数据抽取策略可以分为以下两种：

①全量抽取策略：类似于数据迁移或数据复制，它将数据源中的表数据从数据库中全部抽取出来，进行加工转换，再加载到数据库中；

②增量抽取策略：主要指在全量抽取完成后，需要抽取源表中新增或被修改的数据。这种方式可以减少抽取数据量，减少网络流量。增量抽取一般有 4 种抽取模式：时间戳方式、触发器方式、全表比对方式和日志表方式。其中，时间戳方式的应用最为广泛。

（2）数据转换

从数据源中抽取的数据不一定满足目的库的要求，有必要对数据进行转换、清洗、拆分、汇总等处理，以解决数据不完整、数据格式错误、数据不一致等问题。数据转换是 ETL 过程中最为烦琐的部分，主要任务包括数据格式转换、数据类型转换等，它可以在数据抽取过程中利用关系数据库的特性进行，也可以在 ETL 引擎中进行。

数据转换的原因主要有以下几种：

①数据不完整：是指在数据库中由于有的信息缺失，导致数据不完整。这一类数据的转化只能是找到错误信息，按缺失的内容进行二次输入，补全数据仓库内容。

②数据格式错误：指的是缺失数据值或数据超出数据范围的问题，解决办法是对定义域的完整性进行格式约束。

③数据不一致：主要表现为主表与子表的数据不能匹配。主要原因是缺少外键的定义，解决这一类问题的办法是由业务部门进行确认，修正后再进行抽取。

数据转换过程中另一个重要的处理对象是元数据，即对业务数据本身及其运行环境进行描述和定义的数据，统一的元数据格式对于数据仓库的构建十分重要。元数据的典型表现为对象的描述，即对数据库、表、列、列属性（类型、格式、约束等）以及主外部键关联等的描述。ETL 中的元数据主要用来定义数据源的位置及数据源的属性，确定从源数据到目标数据的对应规则，确定相关的业务逻辑以及数据实际加载前的其他必要的准备工作等，贯穿整个数据仓库项目。

（3）数据加载

数据加载过程通常是 ETL 过程最后的步骤，主要将经过数据转换后的数据集按照定义的表结构加载到目标数据仓库的数据表中，加载数据的最佳方法取决于所执行操作的类型以及需要装入多少数据。数据加载通常有两种方式：①直接用 SQL 语句进行操作；②采用关系数据库特有的装载工具批量进行装载，也可以采用多程并行处理方式加载数据，这能极大地提高程序运行效率。数据加载需要结合实际使用的数据库系统来确定合适的数据加载方式。

2. ETL 工具介绍

ETL 是构建数据仓库以进行数据互操作的关键技术，用户从数据源抽取所需的数据，经过数据清洗，最终按照预先定义好的数据仓库模型，将数据加载到数据仓库中。在进行 ETL 产品选型的时候，需要结合成本、人员经验、案例和技术支持等因素综合考量。如果对数据转换的频率或者要求不高，可以手动实现 ETL 的功能；反之，如果对数据转换的要求比较高，就需要专门的 ETL 工具。

进行 ETL 工具选型时，可以根据自身的情况，选择各种开源的 ETL 工具来自行搭建，在开源的基础上自己开发；或是与现有供应商合作，选择一种能够很好地处理当前数据源和数据流的解决方案。表 4-4 对部分 ETL 工具进行了介绍。

表4-4　ETL工具

工具		优点	不足
主流工具	DataStage	内嵌一种类 BASIC 语言，可通过批处理程序增加灵活性，可对每个 job 设定参数并在 job 内部引用	早期版本对流程支持缺乏考虑；图形化界面改动烦琐
	PowerCenter	元数据管理更为开放，存放在关系数据库中，可以很容易被访问	没有内嵌类 BASIC 语言，参数值需人为更新，且不能引用参数名；图形化界面改动烦琐
	Automation	提供一套 ETL 框架，利用 Teradata 数据仓库本身的并行处理能力	对数据库依赖性强，选型时需要考虑综合成本（包括数据库等）
	Udis 睿智 ETL	适合国内需求，性价比高	配置复杂，缺少对元数据的管理
自主开发		相对于购买主流 ETL 工具，成本较低	各种语言混杂开发，无架构可言，后期维护难度大

ETL 工具的典型代表包括 Informatica、DataStage、ODI、OWB、微软 DTS、Beeload、Kettle 等。一个项目从数据源到最终目标表，经常会包含几十甚至上百个 ETL 过程。这些过程之间的依赖关系、出错控制以及恢复的流程处理都是 ETL工具需要重点考虑的。

3. ETL 的优势及局限性

ETL 技术的优势主要包括：

①简化了用户操作。ETL 通常采用图形化的配置方式，简单、灵活，使得用户无须过分关心数据库的各种内部细节，专注于功能。

②支持各种数据源，特别是平面数据源。ETL 除了支持所有常见的数据源，如 Oracle、Sqlserver、DB2、Mysql、Access、Vf 等，还提供了对各种平面数据源的支持，如 txt、excel、csv、xml 等。

③支持各种硬件和软件平台。支持软件平台，如 Windows、Linux 以及国产操作系统；同时支持各种硬件平台，如 x86、龙芯等。

④功能更为强大，数据处理组件非常丰富，通用性更强，组件很容易复用。

⑤提供灵活的定制规则，能更好地控制数据质量。

⑥提供强大的管理功能，如权限管理、日志管理。

ETL 技术也存在一定的局限性：ETL 一般被设计为“批量进行工作”，即采集数据、上传数据、采集更多数据、再上传之。这种批量加载数据在某些情况下的确适用，但是面对越来越多的数据流和其他类型的数据源时，尤其是在需要尽快提供最新数据的需求下，这些批处理的工具集就不适合了。当然，目前产业界、学术界都对流式 ETL 技术进行了研究与应用，已经能够在一定程度上解决上述问题。

4.4.2 企业服务总线（ESB）

ESB 全称为 Enterprise Service Bus，即企业服务总线，是构建面向服务架（SOA）解决方案时常用的一种基础架构，包括一系列中间件技术实现并支持 SOA 的基础架构功能。ESB 支持异构环境中的服务、消息，以及基于事件的交互，并且具有适当的服务级别和可管理性。

1. ESB 的结构模型

ESB 本质上是一个消息总线结构的模型。和早期 EAI 技术中的消息总线模型不同的是，ESB 模型基于 SOA 的理念对应用系统进行拆分，在 ESB 中连接消息总线上的构件是服务而不是应用系统。更细粒度的拆分带来了更大的灵活性和更好的适应性。

如图 4-16 所示，ESB 本质上是以中间件形式支持服务单元之间进行交互的软件平台。各种程序构件以标准的方式连接在该“总线”上，并且构件之间能够以格式统一的消息通信的方式来进行交互。

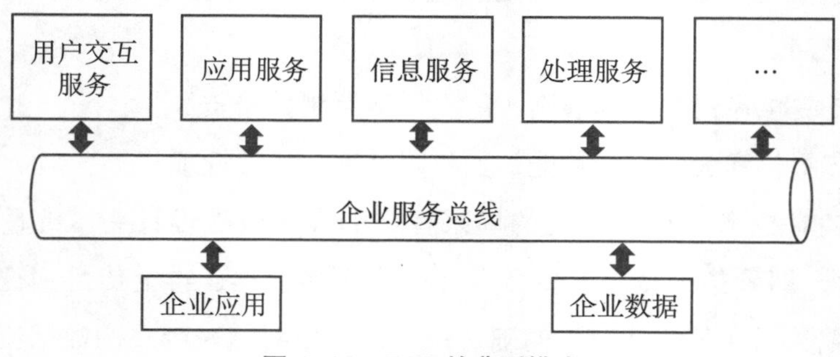

图 4-16 ESB 的典型模式

从软件设计的角度来说，ESB 是一个抽象的中间层，提取了服务调用过程中调用与被调用动态交互中的一些共同的东西，减轻了服务调用者的负担。从功能上看，ESB 提供了事件驱动和文档导向的处理模式，以及分布式的运行管理机制。它支持基于内容的路由和过滤，具备了复杂数据的传输能力，并可以提供一系列的标准接口。

2. ESB 的技术框架

ESB 采用“总线”模式管理和简化应用之间的集成拓扑结构，以开放标准为基础，支持应用之间在消息、事件和服务动态的互连互通。对于异构环境的连接，ESB 提供转换、实时信息传递和大容量的信息承载能力，以完成不同的数据、消息在遵循不同的协议情况下的交互。

ESB 的技术框架通常由 ESB 服务器和管理中心两个核心部分组成，如图 4-17 示：

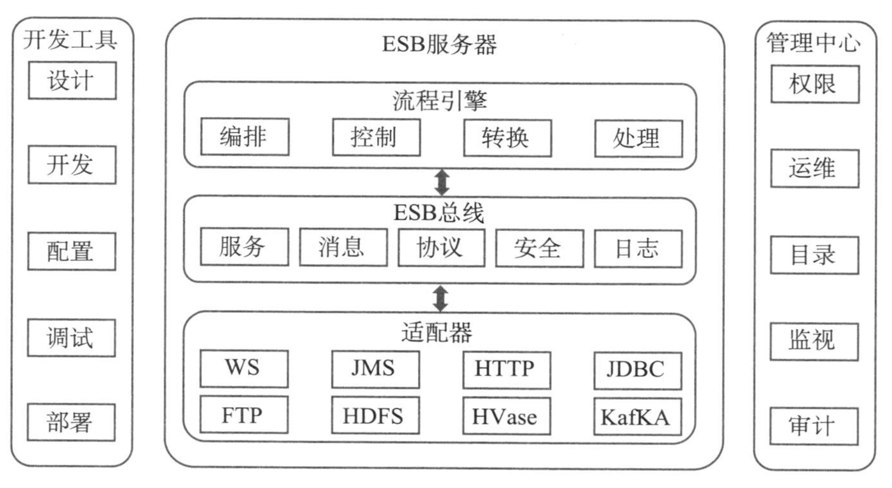

图 4-17　ESB 的技术框架

（1）ESB 服务器

ESB 服务器是基础运行环境，是流程、适配器、组件的运行服务器。使用者创建的服务流程均部署、运行在 ESB 服务器内。

- ESB 总线：SOA 体系架构中 ESB（企业服务总线）处于服务消费者和服务提供者的中间，充当中介，完成服务提供者的查找、访问、路由及服务治理等功能。ESB 总线提供寻址转换、访问、路由等常用能力。此外，ESB 总线提供了对同步/异步等通信方式的支持，集成了基于 JMS 标准的消息通信方式，便于创建服务、流程间的可靠消息传递、消息的路由和发布订阅等分布式集成应用。

- 流程引擎：用户使用开发工具创建提供服务中介功能的流程。ESB 服务器内置的流程引擎解释并执行流程，实现应用系统的接入和服务化，以及已有 Web 服务的中介转换。
- 适配器：适配器是外系统接入业务集成平台的桥梁，是多种异构系统之间互连互通及互操作的重要组件。适配器分为入站适配器和出站适配器两类，分别用于外部应用系统调入 ESB，以及 ESB 调出外部应用系统。

（2）管理中心

管理中心包括权限、运维、目录、监视、审计等功能模块，是对 ESB 服务器及部署在 ESB 服务器上面的服务、流程、共享项目等运行状况的集中监管。管理中心以"服务"为核心，在运、管、监、审层面提供服务数据的可视化能力。

3. ESB 的优势

ESB 并不仅仅是一个抽象的模式，它属于产品的范畴，有清晰的定义，也有许多供应商的产品可以选择。

ESB 的主要优点之一就是处理消息。消息的传入和传出也许会用到协议或格式中介。当应用系统需要处理消息时，使用 ESB 可以提供许多优势，其中包括在转换中处理较复杂事务的能力。当这些需求需要使用 ESB 的基本功能（如消息路由、转换或协议中介）之一时，则 ESB 是最佳选择。

ESB 的另一个优点是性能。ESB 在设计上能够处理大量的消息。例如，如果需求是每天处理上百万条消息，则 ESB 通常是较好的选择。

4.4.3　机器人流程自动化（RPA）技术

机器人流程自动化（robotic process automation，RPA），又可以称为数字化劳动力（digital labor），是一种在系统交互及过程自动化中以“机器人”充当人类的软件代理的软件解决方案，通过模拟并增强人类与计算机的交互，实现工作流程中的自动化。在 RPA 中，“机器人”对应软件程序，而不是硬件机器人。

RPA 具有对企业现有系统影响小、基本不编码、实施周期短、对非技术的业务人员友好等特性。RPA 的目的是用软件（“机器人”）代替业务流程中的人工任务，并且该软件与前端系统的交互方式类似于人工用户。在使用 RPA 方案的业务流程中，称为“机器人”的软件代理会模仿人类通过一系列计算机应用程序所采取的手动路径。软件机器人执行的任务通常是基于规则、结构合理且重复的，例如自动电子邮件查询处理以及来自不同来源的薪资数据整理等。此外，也可以对软件机器人进行数据培训，从而可以适应更多复杂、灵活的情况。

1. 适合 RPA 的任务特征

- 高度基于规则：决策逻辑需要根据业务规则来表达。RPA 对于所有可能的情况都要求有规定的规则，该规则必须明确。
- 高交易量：充足的交易量有助于最大限度地利用组织中的软件机器人。
- 成熟：成熟的任务是已经存在了一段时间的任务，是稳定的，并且人们了解正在发生的事情。

- 具有数字化的结构化数据输入：所有输入数据都必须是数字化的并且采用结构化格式。
- 标准化：具有较高的标准化程度（过程执行遵循预定义路径的一致性）的流程通常是更好的选择对象，尤其是在初始RPA 实施阶段。
- 不太复杂的流程：流程应该足够简单，以便可以快速实施机器人。流程复杂性的提高推动了机器人的复杂性，反过来又会增加运营成本和潜在的业务中断。
- 与许多系统交互：RPA 的最佳候选者是需要访问多个系统的过程。频繁访问多个系统的手动工作可能会很高，并导致人为错误增加、性能不一致和影响成本高昂，使此类过程成为RPA 的理想选择。

2. RPA 产品与解决方案

通常，RPA 产品包括三个主要组成部分：图形建模工具、管理机器人执行的协调器以及机器人本身，涵盖开发、测试、过渡和生产生命周期阶段。其他组成部分可能包括调度程序、协作工具、审计跟踪和绩效分析工具。

尽管许多 RPA 体系结构最初是从宏记录或屏幕快照桌面工具开始的，但现在它们主要支持集中式服务器模型和虚拟桌面环境。

RPA 解决方案通常分为两种操作模式：有人值守和无人值守。无人值守模式是自主的，适用于在实例之间不变化的更简单的过程，但是在更复杂的情况下使用会导致重大错误。有人值守模式允许个人触发机器人活动以执行流程的一部分，并积极监控这些活动，从而在用例中进行部分改进，例如地址更改、付款更改以及跨系统的资金转移。

3. RPA 的优势与局限性

RPA 采用的技术有：机器学习、自然语言处理、自然语言生成和计算机视觉等。RPA 允许机器人以与人类相同的方式和任何应用程序交互。RPA 与传统自动化的区别是，它使用的是说明性步骤，剥离代码层，因此，具有少量编程经验的人员也能将复杂的过程自动化。RPA 部署可以带来的收益主要包括提高运营效率、提高服务质量、降低成本以及改进风险管理和合规性。具体特点如下：

- 降低成本：一个员工每天工作 8 小时，而一个机器人可以不中断地工作 24 小时，可用性和生产力意味着运营成本大幅降低。
- 提高速度：机器人速度非常快，有时必须降低执行速度，以便与应用程序的速度和延迟相匹配。提高的速度可以更好地响应并增加正在执行的任务的数量。
- 更高的合规性：完整的审计跟踪可以提高合规性，是 RPA 的亮点之一，因为这些机器人不会偏离轨道去执行其他任务。
- 全面的分析能力：除了审计追踪和时间戳之外，机器人还可以标记事务以便稍后用于报告中以供业务分析。通过这些分析可以做出更好的决策。此外，这些数据也可以用于预测。
- 易用性：RPA 不需要更多的编程知识，大多数平台都以流程图的形式提供设计。这种简单性使业务流程的自动化变得轻松自如，让 IT 专业人士相对自由地开展价值更高的工作。
- 非侵入性：正如我们所知，RPA 就像人类一样在用户界面上工作。这确保了可以在不改变现有计算机系统的情况下实施。这有助于降低传统 IT 部署中出现的风险和复杂性。

虽然 RPA 在上述方面有优势，但 RPA 同样存在如下不足：

- 依赖性强：RPA 在运行时大多需要连接外部显示器，以操作鼠标、键盘来点击或敲击图形显示环境中的屏幕指定位置或者应用控件，这就对那些不配备显示器、无法实例化显示界面的运行环境提出了苛刻要求。
- 并发性弱：由于 RPA 的基础原理是模拟鼠标键盘点击和敲击，导致即使在 CPU 多核的某个操作系统环境中，也无法在同一时刻点击屏幕的不同位置或不同应用的控件，因此，RPA 只能将点击和敲击串行起来才能正确运行，执行效率低且并发性弱。通常，为了弥补并发的不足，需要配备多个运行机器或是额外配置虚拟化环境才行，这又无形中增加了使用成本。
- 鲁棒性差：RPA 提供的集成不如本质上嵌入核心系统的集成健壮。即使应用程序只进行了很小的更改，RPA 也需要重新配置机器人。IT 分析师 Jason Bloomberg 认为，RPA 的主要弱点就是鲁棒性差。无论用户界面、数据或应用程序的任何一方面发生变化，机器人都将无法适应。
- 失败率高：RPA 难以处理细微的业务流程，并需要依赖复杂的数据和应用程序集成方案。RPA 要求业务部门和 IT 基础架构团队都进行“调整”，才能从 RPA 部署中获得全部优势。

4.4.4 数据反射（DR）技术

概括来说，数据反射（data reflection，DR）技术就是基于内存数据重建软件体系结构，进而构建反射系统，以计算反射的方式实现数据互操作的一系列技术。该技术可以生成 API 来访问系统内部可用的特定数据，而无须访问系统的源代码或干扰系统的正常运行。与现有的数据访问方法相比，使用数据反射技术进行数据互操作的用户只需考虑现有系统的输入和输出，而无须了解其内部工作原理，即可以以黑盒的方式实现数据互操作。

1. 数据反射技术的理论基础

在具体介绍数据反射技术之前，首先需要了解其涉及的两个关键概念：运行时软件体系结构和计算反射。

（1）运行时软件体系结构

运行时软件体系结构（runtime software architecture，RSA）是数据反射技术的核心，它可以提供理解软件系统的结构知识，并支持运行时系统的演化。

软件体系结构（SA）通过描述包含构件、连接器和约束的软件系统的总体结构，在软件开发中扮演重要角色。通常，SA 可以充当软件需求和实现之间的桥梁，为系统构建和组成提供蓝图。SA 有助于全面了解大型系统。

在数据反射技术中，为了应对不断增长的复杂性和高成本的发展，进一步将 SA 的概念扩展到整个生命周期，尤其是在运行时，即运行时软件体系结构，简称 RSA。RSA 对软件系统的运行时结构和行为进行建模，以帮助系统维护人员了解和推理运行时系统。从概念上讲，RSA 可以帮助派生出设计阶段 SA 中描述的完整信息，例如类图、设计结构、构件和连接器。

（2）计算反射

计算反射可用于在运行时观察和修改程序执行。在系统级别，计算反射可以提供其自身的准确表示（称为自我表示），要求系统的状态和行为始终与该表示相符（称为因果关联），对表示所做的任何更改都可以立即反映在系统实际状态和行为的更改中。

Maes 对相关概念进行了总结归纳，并对计算系统、因果联系给出了如下定义：

计算系统：对某个领域进行推理的一个系统，并且基于此可以执行一些动作。

因果关联：计算系统与领域任意一方的改变将影响另一方。

由此，引出了元系统（meta system）和反射式系统（reflective system）的定义：

元系统：以另一个计算系统作为领域的计算系统。

反射式系统：一个与本身具有因果关联的元系统。

Maes 根据上述定义，给出了将计算系统变成反射系统的三个步骤，如图 4-18 所示：①建立一个自描述的系统，即元层实体的描述，并将基层实体具化（reify）为元层实体；②提供一种可以操纵（manipulate）这种自描述系统的方式；③确保这种操作能够真正立即反映（reflect）至基层，并对基层系统产生影响。其中，第三点加强了这种所谓的因果关联需求。

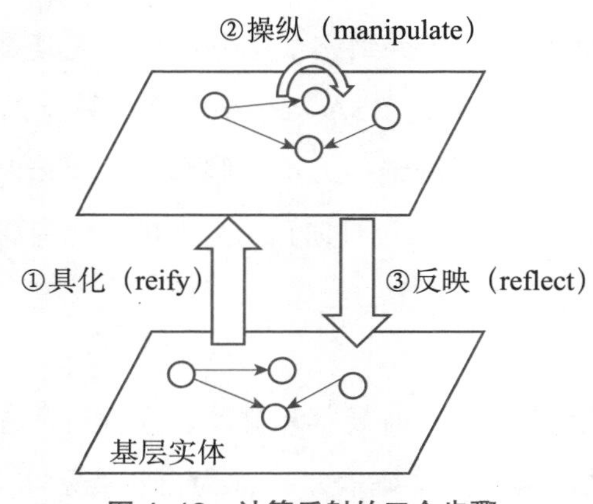

图 4-18　计算反射的三个步骤

一个反射系统的特征在于具有操作和推理本身的能力。特别地，所谓操作和推理，既可以是操作和推理实现系统的静态程序，也可以是系统的动态行为。而当对一个计算系统定义反射时，需要回答三个基本问题：①计算系统中的哪些实体需要被映射为可以被操作的元层实体；②元层实体支持的操作有哪些；③元层实体与基层实体的因果关联如何实现。

2. 数据反射技术的流程

数据反射技术是一种针对黑盒应用实现数据互操作的技术，其遵循上述反射理论，通过扩展其运行时环境，将该运行时环境实现为一个反射系统，从而对黑盒系统的运行时状态进行操作和推理。

为了实现数据反射技术，一个具有挑战性的目标是全面涵盖运行时系统的状态和行为。但是，从数据访问的角度来看，反射过程只需要关注用户感兴趣的数据，而不是了解整个系统的信息。例如，当用户想要比较两个购物网站之间同一商品的价格时，他需要的是每个购物网站中该商品价格的数据，而不是这些网站上列出的所有信息。因此，数据反射只需要恢复能够反映感兴趣数据的处理逻辑的 RSA 片段即可。

构造 RSA 需要反射软件系统的运行时状态。为此，数据反射技术利用计算反射设计双向转换引擎，以指定运行系统及其 RSA 之间基于状态的关系。为了维持 RSA 与运行系统之间的因果关系，数据反射技术中还设计了 RSA 高层表示与运行时机制的映射，从而使得底层运行系统的更改可以反映在 RSA 上，反之亦然。

在数据反射技术中，RSA 充当运行系统和具有数据互操作性要求的系统开发人员之间的控制平面。基于恢复的 RSA，原始开发人员、系统管理员和其他外部开发人员等利益相关者可以定义 API 来访问感兴趣的数据，而无须知道源代码。通过检索或更改 RSA 上感兴趣的数据的值可以实现“读取”或“写入”数据访问。在生成数据访问

API之后，开发人员可以选择使用API（通常在中间件上）来为创新的新应用程序实现数据互操作性。此外，RSA还可以帮助降低维护和改进API实施的成本。

（1）构建计算反射

许多现代软件系统以两层方式构建，例如客户端/服务器、浏览器/服务器和移动应用程序/服务器，其前端用户界面（例如移动应用程序或Web应用程序）运行在客户端操作系统上。这些软件系统通常遵循Model-View-Controller（MVC）设计模式，即用户界面上的操作会触发后端应用程序逻辑的控制器定义事件以及相关数据。直观地讲，可以从与互操作性要求所需的感兴趣的数据有关的客户端用户交互中反射系统的运行时状态和行为。

在数据反射技术中，对于所考虑的软件系统，开发人员首先执行用户交互。这些用户交互包括用于通过客户端UI检索感兴趣的数据的用户输入，以及来自服务器端的输出响应。通过分析用户交互，数据反射技术可以构造客户端和服务器端之间的计算反射，以捕获感兴趣的数据的动态数据流和控制流（在方法级别），并基于动态程序切片技术恢复用于反映访问目标数据的处理逻辑的RSA片段。

为了实现针对不同类型应用程序的计算反射，数据反射技术为主流客户端平台（包括Web、Android和Windows）实现了计算反射引擎。每个反射引擎都可以将软件系统加载到目标平台上，并支持在软件系统运行时操纵自我表示。

（2）通过RSA生成数据访问API

在构建计算反射的过程中恢复的RSA片段是可执行的，表示了从用户输入到UI显示的完整过程。基于这个RSA片段，数据反射技术的使用者可以重构RSA上的构件和连接器，以便以数据访问API的形式导出服务，该API可用于支持数据互操作。

基于恢复的 RSA，数据反射技术首先使用基于关键字的沾染算法来识别与开发人员根据感兴趣的数据执行的功能相关的构件（在 RSA 中）。然后，数据反射技术会向 RSA 中添加一个与标识的构件连接的附加构件，其中包括通过数据访问 API 提供目标数据所需的代码，并公开 API 以提供外部数据访问服务。

（3）支持数据互操作

最后，通过基于生成的 API 来访问目标数据，数据反射技术可以支持各种数据互操作要求，例如，编写程序以调用这些 API 在异构系统之间交换数据。当然，开发人员不仅限于出于数据互操作的目的使用这些 API，也可以根据需要自由探索新的应用方式。

3. 数据反射技术的优势与局限性

数据反射技术从应用程序的内存状态入手，其效果类似于 RPA 技术，具有 RPA 技术的大部分优势。同时，数据反射技术避免了对人机交互界面的依赖，因此能够更好地支撑具有高并发需求的数据化操作场景。

数据反射技术的局限性主要在于其需要复杂且完善的开发工具的支撑，对于不同的操作系统与编程语言通常需要不同的定制化开发平台，并且对于开发人员也有较高的技术要求。

4.4.5　小结

ETL 技术直接从数据库层面入手，不需要对原有应用程序进行修改，具有较好的普适性。然而，对于非数据库中的数据，例如工业设备控制系统中的实时传感数据，ETL 技术是无法应用的。此外，ETL 技术需要人工梳理数据的语法、语义和语用信息，这对于文档缺失的遗留系统来说是极为困难的。

ESB 技术从应用服务标准化入手，通过多类型适配器将异构数据、文件、库表、程序模块、功能组件等进行协议转化、封装和对接，对外提供统一的、标准化的调度、运行和服务。然而，ESB 技术需要在应用开发时就进行对应的设计，对于已开发的应用则需要进行重构，这意味着 ESB 技术很难应用于遗留系统。

RPA 技术从人机交互界面入手，通过模拟人工操作执行跨系统数据互操作，所获得的数据具有基本完善的语法、语义和语用信息，适用范围较广，能够较好地兼容遗留系统。然而，通过 RPA 技术进行数据互操作会干扰该应用程序的正常人机交互使用，这在工业控制上位机等场景中是不可接受的。此外，由于人机交互界面的限制，基于 RPA 技术的数据互操作很难具有较好的并发能力。

数据反射技术从应用程序的内存状态入手，其效果类似于 RPA 技术，能够兼容遗留系统，且所获得的数据也具有较好的语法、语义和语用信息。与此同时，由于数据反射技术避开了人机交互界面，因此其数据互操作过程并不会影响该应用程序的正常人机交互使用，因而也具有较好的并发能力。然而，数据反射技术的局限性在于其需要复杂且完善的开发工具的支撑，对于不同的操作系统与编程语言通常需要不同的定制化开发平台，并且对于开发人员也有较高的技术要求。

总体来看，对于新开发的应用来说，适合采用 ESB 技术进行数据互操作；对于数据互操作不频繁的小规模遗留系统来说，适合采用 RPA 技术进行数据互操作；对于文档完善且互操作需求集中于数据库数据的遗留系统来说，适合采用 ETL 技术进行数据互操作。此外，由于数据反射技术在数据互操作的效果和普适性上明显优于其他技术，因此在开发工具完善且有专业开发人员的前提下，数据反射技术适用于所有遗留系统。

参考文献

[1] Chen D, Doumeingts G. European initiatives to develop interoperability of enterprise applications - basic concepts, framework and roadmap. Annual Reviews in Control, 2003, 27(2): 153-162.

[2] Geraci A, Katki F, McMonegal L, et al. IEEE standard computer dictionary: Compilation of IEEE standard computer glossaries. IEEE Press, 1991.

[3] Wegner P. Interoperability. ACM computing surveys, 1996, 28(1): 285-287.

[4] Vernadat F B. Enterprise Modeling and Integration: Principles and Applications. Chapman & Hall, 1996.

[5] Wileden J C, Kaplan A. Software interoperability: Principles and practice. Proceedings-International Conference on Software Engineering. IEEE Computer Society, 1999: 675-676.

[6] www(2001), library.csun.edu/mwoodley/dublincoreglossary.html.

[7] Chen D, Doumeingts G, Vernadat F. Architectures for enterprise integration and interoperability: Past, present and future. Computers in Industry, 2008, 59: 647–659.

[8] Gabriel da Silva Serapião Leal, Wided Guédria, Hervé Panetto. Interoperability assessment: A systematic literature review. Comput. Ind. 2019, 106: 111-132.

[9] INTEROP NoE, Deliverable DI.3: Enterprise Interoperability Framework and Knowledge Corpus, 2007. http://interop-vlab.eu/interop/.

[10] De Bruin T, Freeze R, Kaulkarni U, Rosemann M. Understanding the main phases of developing a maturity assessment model. In: B. Campbell, J. Underwood, D. Bunker (Eds.), Australasian Conference on Information Systems (ACIS). Australasian Chapter of the Association for Information Systems, 2005: 8–19. https://eprints.qut.edu.au/25152/.

[11] Cameron T. Howie, John Kunz, and Kincho H. Law. Software Interoperability. CIFE Technical Report, Stanford University, 1997. https://stacks.stanford.edu/file/druid:wj556vq4886/TR117.pdf.

[12] Veer H, Wiles A. Achieving Technical Interoperability-the ETSI approach,

European Telecommunications Standards Institute. Accessed: Sep, 2008,20:2017.

[13] Tolk A , Muguira J A . The Levels of Conceptual Interoperability Model. Fall Simulation Interoperability Workshop 2003.

[14] Turnitsa C D. Extending the levels of conceptual interoperability model. In: Proceedings IEEE summer computer simulation conference, IEEE CS Press, 2005.

[15] C4ISR. Levels of Information System Interoperability(LISI). Washington, 1998.

[16] Vinoski S. CORBA: integrating diverse applications within distributed heterogeneous environments. IEEE Communications Magazine, 1997, 35(2): 46-55.

[17] František Plášil, Stal M . An architectural view of distributed objects and components in CORBA, Java RMI and COM/DCOM. Software Concepts & Tools, 1998, 19(1):14-28.

[18] Curbera F, Duftler M, Khalaf R, et al. Unraveling the Web Services Web: An Introduction to SOAP, WSDL, and UDDI. IEEE Internet Computing, 2002, 6(2): 86-93.

[19] Pautasso C, Zimmermann O, Leymann F. RESTful Web Services vs. “Big” Web Services: Making the Right Architectural Decision//17th International World Wide Web Conference（WWW08）, 2008.

[20] Fielding R T, Taylor R N, Erenkrantz J R, et al. Reflections on the REST architectural style and principled design of the modern web architecture (impact paper award), 2017: 4-14.

[21] Kahn R, Wilensky R. A framework for distributed digital object services. International Journal on Digital Libraries, 2006, 6(2): 115-123.

[22] Fujisawa H. Forty years of research in character and document recognition—an industrial perspective. Pattern Recognition, 2008, 41(8): 2435-2446.

[23] Huang G, Mei H, Yang F Q. Runtime recovery and manipulation of software architecture of component-based systems. Automated Software Engineering, 2006, 13(2): 257-281.

[24] Huang G, Mei H , Wang Q X. Towards software architecture at runtime. Acm Sigsoft Software Engineering Notes, 2003, 28(2): 8.

[25] Maes P. Concepts and experiments in computational reflection. ACM

SIGPLAN Notices, 1987, 22(12): 147-155.

[26] Song H, Huang G, Chauvel F, et al. Supporting Runtime Software Architecture: A Bidirectional-Transformation-Based Approach. Journal of Systems & Software, 2011, 84(5): 711-723.

[27] Zhang S, Cai H Q, Ma Y, Fan T Y, Zhang Y, Huang G. SmartPipe: Towards Interoperability of Industrial Applications via Computational Reflection. Journal of Computer Science and Technology 35(1): 1-18, 2020.

[28] 曹晓峰．基于面向服务架构的企业应用集成研究．安徽大学，2009.

[29] 丁俊华，董桓，吴定豪．软件互操作研究与进展．计算机研究与发展，1998（7）：577-583.

[30] 高雅侠，邹海荣．基于 Java 的 RMI 技术的研究与应用．计算机与数字工程，2011，39（008）：174-177.

[31] 顾翊，张申生，朱祥飞．一种企业应用集成（EAI）方案的研究．计算机工程与应用，2003，039（006）：209-211，222.

[32] 李玮，仇建伟．信息系统互操作性评估技术研究．现代电子技术，2015，38（08）：84-88+92.

[33] 吕建，马晓星，陶先平，等．网构软件的研究与进展．中国科学 E 辑：信息科学，2006，36（10）：1037.

[34] 彭武良，周丽，王雷．企业应用集成技术综述．计算机应用研究，2007，024（009）：12-15.

[35] 邵欢庆，康建初．企业服务总线的研究与应用．计算机工程，2007，033（002）：220-222.

[36] 孙荣胜，徐天鹏．Web 服务与 CORBA、DCOM 三种分布式计算模型的互操作性．江南大学学报（自然科学版），2003（01）：28-31.

[37] 徐俊刚，裴莹．数据 ETL 研究综述．计算机科学，2011（04）：21-26.

[38] 张家祥，方凌江．影响互操作的因素及互操作的评估过程．科学发展观与系统工程——中国系统工程学会第十四届学术年会论文集，2006.

[39] 张莉萍，邵雄凯．中间件技术研究．通讯和计算机：中英文版，2008，5（8）：30-34.

[40] 张瑞．ETL 数据抽取研究综述．软件导刊，2010，9（10）：164-165.

第五章　数据安全与隐私保护技术

随着信息技术的飞速发展，作为信息载体的数据也呈爆炸式增长。数据在具有巨大价值的前提下，其安全与隐私问题也越来越引起人们的重视。本章从数据安全与隐私保护技术、相关法律法规和标准规范、相关工具三方面入手，对数据安全与隐私保护问题进行探讨。

5.1　数据安全与隐私保护概述

5.1.1　数据安全形势严峻

在互联网环境下，数据面临各种各样的安全风险。一方面，数据具有高价值密度，因而往往成为黑客的重点攻击对象。例如，2014 年 6 月，在线托管和代码发布提供商 Code Spaces 遭到黑客攻击，大多数客户的数据遭到窃取和破坏，该公司也因为这次攻击导致的严重后果而最终宣布倒闭。2018 年 9 月，脸谱网披露了一个由插件查询接口漏洞引发的重大数据泄露事件，该事件直接影响了超过 5 000 万脸谱网用户的账户安全，且可能有不计其数的其他关联用户账户受到影响。另一方面，业务人员的误操作也会给数据安全造成威胁。2018 年 8 月，腾讯云发生一起“数据丢失”事件，最终使得北京清博数控科技有限公司对外提供服务的“前沿数控”云平台数据的完整性遭到破坏。腾讯云指出，“前沿数控”云平台的数据丢失除了物理因素外，人为失误是重要原因。时隔不久，2019 年年初，提供互联网语音协议服务的电信公司 Voipo 则爆出了公共数据库泄露事件，该数据库包含 700 万个通话记录、600 万条短信和包含未加密密码的内部文档，如果使用这些密码，攻击者可以深入访问该公司的系统，导致严重后果。

数据安全风险层出不穷，因而数据存在着巨大的安全保护需求。传统的数据安全需求包括数据机密性、完整性和可用性。机密性是指个人或团体的信息不为其他不应获得者获得。完整性是指在传输、存储数据的过程中，确保数据不被未授权地篡改或在篡改后能够被迅速发现。而可用性是一种以使用者为中心的概念，指数据的获取能符合使用者的习惯和需求。在大数据环境下，数据风险来源更为复杂多样，数据安全的概念相较于传统数据安全也更广。除了传统的数据安全问题，还应考虑数据平台安全、服务安全、数据本身安全、APT 攻击威胁等方面。数据安全形势严峻，数据安全防护刻不容缓。对数据的安全防护应从数据的整个生命周期考虑，包括数据采集、处理、传输、使用、存储、销毁等各个环节，这样才能全方位、多层次、长效保证数据的安全与可靠。

5.1.2　隐私保护任重道远

2020 年 9 月，中国互联网络信息中心（CNNIC）发布的《中国互联网络发展状况统计报告》指出，在 2020 年前半年中，出现过个人信息泄露、账号或密码被盗、设备中病毒或木马以及网络诈骗这四类网络安全事件的网民群体占整体网民数量的 38.4%，达到 3.6 亿人的庞大网民规模。其中遭受个人信息泄露与账号或密码被盗这两类涉及个人隐私信息问题的网民数量又分别占这四类网络安全事件网民总量的 53% 以上以及 25% 以上（见图 5-1）。由此可见，网上个人隐私泄露的问题已经十分严重，不容忽视。

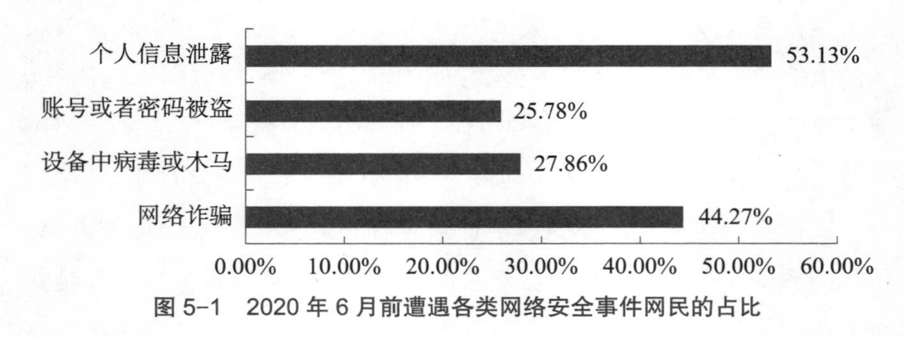

图 5-1　2020 年 6 月前遭遇各类网络安全事件网民的占比

国家互联网应急中心（CNCERT）于 2020 年 4 月 20 日正式发布的《2019 年我国互联网网络安全态势综述》报告指出，一方面，尽管我国近几年在数据风险监测和预警防护方面的能力已经有所提升，但是由于个人数据安全防护意识持续淡薄，大规模个人数据泄露事件仍然屡见不鲜。仅在 2019 年，CNCERT 在中央网信办指导下就发现重要数据泄露事件以及风险 3 000 余起。其中主流数据库（MongoDB、MySQL 等）的授权访问漏洞、弱口令漏洞所导致的个人隐私数据泄露成为 2019 年数据泄露的重点。另一方面，CNCERT 的报告还指出，针对应用程序违规收集个人信息问题，中央网信办、工信部、公安部以及国家市场监管总局四部委联合成立了个人信息专项治理工作组，并委托十余家专业机构对日常生活中常见的千余种应用程序进行了深度评估，其中发现了大量应用程序存在违规收集个人信息、强制用户授权与过度权限申请的问题，严重影响个人信息、个人隐私数据的保护与防控。

个人信息与个人隐私在互联网与移动互联网的发展浪潮中犹如一叶扁舟，由于其潜在的巨大价值，时刻被各大方利益集团、黑产行业、营销机构虎视眈眈，如何动用技术手段进行个人隐私信息的全方面保护与管控成为当前刻不容缓的问题。

5.1.3 数据安全与隐私保护的关系

隐私保护主要聚焦于两方面：一方面，对于用户不希望被其他人知道的信息，确保其机密性；另一方面，对于用户已公布在外的数据，希望能抹掉用户痕迹，也就是满足用户的匿名性需求。其中第一方面的需求更偏向于个人的数据保护，也就是用户保护自己的隐私数据不被窃取，不被以任何形式公开。而第二方面的需求则比较符合大数据场景，用户的部分数据可以被收集并公开，但是要避免将已公开的数据与现实中的用户联系起来。这部分数据本身不具备敏感性，可以在充分匿名之后用于数据分析和共享。但是如果泄露了用户的真实信息，就会对用户的隐私保护造成威胁。

数据安全需求更为广泛，不仅关注数据的机密性、完整性、可用性、平台安全以及数据权属判定等方面，而且关注数据在全生命周期各个环节中的安全性，在数据采集、存储、传输、使用、销毁等环节避免数据丢失、泄露和被破坏。数据安全风险在某些场景下也会造成用户隐私泄露。例如，某社交网站的数据库泄露导致各注册用户的个人真实信息流出，用户的运动轨迹、个人照片、浏览记录等严重涉及个人隐私的信息被暴露。因此，从某种程度上来说，数据安全是个人隐私保护的前提和基础。

5.1.4 数据安全与隐私保护框架

数据安全和隐私保护技术的目的是在数据的生命周期中既能保护数据的机密性、完整性、可用性，又能保护用户的隐私不被泄露，同时不影响数据的高效使用和安全共享。数据安全和隐私保护技术在数据生命周期的不同阶段有不同的侧重，如数据安全主要体现在数据访问、检索、传输等阶段，隐私保护主要体现在数据收集、存储、共享、使用等环节。接下来将对数据生命周期不同阶段的数据安全和隐私保护核心技术进行重点介绍。

此外，除去技术方面的支撑，相关法律法规和标准规范在国家和行业层面也给数据安全和隐私保护提供了顶层指导。很多国家和地区已经开始从法律、政策、技术指导文件等多个方面加强政策数据安全和隐私安全。例如，美国颁布的《消费者隐私权利法案（草案）》、欧盟提出的《数据保护通用条例》、我国出台的《中华人民共和国网络安全法》等均涉及数据和个人信息保护原则、个人信息的收集、存储、使用和共享、监管机构职责等内容。为了保证这些法律政策的实施落地，各国又纷纷制定相关标准和指导文件，从技术与控制保护、风险评估等多角度提供安全要求和实践指导，解决采取哪些技术控制措施和风险评估方法可以保障数据安全、满足个人信息保护原则，如何保证个人信息收集、存储、使用和共享的合法合规性，监管机构如何履行自己的监管义务等关键问题。这些标准的制定为数据安全和隐私保护提供了实际指导意见，为法律和政策的落实起到了保驾护航的作用。

而在组织和企业层面也推出了很多数据安全保护和隐私保护的产品和工具，能在实际应用中切实保护用户的数据安全和个人隐私。数据安全保护从来不是一方的努力就能达成的，只有从技术支撑、应用实践、标准规范、制度法规多个方面入手，从国家、行业、组织多个维度考虑，建立起多维度、多层面的保护体系，才能更好地保障国家、组织和个人的数据安全。

5.2 数据安全技术

5.2.1 密码学基础

密码学技术通常用来保护数据的机密性和完整性，在数据安全存储、检索、传输、访问、用户身份认证等环节都有广泛应用。

基于密码算法的数据保护通过加密算法将明文数据变换成密文数据，实现数据存储、传输等过程的安全机密。在访问数据的时候又可以通过解密算法将密文数据恢复成明文数据，实现数据的计算分析。现代密码体制包括明文（plaintext）、密文（ciphertext）、加密算法（encryption）、解密算法（decryption）和密钥（key）五个要素，简称（P，C，K，E，D）五元组。加密算法和解密算法又可简称加密和解密，这两个过程分别涉及加密密钥和解密密钥（如图 5-2 所示）。

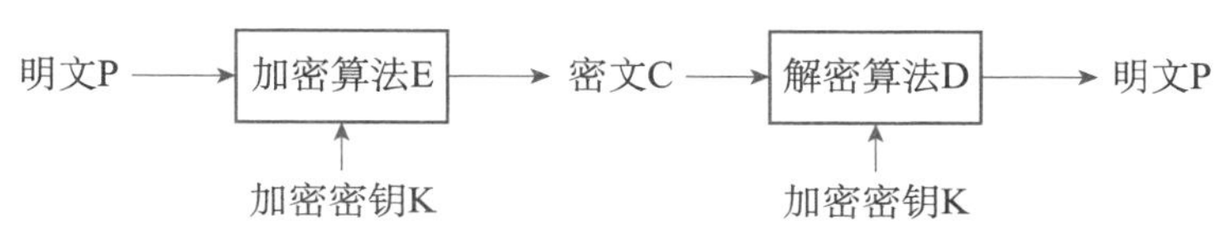

图 5-2　加密和解密过程

密码算法主要分为两大类：一类是对称密码算法；另一类是非对称密码算法，又称公钥密码算法。对称密码算法的特点是：加密密钥和解密密钥完全相同，数据收发双方需要事先交换受保护的加解密密钥才能实现数据的有效传输。非对称密码算法的特点是：加密密钥和解密密钥互不相同，任意数据发送方只需使用公开的加密密钥进行加密，数据加密接收方即可基于私有的解密密钥实现数据解密接收。本部分对这两大类密码算法进行介绍，并对广泛应用的公钥基础设施做简单介绍。

1. 对称密码算法

对称密码算法，顾名思义，其加解密过程是对称的，且均采用同一密钥。早期的加解密算法都是对称形式的密码算法，用户通过加密算法结合密钥将明文变换为密文，只有掌握了同一密钥和对应解密算法的用户才可以将密文转换成有意义的明文。对称密码加解密基本流程如图 5-3 所示：

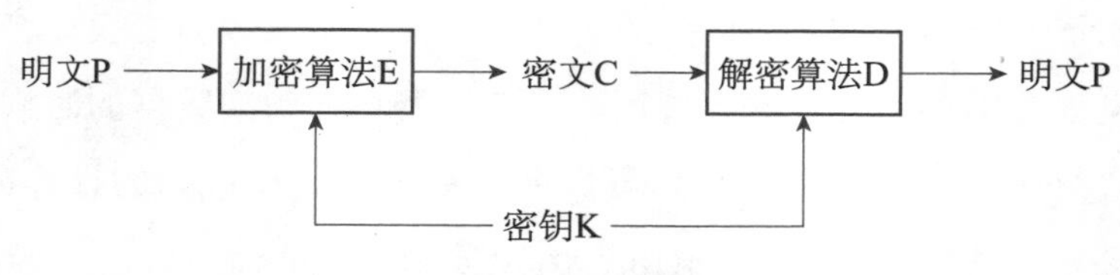

图 5-3 对称密码加解密基本流程

对称密码有两种主要形式：一种是将明文按照字符逐位加密，称为序列密码（也称“流密码”，stream cipher）；另一种是将明文分组，逐组进行加密，称为分组密码（也称“块密码”，block cipher）。我国发布的商用密码算法中的序列密码算法和分组密码算法分别是 ZUC 和 SM4 算法。常见的国外序列密码算法有 SNOW、RC4 等；分组密码算法有数据加密标准（DES）、高级加密标准（AES）等。

序列密码的核心思想是“一次一密”。该算法将密钥和初始向量作为输入，通过密钥流生成算法输出密钥流（也称为扩展密钥序列），然后将明文序列和密钥流进行异或，得到密文序列（见图 5-4）。初始向量是一个在加密过程中起到引入随机性作用的随机数，每次加密时都需要重新生成初始向量，初始向量的引入使得多次对同一明文数据使用相同的密钥进行加密，得到的密文是不同的。序列密码对每个明文序列的加密操作仅仅是一次异或，而且密钥流可以在明文序列到来之前生成，因此序列密码的执行速度通常很快，对计算资源的占用也较少，可用于实时性要求高的场景（如语音通信、视频通信等）。

分组密码的核心思想是首先对明文消息根据分组大小进行分组，再将明文分组、密钥和初始向量（如果有）一起作为输入，通过分组加密算法直接输出密文分组（见图 5-5）。一般分组密码的加密分组大小为一固定长度，如 128 比特。如果消息长度超过固定分组长度，在进行加密前，消息将被按照分组长度进行分块；如果消息长度不是分组长度的整数倍，则需要在分块后将其填充为分组长度的整数倍。

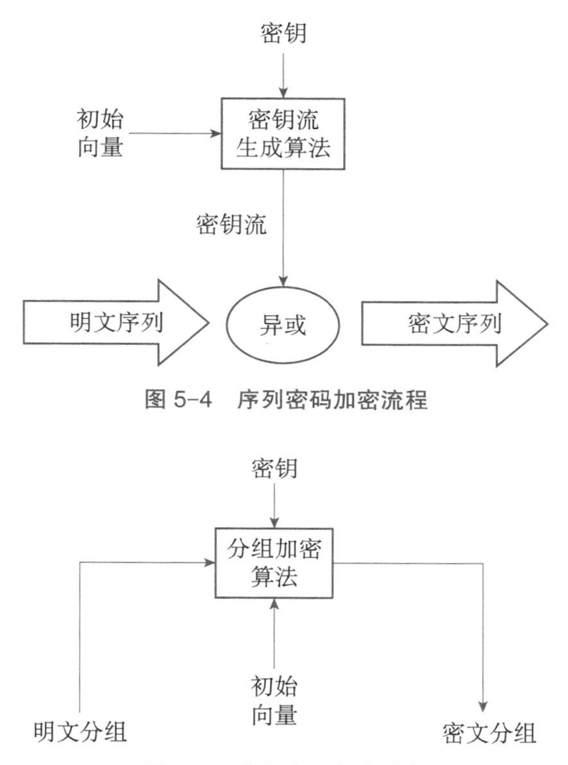

图 5-4　序列密码加密流程

图 5-5　分组密码加密流程

2. 非对称密码算法

非对称密码算法是 Diffie 和 Hellman 于 1976 年首次提出的，又称公钥密码算法。公钥密码算法采用一对不同的密钥将加密和解密功能分开：一个密钥作为公钥（public key），可以直接公开；另一个密钥作为私钥（private key），需要保密存储。如果使用公钥对数据进行加密，则只有使用对应的私钥才能解密；如果使用私钥对数据进行加密，则只有使用对应的公钥才能解密。

非对称密码算法的出现解决了传统密码中最困难的两个问题，即密钥分配问题和数字签名问题。传统上很多密钥分配协议引入了密钥分配中心，但一些密码学家认为用户在保密通信的过程中应该具有完全保密的能力，引入密钥分配中心违背了密码学的精髓。数字签名是为了设计出一种像手写签名一样的方案来确保数字签名出自某一特定的人，并且各方对此没有异议。

非对称密码算法中每个用户都有一对公私钥，用户可以将公钥公开，使得任何需要和其通信的人都可以取得，从而可以向其发送加密信息。相反地，用户将私钥保密，用于解密收到的密文。攻击者虽然可以得到公钥，但由于不能由此推导出私钥，从而无法解密密文。可见，公钥密码体制将密钥的秘密传送变成了公开发布，成功解决了密钥分配问题。

非对称密码算法的安全性保证比对称密码算法更具有挑战性，因为公钥为算法攻击提供了一定信息。公钥密码算法的安全性保证是，如果所依赖的问题是困难的，那么设计的算法就可以证明是安全的。目前公钥密码算法的安全性基础主要是数学中的困难问题。例如，基于大整数因子分解问题的 RSA 公钥算法，基于离散对数问题困难性的椭圆曲线算法、SM2 算法等。

公钥加密算法在数据安全领域有公钥加密和私钥签名（数字签名）两种主要用途。

（1）公钥加密

在执行公钥加密操作前，需要先查找接收者的公钥，然后用该公钥加密要保护的消息。当接收方接收到消息后，用自己的私钥解密出原消息。使用非对称密码算法进行公钥加密的流程（见图 5-6）是：

① A 生成一对公私钥并将其中的一把作为公钥公开；

②如果 B 打算发消息给 A，则 B 使用该密钥对数据进行加密后发送给 A；

③ A 用自己的另一把私钥对加密后的数据进行解密。由于只有 A 知道自己的私钥，因此其他接收者均不能对该消息解密。

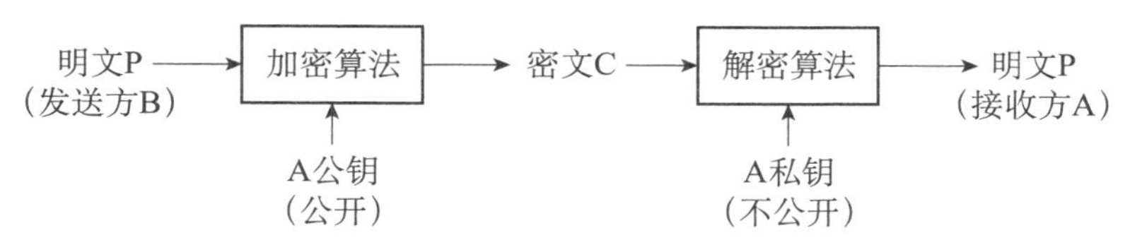

图 5-6 非对称加密基本流程

由于公钥密码运算操作（如模幂、椭圆曲线点乘）的计算复杂度较高，公钥加密算法的加密速度一般比对称加密算法的加密速度慢很多，因此公钥加密算法主要用于短数据的加密，如建立共享密钥。

（2）数字签名

数字签名主要用于确认数据的完整性、签名者身份的真实性和签名行为的不可否认性等。与公钥加密算法使用公钥、私钥的顺序不同，数字签名需要首先基于私钥对消息进行签名，然后使用公钥对签名进行验证。需要注意的是，为提升效率和安全性，数字签名算法中一般都需要先使用密码杂凑算法对原始消息进行杂凑运算，再对得到的消息摘要进行签名。

3. 公钥基础设施

公钥基础设施（public key infrastructure，PKI）是基于公钥密码技术实施的具有普适性的基础设施，可用于提供信息的保密性、信息来源的真实性、数据的完整性和行为的不可否认性等安全服务。PKI 主要解决公钥属于谁的问题，即谁拥有与该公钥配对的私钥，而不是简单的公钥持有。确认公钥属于谁是希望确认谁拥有对应的私钥。

目前，国内外有很多标准化组织为 PKI 的实施和应用制定了一系列标准。ITU-T 标准化部门制定的 X.509 标准，为解决 X.500 目录中的身份鉴别和访问控制问题而设计，是目前使用最广泛、最成功的证书格式。

PKI 系统包括以下几个组件：

①证书认证机构（certification authority，CA）。证书认证机构具有自己的公钥和私钥，负责为其他人签发证书，通常用自己的密钥来确保用户公钥的可信。一个 PKI 系统中可能会有多级 CA，包括根 CA 和各级子 CA。

②证书持有者（certificate holder）。CA 会给用户发布证书，证书中包含持有者的身份信息和对应的公钥。每个证书持有者拥有自己的证书和与证书中公钥匹配的私钥。

③依赖方（relying party）。依赖方又称证书依赖方，一般指 PKI 应用过程中使用其他人的证书来实现安全功能（保密性、身份鉴别等）的通信实体。

④证书注册机构（registration authority，RA）。负责对证书申请者的信息进行检查和管理，是申请者与 CA 的交互接口。当申请者通过检查后，RA 才会要求 CA 给申请者签发证书。

⑤资料库（repository）。用于实现证书分发，负责存储所有的证书，供依赖方下载。

⑥证书撤销列表（certificate revocation list，CRL）。被注销证书的标识列表，根据 CRL 就能够判断证书是否有效。

⑦在线证书状态协议（online certificate status protocol，OCSP）。用于实时检查证书状态的协议，证书验证者可向 OCSP 服务器查询证书是否被撤销。OCSP 和 CRL 都是为了解决证书撤销状态查询的问题，相比较而言，OCSP 的实时性更高，部署起来也相对更复杂一些。

⑧轻量目录访问协议（lightweight directory access protocol，LDAP）。一种开放的、轻量级应用协议。CA 把新签发的证书与证书撤销链送到 LDAP 目录服务器，供用户查询、下载。

⑨密钥管理系统（key management system，KMS）。为 PKI 系统中其他实体提供专门的密钥服务，包括生成、备份、恢复、托管等多种功能。

数字证书也称公钥证书，在证书中包含公钥持有者信息、公开密钥、有效期、扩展信息以及由 CA 对这些信息进行的数字签名。PKI 通过数字证书解决密钥归属问题。在 PKI 中，CA 也具有自己的公私钥对，对每一个持有者公钥信息进行数字签名，实现了持有者公钥信息的起源鉴别、数据完整性和不可否认性。由于证书上带有 CA 的数字签名，用户可以在不可靠的介质上存储证书而不必担心被篡改，可以离线验证和使用，不必每一次使用时都向资料库查询。

5.2.2　身份认证

身份认证指身份识别与鉴定，用来完成对用户身份的确认。身份认证的目的是确认当前实体确实是其所声称的实体。在现实生活中，我们会遇到很多需要身份认证的场景，如乘坐高铁时需要检查身份证和车票来确认乘客的身份，上班时需要刷员工卡才能开启办公室的门，参加会议时需要根据身份信息和邀请函才能进入等。在大数据访问的场景下，只有先对用户进行身份认证，确认其身份的合法性，后续访问权限的管控才有意义。

对用户进行身份认证的方式有很多，根据实现技术的不同主要分为：基于用户名和口令的认证、基于生物特征的认证、基于数字证书的认证和多因子认证。

1. 基于用户名和口令的认证

基于用户名和口令的认证是目前最为常见的认证方式。口令一般是由数字、字母、特殊字符构成的字符串，只有用户和系统知道。在最初阶段，用户首先在系统中注册自己的用户名和口令，系统将用户名和口令存储在内部数据库中。当用户登录时，系统会根据用户名查找用户口令并做比对，如果验证通过，则允许用户登录，否则，拒绝用户登录。口令一般是长期有效的，也称为静态口令。为提升安全性，用户应定期更换口令。

基于用户名和口令的身份认证技术的优点是简单灵活，无须额外的认证设备，只需记住口令即可，因其使用简单和低成本而得到了广泛的使用。但这种认证方式存在严重的安全隐患，用户认证的安全性仅依赖于口令，口令一旦被泄露、截获或被猜解，用户就可能被假冒。目前针对口令的攻击有很多，如撞库攻击、字典攻击、窃听甚至暴力破解。

认证令牌在基于口令认证技术中增加了随机性，使口令更加安全。它要求用户拥有令牌，这种认证方式在需要高度安全的应用中十分普及。认证令牌是个小设备，每次使用时生成一个新的随机数，这个随机数是认证的基础，作为一次性口令使用。每个认证令牌预设了唯一的数字，称为随机种子，种子是保证令牌产生唯一输出的关键。为了防止令牌丢失而导致被冒用的风险，一般使用 PIN 码来保护令牌，只有输入了正确的 PIN 码，才能使用令牌生成一次性口令。

2. 基于生物特征的认证

基于生物特征的认证技术也叫作生物识别技术。生物识别技术是指计算机系统利用每个人的生物特征（如指纹、虹膜、人脸、声音等）或行为特征（如运动习惯、步态等）来进行身份认证的技术。指纹、虹膜、人脸等生物特征是与生俱来且独一无二的，可以准确地对人进行认证。目前比较典型的基于生物特征的认证技术有指纹识别、人脸识别、语音识别等。

相比于用户名和口令认证，基于生物特征的认证更加便捷。但这些生物特征不可更改，一旦泄露则会造成安全风险。例如，2019 年大火的 ZAO 软件，通过上传用户照片可以实现 AI 换脸，制作动态视频，效果极其逼真。但由于其存在人脸识别欺骗风险，可能引发支付宝、微信支付等盗刷现象，因此遭受巨大争议。

由于现有的技术手段能够使攻击者以很低的成本快速获得外形高度逼真的 3D 假体，生物识别领域开始引入活体检测技术来提高系统的安全性。活体检测可将仿制的样本与人的样本进行区分，降低欺骗检测的风险。

3. 基于数字证书的认证

数字证书是用来标识网络用户身份的一系列数据，是个人或单位在互联网上的身份凭证。数字证书是由 CA 为持有者签发，用来保障证书持有者相关信息真实性和完整性的有效凭证。数字证书通常包含持有者的公钥、身份信息以及签发该证书的 CA 的签名。证书中的公钥用来验证基于私钥进行的签名或使用私钥加密的数据。证书本身是公开的，谁都可以拿到，但私钥只有持证人自己掌握。

如果 A、B 双方要进行认证，A 首先会获取 B 的证书，并用 CA 的公钥解密证书上的签名，若通过验证，则证明 B 的证书是真的。之后 B 用私钥对口令进行签名并传送给 A，A 可以用 B 证书中的公钥来验证 B 的签名，如果通过验证，B 的身份就得到认证。

4. 多因子认证

多因子认证是结合两种或两种以上的认证技术对用户进行身份认证的方法。通常将口令和实物（如 Ukey、验证码、指纹、人脸识别等）结合起来，以有效提升安全性。

随着账户劫持攻击的增多，现有信息系统多采用多因子认证方式。例如，登录网站时，往往需要先输入用户名和口令进行身份认证，口令验证通过后会引入验证码进行二次认证，如短信或语音呼叫。部分网站提供基于邮件的二次认证，用户需要登录电子邮箱账号进行身份验证。此外，部分网站还会引入图片选取、图形拖拽等方式确定用户确实为活体用户。针对计算机终端系统的身份认证，还可以将用户名和口令结合 Ukey、指纹、人脸等信息，进行多因子认证。

5.2.3 访问控制

访问控制是数据安全保护的核心技术之一，兴起于 20 世纪 70 年代。访问控制按照用户身份及其所归属的某项定义组来限制用户对资源的访问，通过对用户访问资源的有效管控，使合法的用户在合法的时间内获得有效的资源访问权限，防止非授权的用户访问系统资源。

访问控制几乎是所有系统都需要用到的技术，它的出现最初是为了应对大型机系统资源安全共享的需求。根据访问控制策略的不同，早期可分为自主访问控制和强制访问控制两种。之后随着新的需求出现，自主访问控制和强制访问控制已不能满足需求，人们逐渐发现基于工作或职位进行访问权限的管理更加方便，于是在 20 世纪 90 年代初，基于角色的访问控制（role-based access control，RBAC）模型被提出。到了 21 世纪初，互联网技术的高速发展和数据的爆发性增长使得对数据访问的需求更为灵活和开放，而已有访问控制模型均需要先获取用户身份信息然后进行访问控制判定，难以适用于开放环境，于是基于属性的访问控制（attribute-based access control，ABAC）模型被提出。这种访问控制模型基于属性来进行资源访问授权，无须预先获取用户身份信息，能灵活地适用于开放环境。

接下来将主要对自主访问控制、强制访问控制、基于角色的访问控制和基于属性的访问控制这四种典型的访问控制模型进行介绍，企业或组织应根据所处理数据的类型及需求确定采用哪种访问控制模型。这四种访问控制模型均涉及以下基本元素：

1）主体：发起资源访问请求的实体，例如系统用户。

2）客体：被访问的实体，例如系统数据资源。

3）访问权限：被允许的主体对客体的操作，如读操作、写操作等。

4）访问控制策略：对系统中主体访问客体的约束需求描述。

5）访问授权：访问控制系统按照访问控制策略对主体赋予访问权限。

访问控制的两个重要元素是主体和客体。一般来说，主体对客体进行访问，应具有对应的访问权限，访问权限的具体定义由系统中客体的形态决定。访问控制策略规定了主体所能访问客体的集合和对应的访问权限，访问控制系统基于访问控制策略来决定是否对主体的操作进行授权。所有访问控制策略组成访问控制信息库。

1. 自主访问控制

自主访问控制的基本思想是对某个客体具有拥有权限的主体能够决定其他主体对客体的访问权限，也就是资源所有者能够决定资源可以被谁访问，以何种权限访问，同时能够将对该客体的一种或多种访问权限自主地授予其他主体，并在之后的任意时刻将之前的授权收回。自主访问控制常基于访问控制矩阵（access control matrix，ACM）、访问控制列表（access control lists，ACL）和能力列表（capabilities list）来实现访问控制。

（1）访问控制矩阵

访问控制矩阵将所有访问控制信息存储在全局矩阵中，这里以 A 表示。A 中的行代表主体集合（S），列代表客体集合（O），主体 S_i 对客体 O_j 的访问权限由 A 中的元素 A_{ij} 表示。访问控制的实施根据矩阵

A 进行，访问控制策略的变更可以通过修改全局矩阵 A 来完成。

例：假设某个系统中有主体 S_1、S_2、S_3 和 S_4，客体 O_1、O_2、O_3 和 O_4，授权见图 5-7。可见 S_1 对 O_1 有读权限，对 O_2 有写权限，对 O_3 有读写权限，对 O_4 没有权限；S_2 对 O_4 有拥有权限，则可以授予或撤销其他主体对该客体的权限。

$$
\begin{array}{c c}
 & \begin{array}{cccc} O_1 & O_2 & O_3 & O_4 \end{array} \\
\begin{array}{c} S_1 \\ S_2 \\ S_3 \\ S_4 \end{array} & \left[\begin{array}{cccc} \mathrm{R} & \mathrm{W} & \mathrm{RW} & - \\ \mathrm{Own} & \mathrm{R} & - & \mathrm{Own} \\ \mathrm{W} & \mathrm{Own} & \mathrm{R} & \mathrm{RW} \\ \mathrm{W} & \mathrm{RW} & \mathrm{Own} & \mathrm{R} \end{array}\right]
\end{array}
$$

图 5-7　访问控制矩阵

由于实际信息系统中的主体和客体往往较多，采用访问控制矩阵的方式对访问控制信息进行存储会使矩阵过于庞大而不易于保存和检索，故在实际系统中主要采用访问控制列表和能力列表的方式来实现。

（2）访问控制列表

访问控制列表是基于客体的自主访问控制实现的，该列表存储了对每个客体的访问主体和相关访问权限信息。当某个主体对该客体进行访问时，可根据访问控制列表来判断是否允许该主体访问。

（3）能力列表

能力列表是基于主体的自主访问控制实现的，该列表存储了每个主体能访问的客体和访问权限信息。当主体访问某个客体时，可根据能力列表来决定以何种权限访问该客体。

在大数据环境下，无论采用上述哪种实现方式，自主访问控制模型都将面临权限管理复杂度爆炸式增长的问题。一方面，大数据的开放式应用场景中主体数量将不可预估；另一方面，作为客体的大数据集具有规模大、增长速度快的特点。因此，直接采用自主访问控制模型是非常困难的。

2. 强制访问控制

强制访问控制的基本思想是系统中的访问控制策略由安全管理员统一管理，而不是由资源的所有者来授权和管理访问权限。安全管理员对用户的访问权限进行强制性的控制，对主体和客体进行安全标识，根据安全标识之间的支配关系控制资源的访问，主体不能改变他们的安全级别或客体的安全属性。本部分选取具有代表性的强制访问控制模型 BLP（Bell-La Padula）进行介绍。

BLP 模型依照军方的安全政策进行设计，对不同密级的数据进行分类访问控制，确保数据的机密性。BLP 模型包含以下几个关键因素：

1）安全级别（level）。BLP 模型的安全级别分为公开（UC）、秘密（S）、机密（C）、绝密（TS），它们之间的关系为 $UC \leqslant S \leqslant C \leqslant TS$。

2）范畴（category）。范畴用来限定资源仅被需要知悉的人访问，范畴被定义为一个类别信息构成的集合，例如{军事，娱乐，文学}。具有该范畴的主体能够访问那些以该范畴子集为范畴的客体。

3）安全标记（label）。由安全级别和范畴构成的二元组＜level，category＞，例如＜C，{娱乐，文学}＞。

4）支配关系（dom）。设有安全标记 A 和 B，则 A dom B，当且仅当 $\text{level}_A \geqslant \text{level}_B$，$\text{category}_A \supseteq \text{category}_B$。

BLP 模型中主体可以读安全级别不高于它的客体，可以写安全级别不低于它的客体，具体如下：

1）主体 S 可以读客体 O，当且仅当 label_S dom label_O，且 S 对 O

有自主型读权限。

2）主体 S 可以写客体 O，当且仅当 $label_O$ dom $label_S$，且 S 对 O 具有自主型写权限。

“下读上写”的安全策略保证了数据只能从低安全级别流向高安全级别，而且信息只被有权限的人知悉，从而保证了敏感数据不被泄露，有效地确保了数据的机密性。

3. 基于角色的访问控制

基于角色的访问控制的基本思想是系统中的各种权限不是直接授予具体的用户，而是基于角色（如系统中的管理员、审计员、技术员等）进行访问权限的管理。角色是处于用户集合和权限集合之间的一个集合，每一种角色对应一组相应的权限。一旦用户被分配了某个角色，就拥有了此角色的所有权限。这种访问控制模型的优点是不必为每个用户都执行权限分配的操作，只要给用户指定角色即可。由于角色的数量远少于用户的数量，因此基于角色的权限管控和变更操作要少得多，简化了用户权限管理。最具代表性的基于角色的访问控制模型是 RBAC96 模型。

目前被广泛研究和应用的 RBAC96 模型由 Sandhu 等人于 1996 年提出，是一个较为完整的 RBAC 模型框架。该模型遵循最小权限、责任分离和数据抽象三个原则。最小权限原则是指分配给用户的权限不应超过其完成任务所需的权限；责任分离原则是指不同的角色分配需要互斥分离，例如，财务系统中禁止同一人担任财务管理和会计角色；数据抽象原则是指对读、写、执行等操作权限采用专业的抽象描述来代替。

RBAC96 模型由 RBAC0、RBAC1、RBAC2 和 RBAC3 四种访问控制模型构成（见图 5-8）。简言之，RBAC0 为基本的访问控制模型，包含了访问控制模型中的用户、角色、权限等组件，该模型通过将用户映射为角色、角色映射为权限的方式实现访问控制；RBAC1 和 RBAC2 在 RBAC0 模型的基础上分别增加了角色层次和约束关系；RBAC3 是 RBAC1 与 RBAC2 的组合，既支持角色层次结构又支持约束。

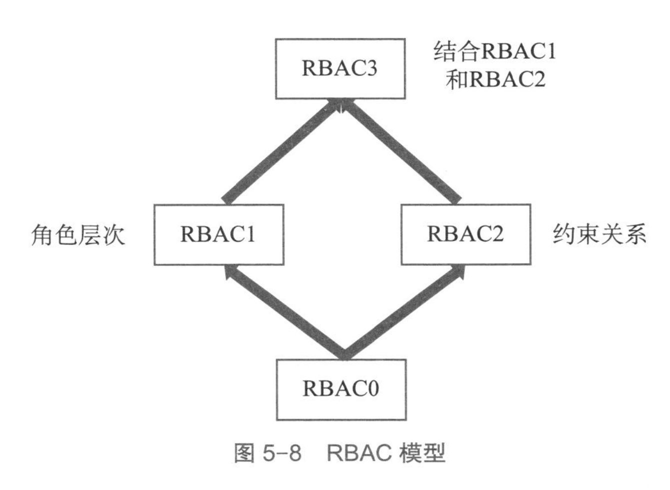

图 5-8　RBAC 模型

4. 基于属性的访问控制

随着互联网技术的高速发展，大数据环境带来了新的挑战和需求。一方面，系统中的用户越来越多，获取全部用户信息具有一定的挑战；另一方面，部分用户并不希望暴露自己的信息。上述三种访问控制模型无法灵活应对新的需求。基于属性的访问控制通过属性来定义授权，而不需要预先知道用户身份。属性可看作一些安全相关的特征，可增加或删减，灵活性较高。用户可以拥有不同的属性标签，这些属性标签组合实现权限管控。ABAC 模型具备以下主要元素：

1）实体（entity）：指系统中存在的主体、客体、权限和环境。

2）环境（environment）：指访问控制发生时的系统环境。

3）属性（attribute）：用于描述上述实体的安全相关信息，是

ABAC 的核心概念。它通常由属性名和属性值构成。例如，主体属性可以是姓名、性别、年龄等；客体属性可以是创建时间、大小等；权限属性可以是描述业务操作读写性质的创建、读、写等；环境属性通常与主客体无关，可以是时间、日期、系统状态等。

ABAC 的框架如图 5-9 所示。其中，属性权威负责实体属性的创建和管理，并提供属性的查询；策略管理点负责访问控制策略的创建和管理，并提供策略的查询；策略执行点处理访问请求，从属性权威中查询属性信息，基于属性生成访问请求，并将其发送给策略判定点进行判定，然后根据判定结果实施访问控制；策略判定点根据策略管理点中的访问控制策略集对基于属性的访问请求进行判定，并将结果返回给策略执行点。而基于属性的访问请求可以看作对当前访问行为中主体、客体、权限、环境属性的整体描述。若策略管理点中策略所要求的属性没有被基于属性的访问请求所覆盖，则需要由策略判定点从属性权威中再次对这些未覆盖的属性进行查询，从而完成对基于属性的访问请求的判定。

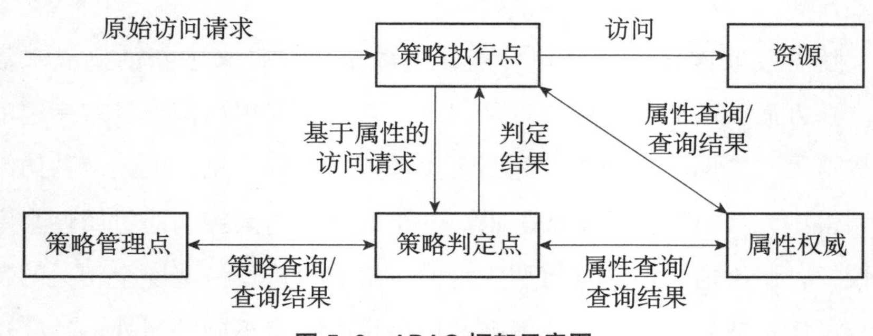

图 5-9　ABAC 框架示意图

5. 基于密码学的访问控制

区别于其他访问控制机制，基于密码学的访问控制依靠算法和密钥对数据进行加密保护，确保数据的机密性。根据采取的加密技术的不同，基于密码学的访问控制模型可以分为时释性加密（timed-release encryption，TRE）、基于角色的加密（role-based encryption）、基于身份的加密（identity-based encryption，IBE）以及基于属性的加密（attribute-based encryption，ABE）等。本部分以基于属性的加密为例进行介绍。

基于属性的加密（ABE）将属性集合作为公钥进行数据加密，即将解密数据的策略用属性的方式进行描述，满足该属性集合的用户才能解密数据，可以实现一次加密、多次共享。目前，ABE 的实现机制有基本的 ABE、基于密钥策略的属性加密（key policy attribute-based encryption，KP-ABE，也称为密钥策略 ABE）和基于密文策略的属性加密（ciphertext policy attribute-based encryption，CP-ABE，也称为密文策略 ABE）。基本 ABE 仅表示门限策略，能够用于策略要求简单的应用场景；KP-ABE 将密钥与访问控制策略关联，CP-ABE 将密文与访问控制策略关联，这两种机制均能够支持复杂策略，在细粒度的数据共享和管理控制方面具有十分广阔的应用前景。ABE 基于密码学来限制访问范围，具有较好的灵活性和可扩展性，并支持细粒度访问控制，因而被广泛应用于开放的大数据环境。

5.2.4 密文检索

大数据场景下数据多集中存储在数据中心的服务器上，为保证云数据的安全性，一种通用的方法是用户首先使用安全的加密机制（如 DES、AES、RSA 等）对数据进行加密，然后将密文数据上传至云服务器。由于只有用户知道解密密钥，而云存储服务提供商得到的信息是完全随机化的，所以此时数据的安全性掌握在用户手中。数据加密导致的直接后果就是云服务器无法支持一些常见的功能，例如，当用户需要对数据进行检索时，只能把全部密文下载到本地，将其解密后再执行查询操作。因此，如何保证在数据安全存储（如密文存储）的情况下进行高效、安全的数据检索，是当今的研究热点之一。

目前，学术界对数据安全检索领域的研究主要集中于密文检索技术。密文检索的目的是使服务器无法获得用户的敏感数据和查询信息，以保护数据和查询信息的机密性。它支持在密文存储的场景下对用户数据进行检索，然后将满足检索条件的密文数据返回给用户。用户可在本地将检索结果解密，从而获得数据的明文。根据应用场景和实现技术的不同，密文检索主要分为对称可搜索加密（symmetric searchable encryption，SSE）和非对称可搜索加密（asymmetric searchable encryption，ASE）两大类。

1. 密文检索基础

一个密文检索方案包括三个角色：可信的数据所有者 O、半可信的数据存储服务器 S 和被授权检索数据的用户集合，各方任务如下：

1）数据所有者：数据所有者将数据 $D=\{D_1, D_2, \cdots, D_n\}$false 和关键词存储到服务器，数据所有者需要以特定的方式对数据和关键字进行加密，以方便之后的检索，然后将密文发送到服务器。

2）用户：如果被授权的用户想要访问包含特定关键词的数据，他必须向服务器提交基于该关键字的陷门（又称搜索凭证），服务器根据陷门检索相关数据。

3）服务器：服务器从用户接收一个查询关键字的陷门，并对密文进行搜索，然后将相关数据返回给用户。我们假设服务器是诚实但好奇的，这意味着服务器会遵循协议，但它可能会分析接收到的数据并尝试获取一些附加信息。

在密文检索方案中，存储在服务器上的文档和关键字的安全性应该得到保证，请求关键词的安全性也应该得到保证。因此，以下两个安全内容应该被保护：

1）检索模式：检索模式是指任何可以区分两个检索结果是否来自同一个关键词的信息。

2）访问模式：访问模式被定义为检索结果的序列 $(D(w_1),\cdots,D(w_n))$false，其中 $D(w_i)$false 是 $w_i$false 的检索结果，换言之，$D(w_i)$false 是 Dfalse 中包含关键词 $w_i$false 的数据集合。

2. 对称可搜索加密

对称可搜索加密中数据的所有者和检索者为同一方，数据存储于第三方服务器。对称可搜索加密模型中用户向存储系统发起隔离和隐藏的查询，隐藏查询和隔离查询的原则是不允许服务器了解除密文外的信息。查询基于陷门来进行，陷门是基于密钥生成的。典型的对称可搜索加密算法如下：

1）Keygen：数据所有者执行的密钥生成算法，生成用于加密数据和索引的密钥。

2）BuildIndex：数据所有者执行的索引生成算法，为数据建立索引，将密钥和数据作为输入，生成数据密文索引，并将加密后的数据本身和索引上传到服务器。

3）GenTrapdoor：数据所有者执行的陷门生成算法，将密钥和检索关键词作为输入，输出基于检索关键词的陷门。

4）Search：服务器执行的检索算法，将服务器端存储的数据密文索引和接收到的用户陷门作为输入，输出满足条件的密文结果。

典型的对称可搜索加密的核心与基础部分是单关键词检索，目前可根据检索机制的不同大致分为三大类：基于全文扫描的方法、基于文档—关键词索引的方法以及基于关键词—文档索引的方法。此外，在单关键词 SSE 的基础上，人们还更为深入地研究了多关键词检索、模糊检索、Top-k 检索、前向安全检索等检索方法。

3. 非对称可搜索加密

非对称可搜索加密模型中数据所有者和数据检索者不是同一方，数据所有者可以是了解公钥的任意用户，数据检索者只能是拥有私钥的用户。典型的非对称密文检索算法如下：

1）Keygen：数据检索者执行的密钥生成算法，生成公钥 A_{pub} 和私钥 A_{priv}。

2）BuildIndex：数据所有者执行的公钥加密算法，根据数据内容建立索引，并将公钥 A_{pub} 加密后的索引和数据本身上传到服务器。

3）GenTrapdoor：数据检索者执行的陷门生成算法，将私钥 A_{priv} 和检索关键词作为输入，输出基于检索关键词的陷门，然后发送给服务器。

4）Search：服务器执行的检索算法，将数据检索者的公钥 A_{pub}、陷门和本地存储的索引作为输入，进行协议所预设的计算，最后输出满足条件的搜索结果。

目前，非对称可搜索加密领域主要包括三种典型构造：BDOP-PEKS、KR-PEKS 和 DS-PEKS，这些方案的特点是其构造都基于某种基于身份的加密体系。

5.2.5 数据传输

数据安全传输技术基于传统的通信保障技术手段实现数据的安全传输，下面介绍 IPSec 和 SSL 两种安全传输协议。

1. IPSec

互联网安全协议（Internet Protocol Security，IPSec）是一个工业标准网络安全协议，是通过对 IP 协议的分组进行加密和认证来保护

IP 协议的网络传输协议族，可以防止 TCP/IP 通信被窃听和篡改。

IPSec 不是一个单独的协议，它给出了应用于 IP 层上网络数据安全的整体体系结构，规定了如何在对等层之间选择安全协议，确定安全算法和密钥交换，提供数据加密、数据溯源、访问控制等安全能力。IPSec 主要由以下协议组成：

①认证头（authentication header，AH）：验证 IP 数据包的默认值、头部格式以及与认证相关的其他条款，为 IP 数据包提供无连接数据完整性、消息认证以及防重放攻击保护；

②封装安全载荷（encapsulating security payload，ESP），加密 IP 数据包的默认值、头部格式以及与加密封装相关的其他条款，提供机密性、数据源认证、无连接完整性、防重放和有限的传输流机密性；

③安全关联（SA），提供算法和数据包，提供 AH、ESP 操作所需的参数。

④密钥协议（IKE），提供对称密码的钥匙的生存和交换。

IPSec 通常结合认证和加密机制来保证数据的安全传输。认证用于使接收方确认发送方的身份并防止数据传输过程中被非法篡改，加密用来保证数据的机密性。在实际 IP 通信过程中通过选取合适的 AH 或 ESP 协议即可保证传输数据的安全。

2. SSL/TLS

安全套接字协议（Secure Sockets Layer，SSL）是一个建立在 TCP 协议上的提供端到端数据传输保护机制的协议，传输层安全（Transport Layer Security，TLS）是 SSL 的继任者，其目的是提出一种 SSL 版本的互联网标准，其实现原理和 SSL 非常相似。

在数据的传输过程中，可以通过选择适合的 SSL 证书对传输中的敏感数据进行加密。SSL 证书可加密隐私数据，使攻击者无法截取到用户敏感信息的明文数据。一份 SSL 证书包括一个公私钥对。公钥用于加密信息，私钥用于解密。当用户端的浏览器指向一个安全域时，SSL 同步确认服务器和客户端，选取加密方式并创建会话密钥来启动安全会话，以保证消息在传输过程中的隐私性和完整性。

SSL 协议是一个分层协议，主要由两层构成：上层包含握手协议、密码变更协议、告警协议，以及应用层数据；下层为记录协议，用以封装上层的各种协议信息，结构如图 5-10 所示：

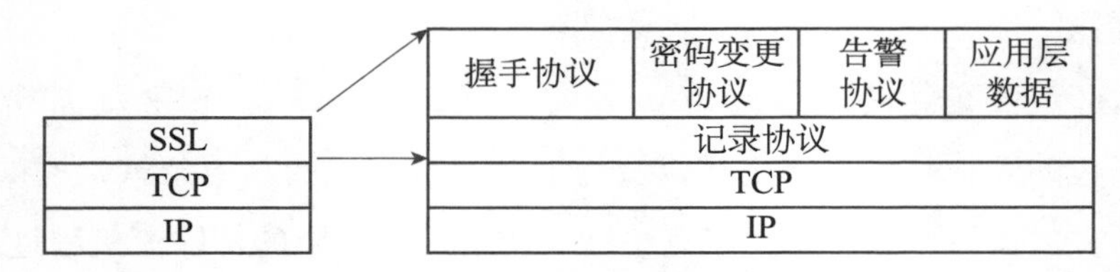

图 5-10　SSL/TLS 协议结构

记录协议主要通过对上层数据的分割、压缩、添加消息摘要、对称加密，以及添加记录头标等处理方式，保证了数据传输的保密性、完整性以及身份认证的功能。

握手协议在通信双方建立起安全的数据通道之前协商相关的安全参数，包括加密算法、摘要算法、服务器端认证、客户端认证（可选）、双方共享密钥信息等。其中交互密钥信息步骤中最为重要的就是交互预主密钥信息，之后的所有安全密钥都将由该密钥派生出来。预主密钥的交互大致可以分为两种，即 RSA 方式和 D-H 密钥交换方式，前者的预主密钥由客户端产生并通过服务器端提供的公钥信息制成数字信封传递给服务器，后者的预主密钥则是客户端和服务器端协商得到的。

密码变更协议主要用来通知对端相关密钥参数的更改信息，使得通信双方的秘密共享信息保持一致。

告警协议则用于通知对端相关的安全参数错误，告警级别分为三层，即警告、致命和终止。

5.3　隐私保护技术

数据隐私保护同样贯穿于数据获取、数据存储、数据共享、数据利用等数据全生命周期各个环节。与数据安全保护主要基于密码学技术实现数据机密性、完整性、可用性和不可否认性的关注点不同，隐私保护技术更关注数据的匿名化特征，防止攻击者将获得的公开数据与个人身份信息进行唯一、确定性的关联。本节主要介绍几种具有代表性的隐私保护技术，包括：数据共享阶段的 K– 匿名技术及其变种，集中式差分隐私技术；数据利用阶段的同态加密技术，安全多方计算技术；数据获取阶段的匿名通信技术，本地差分隐私技术等。

5.3.1　K– 匿名及变种

K– 匿名最早是由 Sweeney 等人提出的一种隐私保护模型，由于其直观的模型解释、相对低开销的实施成本被谷歌、英特尔等众多国际知名 IT 公司所采用，作为其数据发布、数据共享环节的一种隐私保护技术。

K– 匿名模型的核心思想是通过将每条个人记录信息隐藏在一组具有相似属性值的人群记录中来达到隐藏当前个人隐私的目的，避免当前记录所对应的个人被攻击者唯一识别出来。

K– 匿名模型首先将用户属性划分为三大类：

1）唯一标识属性：表示能够唯一识别出个人身份的属性信息，包括身份证号、社保号、校园一卡通号等。

2）准标识属性：单独使用该信息不足以唯一确定个人身份，但是可以通过关联其他准标识信息实现个人身份范围的快速缩小与最终锁定。例如邮政编码、行政区、出生日期、年龄、性别等。

3）敏感属性：也称为隐私信息，是指不希望被别人所知的信息，包括个人健康状况信息、个人工资信息、个人信仰、政治党派、家庭成员状况信息等。

为了实现数据发布与共享过程的隐私保护，K– 匿名模型在数据发布之前首先对唯一标识属性进行删除或者模糊化处理，防止基于此类属性的直接个人身份识别。随后针对准标识属性进行泛化处理，根据实际场景下的隐私保护需求，将低级别的具体准标识符信息逐次泛化为更高级别的抽象标识符信息（图 5-11 展示了一种针对年龄属性的多层级泛化方式）。通过逐层泛化，当所有准标识属性列中至少有 *K* 条记录拥有完全相同的泛化后属性值时，即称当前数据集实现了 K– 匿名化。

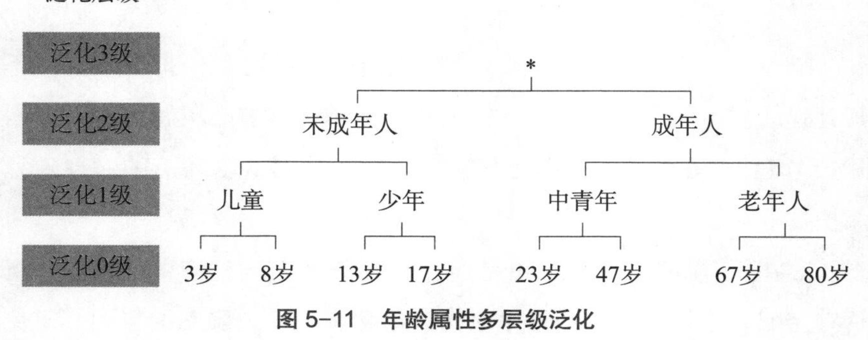

图 5-11　年龄属性多层级泛化

尽管 K– 匿名化模型能够保证攻击者无法将单条匿名化信息映射到个人唯一身份标识上，但仍存在多种攻击方式能够从 K– 匿名化数据集中提取出个人隐私信息，这些攻击方式包括：

1）同质化攻击：如果某个泛化后的 K– 匿名记录组内所有敏感属性值是相同的，那么攻击者无须精确识别数据记录与个人标识间的对应关系即可获知目标个人的该项敏感属性值。

2）背景知识攻击：如果某个泛化后的 K– 匿名记录组内所有的敏感属性值并不完全相同，但是攻击者能够根据自身掌握的额外信息排除记录组内少量的差异性敏感属性值，那么也能够挖掘出个人敏感隐私信息。

为了应对上述针对传统 K– 匿名模型的攻击方案，学术界又提出了多种改进模型以实现模糊化程度更高的数据隐私保护，包括 l– 多样性模型、t– 贴近性模型等。

l– 多样性模型的核心思想是在 K– 匿名模型的基础上进一步要求被发布数据集的每个等价匿名分组中至少存在 l 个不同的敏感属性值，多样性 l 取值越大，攻击者越难以恢复出实际目标个体的准确敏感属性取值，从而能够在一定程度上对抗同质化攻击以及背景知识攻击，表 5-1 展示了一个实现 3– 匿名与 2– 多样性脱敏处理的病人档案数据。

表5–1　3–匿名模型与2–多样性模型处理后的病例数据

所在区	年龄	疾病
海淀	4*	胃溃疡
海淀	4*	支气管炎
海淀	3*	心脏病
海淀	4*	胃溃疡
海淀	3*	乙肝
海淀	3*	阑尾炎

t– 贴近性模型则更进一步，通过约束敏感属性值在整个数据集中的分布与每个泛化后 K– 匿名等价类中的分布差异不超过阈值 t 来取得更高安全性的反匿名化效果。

除了上述介绍的基于泛化技术手段实现的 k– 匿名等价类模型，经典的隐私保护技术手段还包括但不限于以下几种：

1）隐藏：通过将无须公布的敏感属性值置空或者替换为常数值

的方式实现数据隐藏。

2）置换：基于置换转换表将原始属性值映射到新值中以实现数据隐藏，只有拥有置换表的数据发布机构才能实现数据逆置换，恢复原始数值。

3）调换：在不改变数据内容的前提下，通过改变数据的所属个体的方式实现数据的隐藏。

4）截断：将属性值的末尾数据或前缀数据进行删除以实现数据隐藏。

5）扰动：在数据发布之前对数据添加相应噪声，包括添加固定偏移量、随机增减数值等方式，干扰攻击者区分真实数据以及带噪声的数据。

6）数据剪裁：数据剪裁的核心思想是将属于不同用户的数据记录在水平或垂直方向进行分组与剪裁，通过将数据分开发布的方式保证攻击者无法从碎片化的发布数据中找出特定目标对象对应的敏感信息。

5.3.2 集中式差分隐私技术

差分隐私技术根据应用场景的不同分为集中式差分隐私以及本地差分隐私两大类。

集中式差分隐私技术最早由微软研究院硅谷实验室首席研究员 Dwork 和哈佛大学教授 Mckay 等人于 2006 年提出，是一种有效限制和量化个人隐私信息泄露的信息保护输出模型。在集中式差分隐私机制的保护下，数据共享机构或组织无须发布其所掌握的原始数据资料，而是通过在用户查询的响应信息中添加随机噪声的方式来保护个人隐私数据。

通过使用随机算法向用户查询结果中添加随机噪声的方式，集中式差分隐私技术能够保证任意个人的数据信息不被泄露。更形式化地说，假设我们将已有的数据库集合记为 D，将与 D 集合仅相差一条数据记录的数据集记为 D'（这里的单条数据记录差异可以由 D 集合中针对任一数据记录的增删改操作产生，称 D' 为 D 的邻近数据集合）。如果随机算法针对 D 和 D' 所产生的带噪输出结果拥有相近的概率分布，那么攻击者就难以判断当前获得的查询结果来自哪个具体的数据集合。换言之，对于任意一条数据记录，攻击者所获得的带噪声查询结果可能来自包含此条数据记录的数据库集合，也可能不是。因此，攻击者无法判断该数据记录是否真实地存在于原始数据库集合 D 中，即无法从中获取个人的隐私泄露信息。基于上述差分隐私信息保护思想的集中式差分隐私模型定义如下：

假设随机算法为 M，M 的所有可能输出结果构成的集合为 P_M。如果对于任意的邻近数据集合 D 与 D' 以及 P_M 的任意子集 S_M，M 满足下式，则称 M 提供了 ε– 差分隐私保护。

$$\frac{\Pr[M(D)\in S_M]}{\Pr[M(D')\in S_M]}\le \exp(\varepsilon)$$

上述公式第一次将差分隐私算法对数据的隐私保护程度进行了有效的量化，要求所选择的随机算法 M 能够保证任意查询输出值与来自任意相邻数据集的输出值的概率比值不超过给定的特定阈值 $\exp(\varepsilon)$。其中 ε 称为隐私保护预算，反映了算法 M 能够提供的数据隐私保护程度。ε 取值越小，原数据集与邻近数据集 D 与 D' 的输出概率分布的差异性越小，隐私保护程度越高。

从集中式差分隐私模型的定义中可以看出，实现差分隐私的核心在于构造随机噪声添加算法 M 以实现相似的邻近数据集与原始数据集查询输出分布。在目前的学术研究中，针对数值型与非数值型输出的隐私保护通常利用拉普拉斯噪声添加算法以及指数噪声添加算法来实现。

拉普拉斯噪声添加算法通过在数值型输出上添加随机噪声来保护原始查询的输出结果，而添加的噪声应服从拉普拉斯分布。定义 Lap(b) 为尺度参数值为 b、位置参数值为 0 的拉普拉斯分布，该分布的概率密度函数如下：

$$p(x)=\frac{1}{2b}\exp\left(-\frac{|x|}{b}\right)$$

通过调节尺度参数 b，可以控制拉普拉斯分布的噪声大小，进而达到差分隐私保护预算 ε 的目标取值结果。图 5-12 显示了不同尺度参数取值 b 所对应的拉普拉斯分布变化情况。

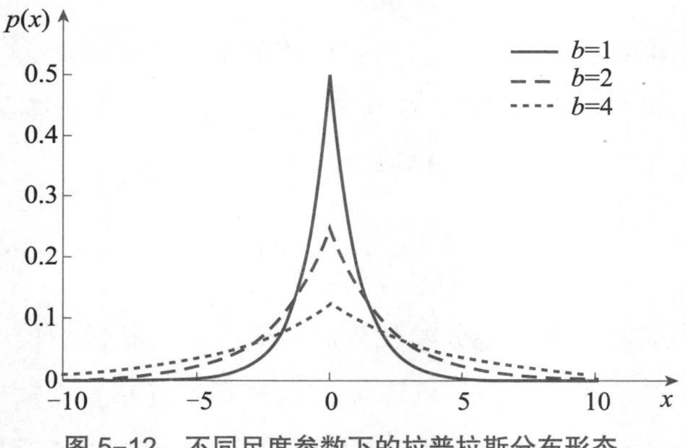

图 5-12　不同尺度参数下的拉普拉斯分布形态

然而在很多实际应用场景中，查询的输出结果往往是非数值型结果。例如，某研究所要评选每年的所级优秀职工，所党委要评选所内的先进党支部。这种场景下的评选结果是王五、赵六这样的个人实体或者第三党支部这样的离散集体结果。这种情况下差分隐私保护就需要基于指数机制来实现。

不同于数值型机制中通过对输出结果加入数值型噪声来实现的差分隐私保护，指数机制的核心思想是当收到一个查询请求后，不再产生确定性的查询应答，而是以一定的概率分布输出所有可能的返回结果，从而达到差分隐私保护的目的，其定义如下：

随机函数 M 的输入数据集记为 D，输出为实体对象 r_i，对于查询 f 的每个输出对象 r_i，有一个打分函数 $q(D,r_i)\rightarrow R$，用以评价输出 r_i 的优劣，Δq 表示打分函数 $q(D,r_i)$ 在原始数据集 D 与邻近数据集 D' 上的打分差值，即敏感度。当随机函数 M 采用下述公式中描述的概率分布产生输出结果时，可以证明随机输出函数 M 能够提供隐私保护预算为 ε 的差分隐私保护：

$$p(M(D)=r)=\frac{\exp\left(\frac{*q(D,r_i)}{2\Delta q}\right)}{\sum_{r_j}\exp\left(\frac{*q(D,r_j)}{2\Delta q}\right)}$$

下面我们以评选先进党支部为例阐述指数机制下的差分隐私保护运行机制。假设现在需要通过投票的方式评选先进党支部，所有选票的原始数据集合为 D，查询函数 f 的目标是获知票数最高的某个最终获选先进党支部 r_i。三个候选党支部的最终得票数情况如表 5-2 所示。

表5-2　三个候选党支部得票数情况

党支部	得票数
第一党支部	50
第二党支部	20
第三党支部	30

随后将打分函数 $q(D,r_i)$ 定义为各党支部所获得的得票数情况。则打分函数敏感度 $\Delta q=1$（所有选票集合 D 中任意增加、删除、修改一票对最终的总得票数的影响仅为 1）。通过将隐私保护预算 ε 设置为 0，0.1，0.5 三个不同的值，可以计算出相应的带噪声随机函数 $M(D)$ 输出分布，如表 5-3 所示。

表5–3　随机函数M（D）输出分布

党支部	ε=0	ε=0.1	ε=0.5
第一党支部	1/3	0.629	0.993
第二党支部	1/3	0.140	0.001
第三党支部	1/3	0.231	0.006

当隐私保护预算 ε 为 0 时，带噪输出函数 M 完全不依据实际投票情况进行响应，等概率输出任意一个党支部为最终的优胜党支部，数据查询结果不具备可用性，隐私保护效果却最优。而当 ε 取值为 0.5 时，带噪输出函数 M 将以极大概率输出实际获胜的第一党支部为查询结果，查询响应结果可用性较高，但隐私保护效果却不佳。

通过调节隐私保护预算 ε，数据共享机构能够找到满足自身隐私保护要求的隐私保护预算值，在用户隐私保护与共享数据可用性两方面寻找最佳平衡。

5.3.3　本地差分隐私技术

上面介绍过的集中式差分隐私技术主要关注在拥有可信数据管理第三方的场景下如何针对汇聚数据添加相应的噪声扰动，再进行共享与发布，以防止个人信息泄露。本地差分隐私的应用场景则拥有更加苛刻的条件，该场景假定拥有隐私信息的用户在没有可信数据管理第三方或者不相信除自身以外任何第三方的前提条件下仍然能够在自身数据被收集时确保个人隐私信息安全。

Kasiviswanathan 等人于 2008 年的 IEEE FOCS 会议上最先提出了本地差分隐私技术，该技术的一项热门应用是挖掘统计意义上的用户热门选项。举例来说，互联网服务提供商常常希望通过网络问卷调查的方式了解目前大多数用户的关注热点（但不关注任何单一个体的关注热点），以便能够更具针对性地提供定制化的应用服务。用户为了获得更优质的服务，一方面，乐于参与这样的调查活动，另一方面，也希望自己的个人调查问卷内容得到保护。本地差分隐私技术为这种热门选项统计应用场景提供了实现的可能。

目前差分隐私领域的两大最重要的奠基性成果分别是 2014 年提出的 Rappor 协议以及 2015 年提出的 SH 协议。

Rappor 协议由谷歌的 Erlingsson 等人设计并开发，并且已经成功地应用在谷歌浏览器中进行用户隐私信息的收集。Rappor 协议的第一步，在本地将用户的待采集数据通过布隆过滤器（Bloom filter）映射到定长的二进制序列中，随后基于随机应答（random response，RR）协议的两次随机比特翻转过程实现用户终端数据的随机化处理。第二步，数据采集者通过汇总所有用户上交的随机化二进制序列，基于本地随机化步骤中 RR 协议预设的随机化概率对统计信息进行随机化修正，从而获得大数据量情况下所有候选项全集的近似投票频数，进而排序获得最热门选项的统计结果。

SH 协议则是由 Bassily 等人在 STOC'15 会议上提出的，其与 Rappor 协议的不同点在于，SH 协议仅对用户赞成的候选项结果进行随机应答，而对其他候选项执行概率为 50% 的随机支持响应，有效提高了本地化数据处理的效率。同时后续的改进版本又通过引入 Hash（哈希）函数等方式将用户向服务器端发送的信息量压缩为 1 比特，从而极大地提高了 SH 协议的信息传输效率。

5.3.4　同态加密技术

在大数据、云计算时代，用户时时刻刻都在产生大量的个人隐私数据。从用户主动上传到云端网盘的个人工作、学习资料数据，到日常购物产生的历史订单数据，再到手机 App 随时记录的用户浏览数据、位置轨迹数据，这些海量的个人隐私数据往往最终都汇聚到服务提供商建设的各地数据中心，进行集中化的存储与管理。用户在关心这些数据如何被更好地利用以便为自身提供各种定制化的便捷服务（数据共享、商品推荐、路线规划等）的同时，也十分关注自身上传数据的安全性问题以及隐私保护问题。

传统上由于服务提供商的各类查询功能、分析工具只能针对明文数据开展计算与统计分析，因此用户不得不牺牲自己的隐私信息才能换取服务提供商开放的各种定制化服务。更糟糕的情况是，这种用户隐私的牺牲是完全不可逆的，即使用户最后由于某种原因终止了自己与各类服务提供商之间的服务与被服务关系，在相当长的一段时间内，服务商仍然能够在用户毫不知情的情况下分析、使用这些历史存量数据。为了解决上述困境，学术界对同态加密技术开展了深入研究。

同态加密技术与传统加密技术的最大区别在于，同态加密技术允许直接在加密结果上直接进行相关计算，密文计算结果与直接针对明文数据进行计算之后再进行加密的结果完全相同。这就意味着用户能够放心地将自己拥有的隐私数据加密后再提交给云端服务商，服务商在不知晓用户隐私数据的前提下直接对密文数据进行计算、分析，并将密文计算结果以及提供的相应服务返回给终端用户，用户在终端解密数据后即可获得正确的数据计算结果，而在整个数据流动过程中，用户的个人隐私信息却完全没有泄露给第三方服务提供商。

图 5-13 显示的是，基于同态加密技术，第三方服务提供商能够基于某公司员工提交的加密工资单数据为公司财务提供查询员工平均工资服务的整体流程示意图。

根据对加密数据进行运算的种类以及运算操作次数的限制不同，同态加密方案可以被分为三种类型：

1）部分同态加密方案（PHE）：该方案只允许对加密数据执行一

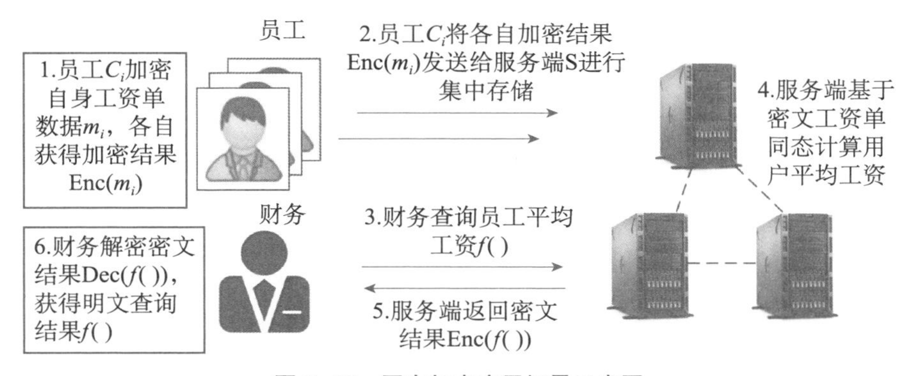

图 5-13　同态加密应用场景示意图

种操作运算，但运算次数不限；

2）类同态加密方案（SWHE）：允许对某些类型的操作进行有限次数的操作运算；

3）全同态加密方案（FHE）：允许无限次数的操作。

一方面，PHE 方案被部署在一些只包括加法或乘法运算的特定应用程序中，如电子投票应用或私人信息检索应用 PIR，这些应用受到同态求值运算类型的限制。另一方面，SWHE 方案同时支持加法和乘法。然而，在第一个 FHE 方案提出之前，SWHE 方案中的加密密文的大小会随着每一次同态操作而增长，因此允许的最大同态操作数是有限的。这些问题限制了 PHE 和 SWHE 方案在实际应用中的使用。最终，基于云的服务越来越受欢迎，加速了 FHE 方案的设计，这些方案可以支持任意数量的同态操作和随机函数。Gentry 的 FHE 方案是第一个可行的且可实现的 FHE 方案。它以数学中的理想格为基础，开创性地提出了基于类同态加密方案构造全同态加密方案的构造思路，即自举（bootstrapping，用同态方案运行自身解密方案）+ 压缩（squashing，压缩解密电路深度）。然而，该方案在自举部分，即经过处理的密文中间刷新过程计算成本过高，限制了其在实际应用场景中的可行性。在接下来的几年里又陆续提出了多种后续改进方案，包括 2011 年 Brakerski、Gentry 等人构造的 BGV 方案，Gentry、Sahai 等人在 2013 年美密会上提出的基于格密码 LWE 问题的全同态方案，2015 年欧密会上 Ducas 和 Micciancio 提出的能够将自举过程的时间压缩到 1 秒以内的双层全同态方案等。

5.3.5 匿名通信技术

随着网络应用的迅速发展，通信过程的隐私保护越来越受到人们的重视。虽然端到端加密可以保护通信的数据内容不受非法第三方的访问，但它无法隐藏两个用户正在进行通信这件事情本身。攻击者仍然可以了解有关网络和物理实体上传输的重要信息，例如发送方和接收方的网络，或者端到端的源地址和目的地址。网络地址的暴露会进一步导致严重的后果，对手可以很容易地截获所有数据流量并执行流量分析。流量分析还可以通过观察在网络中移动的特定数据、匹配数据量或检查巧合事件（例如几乎同时打开和关闭的连接）等方式来完成。因此，需要通过匿名通信技术来保护共享公共网络环境下的通信隐私安全。

匿名通信技术通过将通信会话中的信息收发双方关系、通信链路、通信内容加以隐藏，使得窃听者无法识别或推测出通信双方的通信关系以及具体通信内容，达到匿名通信的最终目标。

现有的关于匿名通信的科学研究主要来自 Chaum 在 1981 年发表的开创性成果“Untraceable Electronic Mail, Return Address, and Digital Pseudonyms”。从那时起，对匿名通信的研究就已经扩展到了众多应用领域，包括匿名邮件、电子投票、军事通信、隐私保护等。

现有的匿名通信系统大致可以分为四大类：基于密码的匿名通信系统、基于路由的匿名通信系统、基于广播的匿名通信系统以及基于对等网络的匿名通信系统。

在匿名通信中密码技术主要被用以对通信内容以及通信实体加以

保护，防止攻击者推断通信双方之间的关系。盲签名和群签名技术是两种匿名通信过程常见的技术手段。其中盲签名可以在用户不知晓待签名数据或内容的前提下实现数字签名，通常用于保障电子商务与电子选举过程的匿名性。群签名则指群体中的个体可以以匿名的方式代表群体对消息进行数字签名，能够实现针对签名者的匿名保护与防抵赖。

基于广播的匿名通信系统主要采用发送广播 / 组播消息的方式来保障通信双方的匿名性要求。DC-Nets 是此类系统的典型代表，能够为发送者提供匿名保障。其主要运作流程如下：在该系统的每个运行周期中，包括真实消息发送者在内的每个系统参与者都向系统内部的每个成员进行消息广播。每个消息接收成员通过分析计算获取的所有广播报文消息能够推算出其中隐藏的发送者的真实消息，但难以获知真实的消息发送者。其他较为知名的广播匿名通信系统还包括 P5 系统以及 Herbivore 系统等。

基于路由的匿名通信系统中最知名的是 1996 年提出的洋葱路由系统。它的基本思想是在通信开始前由消息发送方代理程序向核心代理服务器申请建立一条连接发送方与接收方的洋葱路由链路。随后，消息发送方代理程序根据建立好的洋葱路由节点顺序，利用各节点非对称公钥信息对原始消息进行按序逐层加密。随后在消息路由阶段中，该消息被发送到链路中的首个洋葱路由节点（如图 5-14 所示），此节点利用自身掌握的私钥信息首先解密数据包最外层封装，获得下一跳洋葱路由的 IP 地址，并据此进行消息转发。依此类推，任意一个洋葱链路中的独立节点仅能够解密并获取与其自身相邻的前后两跳节点信息，而不知道数据的来源节点以及目的地节点信息，因此能够实现发送方与接收方匿名通信的目的。后续为了改进第一代洋葱路由在认证及效率等方面的问题又提出了基于 Tor 的第二代洋葱路由技术，其主要在数据包转发机制、数据流量的拥塞控制、数据完整性校验等方面进行了优化升级。

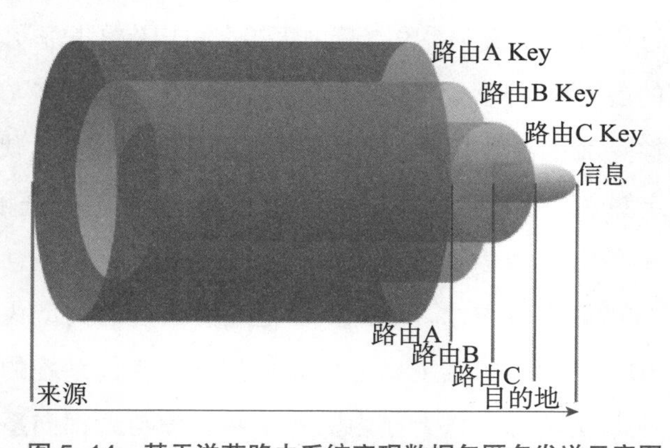

图 5-14　基于洋葱路由系统实现数据包匿名发送示意图

基于对等网络的匿名通信系统中两个经典的例子是 Tarzan 以及 MorphMix。

Tarzan 是由 Freedman 及 Morris 于 2002 年设计的 P2P 匿名通信系统。Tarzan 采用分布式哈希映射算法来进行消息链路中间节点的选择，并通过在发送者与中间节点间依次建立 IP 隧道，实现原始数据在中间节点传输过程中的逐层加解密，以此实现匿名通信。

MorphMix 是另一种用于匿名互联网使用的 P2P 系统。它由 Rennhard 和 Plattner 在 2002 年首次提出。MorphMix 的架构和威胁模型类似于 Tarzan。MorphMix 和 Tarzan 的一个重要区别是，在 Tarzan 中，路由由数据发送者源节点指定，而 MorphMix 中，路由由中间节点选择。启动程序只选择第一个中间节点。然后，匿名通道上的每个节点选择下面的节点。这种设计的优点在于每个节点只需要管理由自身的邻居节点组成的本地环境，因此节点管理复杂度与整体系统的规模相互独立。MorphMix 是一个基于 TCP 连接的应用程序级混合网络，完全在用户空间中操作。在 MorphMix 中，每个参与者同时也是一个混合体。换句话说，所有参与者都是对等节点。这些混合体的集合是一个不可靠的动态节点系统，节点可以在任何时候加入或离开当前的P2P 网络。在 MorphMix 中，每个节点都不知道路径中的前一个节点是发起者还是仅仅是中继节点。因此，MorphMix 可以达到匿名通信的最终目的。

5.3.6 安全多方计算

安全多方计算概念的提出最早可以追溯到姚期智院士（首位华人图灵奖获得者）在 1982 年提出的百万富翁问题。姚式百万富翁问题描述了两位在街头偶然相遇的富翁希望能够在互相不泄露自身财产隐私的前提下获知究竟谁的财产更多。

由此衍生开来，安全多方计算问题可以概述为：相互之间不信任的一组计算参与方各自持有自身私密数据，在缺少绝对可信第三方机构的前提下，如何协商出一个既定函数，使得任一计算参与方只能获得对应于自身的既定函数计算结果输出，而无法获知其他计算参与方的计算结果或输入私密信息。该既定函数实际上模拟了一个理想化的完全保持中立的可信第三方的作用，使得各计算参与方能够在不透露自身私密信息的前提条件下，获得各自希望得到的计算分析结论。

为了方便理解，我们举个更直观的例子。某一天，某广告公司五名员工在午饭时间聊起了单位的工资待遇情况，他们不希望将自己的工资透漏给其他员工，但同时又希望知道他们五人的平均工资情况。有什么好办法呢？经过一番激烈的讨论，他们提出了这样一个巧妙的方法。首先由员工 A 任意选择一个随机数 r，并且保证该随机数只有员工 A 自己知道，其他四名员工均无法获知。随后员工 A 将自己的工资加上该随机数获得 $r+s_1$，发给员工 B。员工 B 收到该信息后继续累加自己的工资 s_2，获得 $r+s_1+s_2$。依此类推，后面的员工继续累加自己的工资，直到第五名员工 E 获得累加后的最终数据 $r+\sum s_i$。最后，员工 E 将该数据发送给首名员工 A，员工 A 将累计数据 $r+\sum s_i$ 减去其掌握的随机数 r 再求平均值，即可获取五名员工的实际平均工资。

当五名员工在参与者之间进行数据传递的过程中，每名参与者除了掌握自身的工资情况以及上一名员工传递给他的累加工资信息之外，均无法推算出其他任一员工的工资，但整套计算流程完成之后所有员工却能够最终获得五名员工的平均工资信息，由此实现了安全多方计算的最终目标。

安全多方计算经过数十年的不断发展，涌现出了众多技术实现方案，下面我们简要介绍三大安全多方计算关键技术，即不经意传输、秘密共享以及混淆电路。

作为安全多方计算的一项重要技术基础，不经意传输描述的是一种信息传输协议流程。在该流程中，拥有两种私密消息 c_0 和 c_1 的发送方 Alice 在与接收方 Bob 进行通信的过程中，Bob 只能唯一地复原出其中的一种私密消息，但无法获知另一种私密消息。而另一方面，作为数据发送方的 Alice 也无法知道 Bob 复原的是哪一种私密消息。

秘密共享技术是安全多方计算的另一项技术基础，其通过将一份完整的秘密信息拆分成多个独立的秘密子信息的方式，将原本完整的秘密信息分散给多个秘密共享参与者进行分散保管，以避免集中式秘密存储过程的高危泄密风险。当需要进行秘密信息复原时，接收方不需要获取所有的秘密子信息，只需要获取其中特定份数的秘密子信息组合即可实现完整秘密信息重构，从而保证完整秘密信息重构过程的入侵容忍特性。

混淆电路技术是一种两方的安全计算协议，其本质是利用布尔逻辑电路来构造与现实中的安全计算函数相同的计算逻辑，同时辅以密码学加解密技术以及不经意传输技术，在保证协议双方私密信息不泄露的前提下完成加密布尔逻辑电路的计算结果输出。

5.4　数据安全与隐私保护相关工具

互联网中的数据安全与隐私保护同样遵循木桶效应，只有从数据产生、数据存储、数据使用到最终失效的全生命周期流程各个环节牢固树立安全与隐私意识，依托数据安全与隐私保护技术，协调数据生产方、数据管理方、数据使用方等数据流通各方角色，共同严格把好防控大门，才能保证在目前暗潮涌动的互联网环境下个人隐私数据、公司内部商业数据、国家机密数据不会落入非法攻击者的手中。

5.4.1　个人数据安全与隐私保护工具

尽管与各大互联网公司相比，用户在个人数据安全以及数据隐私保护方面能够贡献的力量相对较弱，不过仍然能够依托各类在线或离线的现成 App、软件、定制化操作系统实现个人数据的源头防控。

从互联网个人用户的日常网络行为角度出发，个人数据安全与隐私保护工具应当具备以下几种基本功能，以全方位保护个人数据与隐私安全：

1）数据加密功能：通过现代密码学加密算法将个人敏感数据转换为密文数据进行存储、处理或者传输是保证个人数据安全最直接也是最有效的方法。

2）身份认证功能：身份认证功能能够保障不同的数据拥有者仅能够访问其专属数据空间，在完全隔离的数据集中完成个性化数据操作，从而保障其他用户的数据与隐私安全。

3）数据匿名化功能：数据匿名化功能能够保障在共享、传播或发布过程中数据接收方无法根据获取的数据反推出数据的原始拥有者，从而保障数据的原始拥有者的隐私安全。

4）通信匿名化功能：网络通信匿名化功能保障了网络通信双方

的身份私密性，进而能够预防网络攻击者将通信传输数据与通信双方身份进行绑定，能够有效降低通信双方的隐私泄露风险。

5）透明性与易用性：数据安全与隐私保护工具的最终目标是在数据与隐私安全的大框架下满足互联网个人用户数据处理、上网冲浪、通信聊天等基本互联网办公、通信、娱乐需求。因此，尽可能为用户提供安全可靠同时又无感透明的数据安全与隐私保护功能同样是此类安全保护工具需要具备的基本能力。

下面举例说明几种具备上述基本特性，同时又较为流行的个人数据安全与隐私保护工具。

1. 安全与隐私保护操作系统

1）Tails 口袋操作系统。Tails 操作系统（见图 5-15）是一款由“棱镜门”事件主角斯诺登（Edward Snowden）推荐的开源操作系统，它基于 Linux Debian 操作系统进行进一步的开发，专门针对有匿名需求或隐私保护需求的用户进行功能定制。Tails 系统预装了一系列数据加密以及隐私保护工具，包括加密邮件应用 Thenderbird、聊天客户端 Pidgin、强口令创建与管理工具 KeePassXC、安全文件共享工具 OnionShare 等，所有需要联网的操作系统内置应用均强制采用 Tor 洋

图 5-15　Tails OS 官网主页

葱路由网络实现强制性的网络安全与匿名通信，确保系统用户免受第三方的监控与审查。

2）Qubes 是另一个开源免费的面向安全的操作系统，该操作系统的基本构建思路是基于 Xen 虚拟化功能来创建和管理虚拟的隔离域。所有运行在 Qubes 操作系统中的应用程序都运行在由模板虚拟机 TemplateVM 所创建的应用虚拟机 AppVM 中。用户支持按需自定义独立的隔离域，诸如银行域、社交域、工作域、购物域等。各安全域之间尽管支持数据共享，但实际上基于虚拟化技术实现了彼此间的相互隔离，一旦某个安全专区被攻击者入侵，其他的独立安全专区则完全不受影响，从而最大限度上将攻击者的危害限制在最小的范围之内。图 5-16 展示的是 Qubes 操作系统的整体运行逻辑与核心组件。

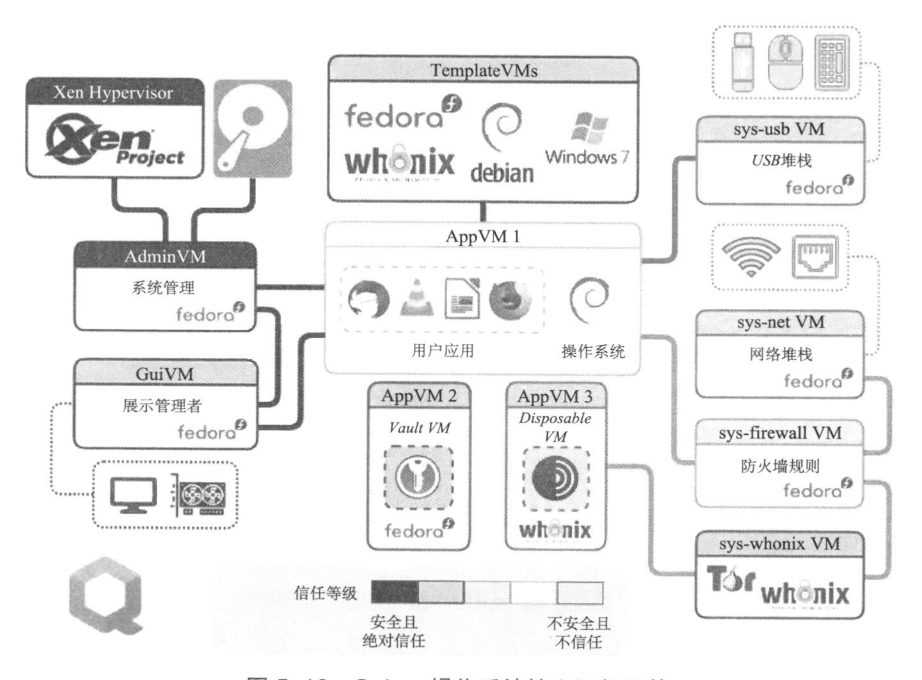

图 5-16　Qubes 操作系统核心运行组件

2. 安全与隐私保护通信工具

Signal 是一款主打安全的即时通信软件，包括约翰斯·霍普金斯大学密码学教授 Matt Green 在内的众多数据安全领域专家都推荐在需要高安全等级保护的通话场景中使用这款通信软件（见图 5-17）。Signal 是由非营利性软件开发团体 Open Whisper Systems 开发的跨平台加密即时通信软件，支持包括安卓、苹果、桌面版等主流操作系统。该软件基于同名 Signal 协议（原 TextSecure 协议）实现通信双方的端到端加密，以确保通信文本、图片、语音以及视频通话的实时安全。此外，Signal 软件还提供了以下功能以保障通信双方的数据与隐私安全：

1）用户能够独立验证与之通信的对端用户身份；

2）用户能够独立验证通信数据通道的完整性；

3）自动设置消息的保留时长，超时即焚。

图 5-17　Signal 官网与官网斯诺登推荐标语

3. 安全与隐私保护邮件工具

1）基于 PGP 的加密邮件系统：PGP（pretty good privacy）是一套能够为数据通信提供身份验证，以及数据机密性和数据完整性保证的加密软件。将它与传统电子邮件系统结合使用可以保证电子邮件发送方与接收方的通信安全。PGP 通过 RSA 或 DSA 等非对称密码算法为邮件添加数据签名，用以确保邮件消息来自预期的发送者；通过消息摘要算法实现数据完整性保证，传输链路中任何数据内容的改变都会导致接收端在验证消息摘要的过程中失败，从而发现潜在的数据篡改行为。基于 PGP 的签名后加密邮件发送流程如下：

①通信双方用户 A、B 首先基于 PGP 软件分别生成各自非对称密码算法公私钥对 PUB-A/PRI-A、PUB-B/PRI-B，随后将各自的公钥 PUB-A、PUB-B 与通信对端进行交换。

②用户 B 首先利用消息摘要算法计算明文邮件内容的消息摘要，随后利用自己的私钥 PRI-B 对消息摘要进行数据签名。

③用户 B 随后随机生成一个对称密码算法的会话密钥 S，并使用该会话密钥加密明文邮件内容以及已签名消息摘要，得到待发送密文。

④用户 B 再利用从用户 A 处获得的非对称公钥 PUB-A 对会话密钥进行加密，并连同密文消息一起发送给用户 A。

⑤用户 A 收到密文消息以及加密的会话密钥数据后首先利用自己独有的非对称私钥 PRI-A 解密得到明文会话密钥，随后再利用明文会话密钥解密密文消息。

⑥在解密后得到的明文邮件内容与用户 B 签名过的消息摘要两部分数据中，用户 A 首先利用用户 B 的公钥 PUB-B 对用户 B 签名的消息摘要进行解密，得到明文消息摘要，如果解密成功，说明消息确实来自用户 B，否则说明消息并非来自真实用户 B。

⑦最后，用户 A 利用与用户 B 相同的消息摘要算法对明文邮件内容计算消息摘要，并与解密后的明文消息摘要进行对比，如果比对结果一致说明消息在传输途中未被篡改，该邮件可以被接收，否则说明消息已被篡改，邮件内容是伪造的，需要被丢弃。

除了保护邮件通信安全与身份认证的功能之外，PGP 软件（见图 5-18）本身还提供磁盘全盘加密、网络共享资料加密、创建自动解压的压缩文档，以及进行资料安全删除等一系列实用的数据安全与隐私保护功能。

图 5-18　PC 版 PGP 软件

2）Zoho 电子邮件系统：Zoho 电子邮件系统是另一种能够保证通信安全的电子邮件收发工具。其曾被美国国家安全局（NSA）列入未能成功破解但对其实现全球监视战略至关重要的应用软件清单中。它由成立于 1996 年致力于在线办公领域的软件公司 Zoho 开发。Zoho 邮箱配备多层安全基础设施保护，采用了国际安全标准和条例的最佳实践方案，内置了多种审计与合规工具，并通过了 ISO/IEC 27001（信息安全管理系统标准）、SOC 2 Type Ⅱ认证（SaaS 提供商在安全性、可用性、处理完整性、保密性和隐私方面的认证）、GDPR 等国际认证。具体说来，Zoho 邮箱借助于 Zoho 在全球分布的 10 大自有数据中心，智能选择海外邮件传输安全链路，为海外邮件的安全收发提供专属数据通道。邮件内容数据则借助静态和端到端的加密技术，结合 S/MIME（安全的多功能网络邮件扩展）协议实现数据安全保护。

4. 安全与隐私保护浏览器工具

Tor 浏览器是在 Tor 项目（见图 5-19）支持下开发的一款数据安全与隐私保护浏览器，是一款为网络流量提供多重加密保护的匿名网页浏览工具。该浏览器主要提供了以下几个方面的数据安全与隐私保护功能：

1）Tor 浏览器会将用户产生的数据包通过由 6 000 余名全球志愿者服务器构成的洋葱路由网络进行加密和转发，从而隐藏数据收发双方的真实地址，规避互联网监控以及网络流量分析。

2）Tor 浏览器会对用户访问过的每个网站进行隔离处理，这样第三方追踪者、广告商就无法通过追踪用户的跨网页点击行为采集用户的隐私信息。此外，Tor 浏览器还会自动删除用户浏览网页过程中暂存的 cookies 信息以保证个人用户数据的安全。

3）Tor 浏览器能够阻止攻击者通过监控网页连接的方式获取用户当前正在浏览哪个网站的信息，Tor 技术保证了攻击者只能识别出当前用户正在使用 Tor 网络这一事实。

4）Tor 浏览器能够伪装你的浏览器指纹和设备指纹，从而保证攻击者无法通过软硬件指纹识别技术唯一地识别出当前用户。

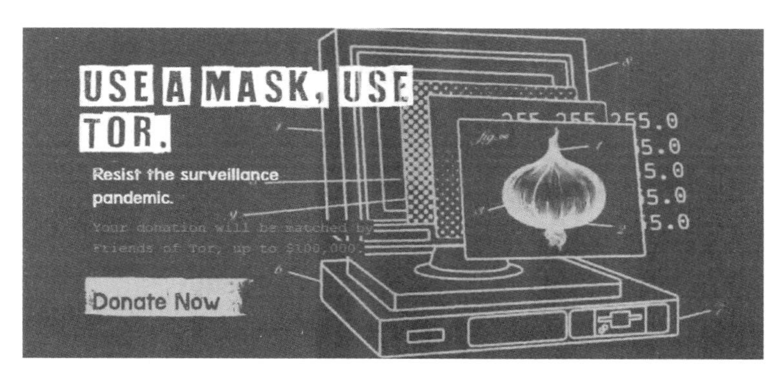

图 5-19　Tor 项目官方网站

5.4.2　企业级数据安全与隐私保护产品

除了上述介绍的各类个人用户可以使用的数据安全与隐私保护工具之外，腾讯、阿里巴巴、McAfee、谷歌等国内外大型互联网公司、安全公司也在积极研发自己的数据安全解决方案或云端数据安全产品，以期能够为广大企业用户提供便捷、高效的数据安全与隐私保护服务。

一般地，这些安全与隐私保护产品或解决方案需要具备以下几种基本能力，以便能够为企业用户提供一站式的数据全生命周期安全防护：

1）数据安全接入与管理能力：在大数据、云计算时代，数据已经成为各大公司的核心资产，研究如何安全有效地为企业客户接入、管理生产经营过程中产生的海量多源异构数据就成为企业级数据安全产品最核心的能力。

2）数据安全脱敏交换能力：数据的价值在于流通，而企业级规模的数据流通、共享就难免需要对其掌握的用户数据进行多重脱敏与匿名化保护，以防止用户隐私数据泄露。因此数据安全脱敏与安全交换功能就成为企业级数据交换产品必备的基本功能。

3）数据安全访问能力：未授权的数据非法访问、不恰当的安全策略配置、考虑不周的应急响应机制都可能造成企业数据资产泄露，带来严重的数据安全威胁。因此，针对企业级数据资产访问进行事前、事中、事后全方位的保护是企业级数据安全产品的基本功能之一。

4）密钥安全管理能力：现代密码学为企业级数据安全提供了坚实的理论与实践基础，而作为密码算法的核心要素，密钥的安全管理与受控访问可以说是整个企业数据安全的根基，因此提供安全的密钥生成、管理、访问机制或解决方案是企业级数据安全与隐私保护产品不可或缺的核心功能。

下面举例说明两种具备上述数据安全与隐私保护能力的企业级产品与解决方案。

1. 腾讯云数盾方案

腾讯云数盾是一款以数据为中心的全流程数据安全解决方案。数盾能够针对企业用户在数据全生命周期内的数据创建、数据存储、数据传输、数据访问、数据使用和数据销毁阶段提供定制化的安全防护技术，通过密码加密、大数据动态加密、身份管理、认证管理、授权管理、实时防护、审计预警等功能的实现，配合腾讯云全流程安全生态环境，提供系统化的安全防护。腾讯云数盾的全景功能概览如图5-20所示，重点关注隐私保护技术、数据库操作审计、量子加密技术三大重点方向。

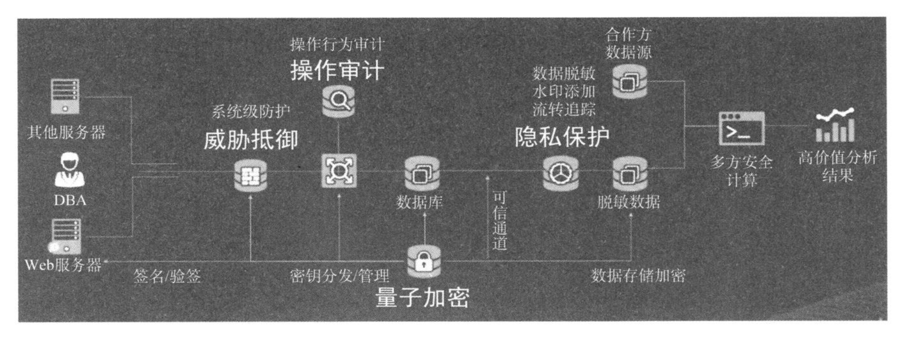

图5-20　腾讯云数盾功能概览

1）数盾隐私保护模块聚焦数据交换环节。配备一键智能脱敏功能，实现从源数据采样、敏感字段发现、脱敏算法选择，到发布脱敏数据的全流程自动化智能处理。

2）数盾数据库审计安全模块聚焦企业外部威胁场景。通过对全量会话进行审计，实现恶意操作的快速溯源、安全事件的深度还原以及问题事故的准确追责。

3）数盾抗量子加密模块。针对量子计算飞速发展导致的传统密码学非对称/对称密码算法密钥安全强度不足的问题，数盾融合多种量子技术来应对量子时代威胁，具体技术包括：抗量子加密算法（PQC）、量子密钥分发（QKD）、量子随机数发生器（QRAND）等，全面提升数据签名、身份认证、密钥协商、加密传输等经典密码算法应用场景的量子计算安全性。

2. 阿里云安全解决方案

阿里云数据安全解决方案参考了数据安全成熟度框架（DSMM），提供了一套以六种数据安全核心能力为中心的完整数据安全解决方案，能够为企业用户提升云上数据安全风险的防御能力。阿里云的整体数据安全解决方案如图 5-21 所示，在该一体化解决方案背景下，阿里云重点建设的相关数据安全与隐私保护产品和服务包括：

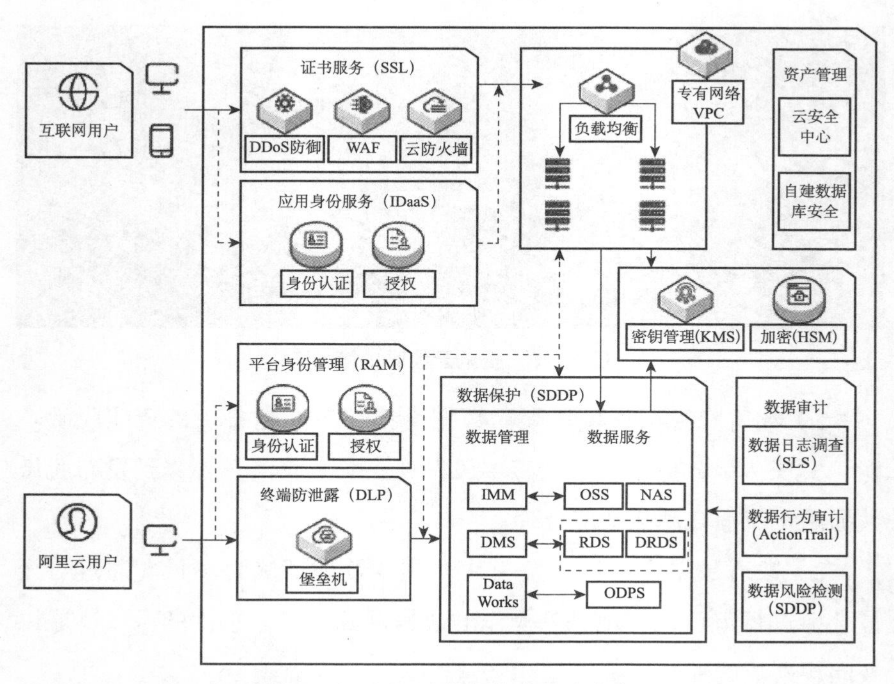

图 5-21　阿里云数据安全解决方案

1）数据采集与治理安全产品：数据采集阶段包括企业内外部系统的数据收集过程。保证海量数据的安全采集与采集后分类可治理是该阶段的重点。为此，阿里云提供了云端敏感数据保护（SDDP）产品。在满足等保 v2.0 二级“安全审计”、等保 v2.0 三级及“个人信息保护”的合规要求的基础上，SDDP 产品为用户提供敏感数据识别、分级分类、数据安全审计、数据脱敏、智能异常检测等数据安全能力。

2）数据传输安全：数据传输阶段指的是数据从发送方传输到接

收方的过程。对于来自互联网的访问，阿里云提供了 SSL 证书产品，为企业用户、网站和移动应用提供 HTTPS 保护，对网站流量进行加密，防止数据被窃取，防止发生中间人攻击。

3）密钥管理安全：阿里云提供密钥管理服务（KMS）实现对数据安全保护核心要素的加密密钥的管理。基于该 KMS 服务，用户能够实现密钥使用情况的全方位掌握，完成基于自动轮转策略的密钥配置，同时支持利用托管密码机自身拥有的各类国内、国际认证资质，实现企业自身的监管合规需求。

4）数据访问安全：阿里云提供权限管理服务（RMS）和应用身份服务（IDaaS），具备包括应用管控、统一账号管理、多因子身份统一认证、用户行为透明审计、集中授权等主要功能。

5）资产管理安全：阿里云提供云安全中心服务来实现数据资产的安全管理。云安全中心能够提供实时识别、威胁分析、安全预警等云端功能，同时具备防篡改、防病毒、合规性检查等安全能力保护云上资产安全。

其他类似的数据安全与隐私保护产品或解决方案还包括 McAfee 公司的云 / 数据库 / 网络 / 终端数据安全组合产品、亚马逊云系列安全服务、微软数据信息保护方案等，限于本章篇幅不再一一展开介绍。

5.5　区块链技术

5.5.1　区块链技术概述

1. 区块链的起源与发展

区块链技术来自化名“中本聪”的作者于 2008 年在密码朋克社区发布的《比特币：一种点对点的电子现金系统》技术论文及其后

续原型实现。随着比特币等虚拟货币在全球范围内的蓬勃发展，区块链技术作为底层支撑技术，也得到了业界与各国政府的广泛重视，并被视为继互联网之后最有潜力的颠覆性技术革命。比特币是一种基于对等网络的虚拟货币，用户之间不需要银行、国家机构等可信第三方参与，就可以通过比特币网络进行安全的转账操作。经过十多年的发展，虽然比特币尚未完全实现“中本聪”最初的构想，但是展现了强大的生命力和影响力，特别是区块链作为比特币的关键技术，不仅可以用于数字货币和金融领域，还可以有更为广阔的应用。

《区块链：新经济蓝图及导读》的作者梅兰妮·斯万（Melanie Swan）将区块链的应用定义为三个阶段：第一阶段是以比特币为代表的区块链在虚拟货币领域的应用；第二阶段是区块链依托智能合约技术在金融领域的应用；未来的第三阶段是区块链在货币、金融领域之外各个领域的广泛行业应用。

比特币等虚拟货币是区块链的首类成功的应用，总数超过几千种，主要币种被经美国证监会批准的投资机构大量持有，被 PayPal 等流行的移动支付应用所支持，也被部分流量最高的视频网站作为支付手段。区块链也很自然地从虚拟货币的单一应用扩展到金融服务领域，如证券银行、资产管理、贸易融资、反洗钱业务等方面。区块链具有不可篡改、去中心、分布式高冗余储存、安全和隐私保护、自动执行智能合约等特点，其中区块链的可编程特性可以提高证券交易与金融服务的效率，不可篡改的特性对资产管理进行了革新。有鉴于此，金融机构和提供信息技术服务的企业较早地进入了区块链行业。2015 年 10 月，美国纳斯达克公布了基于区块链构建的证券交易平台 Linq，高盛、摩根大通、瑞银等华尔街巨头也各自成立区块链实验室，进行区块链相关技术的研究。从 2016 年开始，我国一些金融机构也开始涉足区块链技术及其应用，蚂蚁金服、腾讯以及多家银行均开始使用区块链技术解决问题，并取得了不错的成绩。同时，国内外先后成立各种区块链产业联盟，推动了区块链技术的发展与应用。2015 年，R3 区块链联盟在纽约成立，致力于研究和发现区块链技术在金融业中的应用，至今已吸引 42 家知名银行参与。同年，超级账本（Hyperledger）项目依托 Linux 基金会成立，目的是共同建立并维护一个跨产业的开源区块链技术平台。我国也先后成立了中国分布式总账基础协议联盟（ChinaLedger）、金融区块链合作联盟（金链盟，FISCO）和区块链微金融产业联盟（微链盟），推动了区块链在金融领域的发展。

区块链还可以应用于供应链管理、医疗教育、社会公益和政府管理等各种领域。在供应链管理领域，区块链可以对链上数据进行溯源查证，使得从原材料到制造、测试和成品的生产链变得更加透明。在医疗领域，电子健康病例是区块链最重要的应用，区块链的时间戳、不可篡改等特点可以确保医疗信息的真实性和完整性。在社会公益领域，区块链的不可篡改性和高透明度可以有效减少成本，使援助流程更高效，同时可以提高援助资金的可追溯性和可信性，可以让社会公益的运作“在阳光下进行”。在政府管理领域，区块链可以应用到数字身份、电子存证、产权登记、数据共享等场景，还可以应用到选举投票，区块链的不可篡改性能够高效率、低成本地完成政治选举，同时提高了投票选举的透明度。

随着区块链技术的蓬勃发展，各国对区块链技术及其应用的态度逐渐从观望转向鼓励，并越来越积极地进行更多尝试。2018 年，日本推出沙盒制度，以加快区块链、人工智能等新技术的创新与应用。同年，欧洲议会呼吁采取措施推进区块链在商业中的应用。2019 年，韩国政府颁布政策，将区块链技术纳入“研究与开发税收减免”领域。同年，美国参议院批准了《区块链促进法案》。我国早在 2016 年就发布了《中国区块链技术和应用发展白皮书》，之后各地也陆续出台了关于区块链的政策指导意见文件，对区块链技术给予了高度关注。2019 年，区块链技术已经上升为我国的国家战略。据国际数据公司（IDC）的报告显示，2020 年全球用于区块链解决方案的支出接近 43 亿美元，比 2019 年增长了 57.7%，其中美国、中国和欧洲在区块链支出方面排名前三。IDC 预测，2018—2023 年间，亚太地区 5 年复合年增长率为 55.3%，全球为 57.1%，到 2023 年，全球区块链支出将达到 144 亿美元。同时为了避免区块链技术被人利用，给社会带来不利影响，我国也出台了相关的监管政策。2019 年，国家互联网信息办公室发布《区块链信息服务管理规定》，为区块链的监管提供了有效的法律依据，至 2020 年末有四批共 1 015 个境内区块链信息服务进行了备案并取得备案编号。

2. 区块链系统的分层结构

虽然不同区块链系统的功能定位和实现方式不同，但是整体上结构相似，如图 5-22 所示，典型的区块链系统可以从整体上划分为网络层、共识层、数据层、合约层、应用层共五个层次。

其中，网络层包括区块链系统的组网方式、消息传播协议和数据验证机制等。消息传播协议和数据验证机制保障网络中每个节点均可以参与数据的正确性验证和记录。区块链通常采用对等网作为网络结构，网络中的所有节点地位对等，以扁平拓扑相互连通，每个节点均可以参与验证、传播等过程，实现了去中心化的结构。新的区块数据生成后，生成该区块的节点将其广播到全网其他节点，其他节点加以验证，这就是数据传播协议。以比特币网络为例，传播协议主要包括如下步骤：交易节点将新的交易数据在全网进行广播；其他节点在接收到交易数据后，将其打包在一个区块数据结构中；节点通过大量计

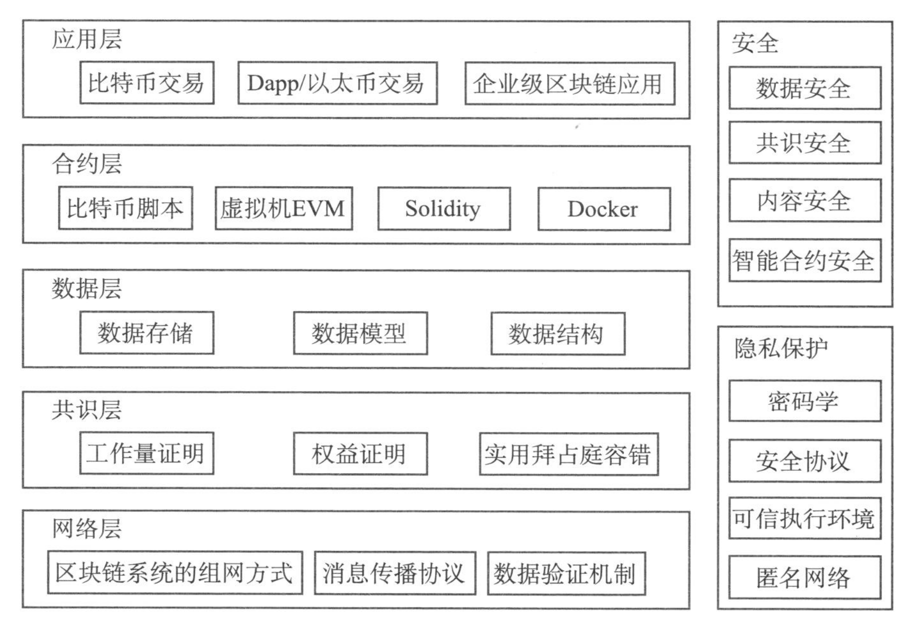

图 5-22　区块链层次结构

算找到符合难度要求的工作量证明；找到工作量证明的节点就向全网广播该区块；其他节点验证区块中交易的合法性与该区块的合法性；若验证成功，则接受该区块。不同的区块链系统一般会根据不同的应用需求，对上述数据传播协议进行调整，例如以太坊的“幽灵协议”可以解决区块生成速度快导致的区块作废率高的问题。

区块链是一个分布式的系统，如何在一个高度分散的分布式系统中高效地达成共识，在所有节点写入一致的数据，是共识层要解决的主要问题。区块链共识层采用的共识协议主要包括工作量证明（Proof of Work，PoW）、权益证明（Proof of Stake，PoS）和实用拜占庭容错（Practical Byzantine Fault Tolerance，PBFT）等。PoW 共识协议就是通过各节点的算力竞争来保证数据一致性。各节点基于自身算力竞争解决同一个计算难题，首个解决该问题的节点将获得区块记账权并获得奖励。随着参与节点算力的增加，PoW 要耗费大量能源来求解难题，比特币消耗电能的成本占其生成比特币价格的60%以上，某些时候甚至超过100%，2019年比特币网络的电能消耗甚至超过一些国家的全国电能消耗，随着比特币、以太坊等币值的持续上涨，其消耗的能源还会持续增加。为了解决这些问题，出现了PoS共识协议。PoS是用权益证明来代替工作量证明，由系统中权益最高的节点获得区块记账权。权益体现在节点对特定数量虚拟货币的所有权上，是特定数量虚拟货币与这些虚拟货币持有时间的乘积。PBFT协议是从分布式系统中借鉴的共识算法，将拜占庭容错协议的复杂度从指数级降到多项式级。在PBFT协议中，只要有超过2/3的正常节点，就可以保障数据的一致性与安全性。若系统中节点数量较多，则需要传输的网络消息就会大量增加，因此只适用于节点数量较少的联盟链，不适用于公有链。

区块链的数据层包括数据存储、数据模型、数据结构等部分。区块链在磁盘上可以以文件或数据库存储。在数据库的选择上，大多数区块链都采用了键值对数据库。比特币的区块链数据以文件存储，索引存储在LevelDB中。以太坊的区块链和索引都存储在LevelDB中。数据模型主要包括基于交易的模型和基于账户的模型。基于交易的模型就是每一笔交易都和上一笔交易通过哈希指针相连，构成以交易为节点的链表，使得每一笔交易都可以溯源。比特币使用的就是基于交易的模型，以太坊和超级账本Fabric采用基于账户的模型，可以更方便地查询账户余额。区块链的数据结构主要有Merkle树和区块链表。常用的Merkle树是比特币采用的二叉Merkle树，其他变种则包括以太坊的Merkle-Patricia树等。在区块链中，所有区块按照生成顺序以哈希指针链接在一起，就形成了一条链表，每个区块的块头中包含Merkle树的根哈希，用于验证区块中的交易数据是否被篡改。

智能合约是区块链上运行的程序，可以扩展区块链在货币支付之外的功能。比特币采用的是基于堆栈的脚本语言，这是智能合约的雏形，但是这种脚本不支持循环和函数，功能受限。以太坊支持图灵完备的脚本语言 Solidity，以及专门的运行环境——以太坊虚拟机（Ethereum virtual machine，EVM）。用户可以编写智能合约并部署在以太坊上执行。超级账本 Fabric 将智能合约称为链码，用 Docker 容器作为链码的运行环境。区块链外部的应用通过调用智能合约进行交互，以实现各种交易。如果调用操作涉及修改，则需要先在全网达成共识，修改操作也会被记录在区块链上。如果不涉及修改，只包含查询，则无须共识，也不需要记录在区块链上。

应用层用于支持区块链的应用场景和案例。比特币的应用主要是基于比特币的虚拟货币交易。以太坊的应用不仅包含基于以太币的虚拟货币交易，还可以基于以太坊开发去中心化应用（decentralized application，DApp）。超级账本 Fabric 主要是面向企业级的区块链应用，没有提供虚拟货币。区块链的应用平台大都提供了友好的用户交互方式和开发环境，便于用户管理区块链账户，开发者便捷地开发、调试、部署智能合约等。

3. 区块链的分类

根据对区块链数据读写权限的不同或去中心化程度的不同，可以将区块链分为公有链、联盟链和私有链。其中写权限是指哪些节点可以参与共识并获得在区块链上写入新区块的权限，也意味着区块链系统是否存在共识节点的准入机制；读权限是指哪些用户可以读取区块链中的数据，即区块链上的数据是对所有互联网用户公开，还是只对某些成员公开。

公有链即公有的区块链，不设置共识节点的准入机制，读写权限对互联网上全体用户公开，不对参与用户的身份进行验证，任何人都可以加入区块链的网络，比特币、以太坊属于公有链。公有链有着较高的去中心特性，但是其完全公开的特性对某些行业应用并不合适。

联盟链是由联盟共同维护的区块链，并提供了对参与成员的管理、认证、授权、监控、审计等安全管理功能，存在共识节点准入机制，节点通过授权后才能加入联盟网络，参与共识并在区块链中写入数据。Libra 是典型的联盟链，其区块链数据是公开的，超级账本 Fabric 也通常用于构建联盟链，但是区块链数据的读取权限在很多应用中可能仅限于联盟成员。

私有链虽然可能采用和联盟链完全相同的技术，但读写权限完全由单一主体或单一节点控制，只是具有分布式的形式，而不具备去中心化的属性。

从另一个角度来说，公有链、联盟链和私有链的区分是由这些系统的去中心化程度决定的。其中公有链去中心化程度最高，如比特币在世界各地有上万个节点参与维护区块链，因此可信度也最高；联盟链有较少的节点参与共识，例如 Libra 约有 100 个联盟成员，有的联盟链的共识节点数甚至只有个位数，因此可信程度低于公有链，但是由于共识节点较少，联盟链的性能明显高于公有链；而私有链是完全中心化的，可信程度最低，甚至不被视为区块链。

5.5.2 区块链技术与大数据治理

数据是继物质、能源之后的第三大基础性战略资源，2016 年 12 月国务院印发的《“十三五”国家信息化规划》中明确指出要优先开展数据资源共享开放行动。区块链的去中心化及去信任化也为目前快速发展、高度中心化的大数据提供了安全和运转效率保障，使其能够在多方协作的环境下，保证数据的真实性和可靠性，实现数据公开访问与共享，实时保持数据更新与透明化。

为保障数据资源共享开放的有序进行，首先要解决数据所有权问题，区块链的去中心化特性及不可篡改性为大数据确权提供了很好的技术手段。利用区块链技术，可以实现多方合作，共同对大数据进行确权，利用区块链分布式、高度冗余的特点可将确权结果的保存从传统的单一大数据交易所转入大数据交易生态圈，同时利用运行于区块链上的智能合约技术，可以实现数据所有权的转移、撤销并能够对整个数据所有权的流转过程进行追溯及监管。区块链的开放特性对隐私保护提出了更高的要求，概括来说，区块链上的隐私保护主要可分为两类，即身份隐私及内容隐私。由于区块链的不可修改性，数据一旦上链将很难被清除，这给数据的监管带来了不小的挑战，需要监管机构能够及时发现违法数据并清除。

兼顾隐私保护及监管的区块链大数据应用框架如图 5-23 所示，数据根据其特性及所要求的隐私级别不同分别采用不同的隐私保护技术进行数据采集及上链，上链的数据允许按照一定的规则进行确权、使用、融合及交易，由于数据的整个生命周期都记录在区块链中，因此其任何一个环节都能够被溯源，且所有流程都能够被监管机构监管，保证了上链数据的合规性。

以政务大数据治理为例，区块链技术的应用可以体现三方面的价值。

第一，区块链可以从技术上解决政务大数据中的数据孤岛问题，通过区块链为各个地方政府和相关企事业单位建立信任基础，实现政务数据、产业链数据、金融数据等多方数据的共享，并通过数据确权、数据加密、多方安全计算、联邦学习等技术手段保证敏感数据在共享过程中的安全和隐私保护，实现仅共享必要的数据计算和分析结果，而不必共享全部的原始数据。第二，通过将区块链技术和政务业

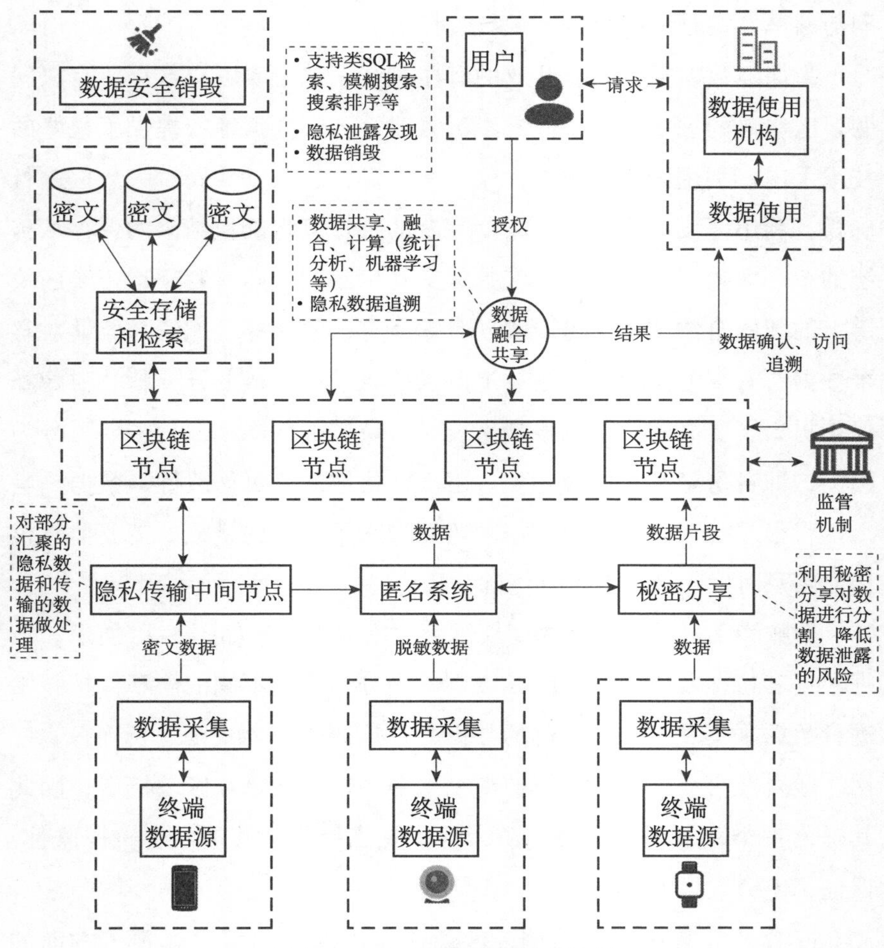

图 5-23　区块链大数据应用框架

务流程进行深入结合，实现政务数据跨部门、跨地域共享，增强政务协同办理能力，最终实现市民和企业主在政务办理过程中“最多跑一次”，提高政府工作效率和服务水平。第三，通过政务数据公开上链，利用区块链公开透明、不可篡改、可追溯的属性，可以提高政务治理的透明性，增加政府公信力。

2020 年发布的《北京市政务服务领域区块链应用创新蓝皮书》

将区块链在政务领域的应用主要分为“数据交换共享”“业务协同办理”“电子存证存照”三类。例如，北京市商务局空港国际物流区块链平台和京津冀通关便利化系统、北京市金融监管局基于区块链的企业电子身份认证信息系统、北京市财政局利用区块链技术推广财政电子票据应用等场景中都利用区块链实现了多个部门和单位的数据共享交换；北京市海淀区基于区块链的中小企业金融服务平台通过区块链实现业务协通办理；北京市规划自然资源委基于区块链的不动产登记系统通过区块链实现了电子存证存照，在大多数区块链政务应用试点中，这三类应用场景都是普遍存在的。

5.5.3　技术实现与局限性探讨

区块链存在著名的“三元悖论”或“不可能三角”，即区块链的安全性、可扩展性（或性能）和去中心化三者不可兼得，只能根据设计目标进行取舍，不同区块链系统都是对特性进行权衡后得到的设计结果。下面介绍几种典型的区块链的技术特征。

（1）以比特币为代表的数字货币

比特币最初的设计目标是解决数字货币中的“双重花费”问题，即付款方用同一笔数字货币重复支付所带来的欺诈问题。比特币通过对等网络、非对称加密、链式数据结构、工作量证明和激励机制等技术的组合解决了这一问题，并成为数千个数字货币系统的设计模板。比特币区块链上的数据量会随着时间不断增长，至今已经高达数百GB，对于大多数移动设备来说已经无法存储完整的区块链，因此近年来比特币开发者社区实现了比特币白皮书中的简单交易验证方式，用户不需要维护全功能节点，只要保存区块的区块头信息，在具有完整区块链的全功能节点的帮助下就能够完成交易的有效性验证。诸如门罗币、达世币、大零币等数字货币在比特币的基本功能的基础上，进一步提升了对交易的隐私保护。

（2）可编程的区块链——以太坊

随着比特币网络的成功运行，金融、存证、溯源、博彩等非数字货币类的区块链应用开始出现。由于比特币的脚本系统功能非常有限，难以在该脚本上实现非数字货币类的应用，因此这些项目必须重新开发一套类似的区块链系统来引入新的特征和功能。Vitalik Buterin等人提出了一个通用的可编程的区块链平台，即以太坊（Ethereum）。以太坊支持图灵完备的智能合约，允许开发者基于以太坊开发自己的区块链应用，而不需要重新开发底层的区块链系统。以太坊的总体设计和比特币类似，但为了支持更高频的应用，以太坊在区块链数据结构和激励机制上都区别于比特币系统，并且引入了账户，由以太坊节点保存账户信息和状态，而不是像比特币那样将所有信息都记录在区块链中。

（3）面向企业应用的超级账本 Fabric

超级账本（Hyperledger）Fabric 系统是面向企业级应用的区块链平台，具有模块化和可配置的架构，支持可插拔的共识协议，并且只允许授权节点加入区块链网络，因此 Fabric 可以被用于构建链盟链，和比特币、以太坊等公有链相比效率更高，交易的机密性更强。超级账本采用了模块化的架构，将链码（即智能合约）的信任假设和交易顺序的信任假设进行了拆分，并通过成员服务对节点的身份进行管理。超级账本通过成员服务提供者（MSP）对成员的身份进行管理。MSP 可以通过列出所有成员的身份或授权一些 CA 来签发有效的身份证书，从而明确可信组织的成员。

（4）作为金融服务基础设施的 Libra

基于公有链的典型数字货币的币值波动剧烈，不适合普通用户持有或用于日常支付。以 Libra 和 USDT 为代表的稳定币，在保留了加密货币优点的同时，具有稳定的价值尺度，可以改善数字货币在价值贮藏和移动支付方面的体验。而 Libra 是由脸谱网牵头发起的区块链平台，旨在提供一种面向全球的稳定数字货币和金融服务基础设施。为了保证发行数字货币的币值稳定性，Libra 采用了低波动性的真实资产作为储备金，这些储备金由不同地区具有投资级信用评级的托管人持有，以保证 Libra 发行货币的安全性和稳定性。因此 Libra 区块链采用了联盟链的设计，包含金融机构、监管机构和互联网企业，共同建立非营利性会员组织 Libra 协会进行管理。

（5）面向数据存储的区块链应用

由于区块链数据在所有节点间复制，因此区块链的存储容量受到限制，只能保存少量的数据，不能用于替代数据库或文件系统来存储文件和较大的数据对象。在典型的应用场景中不需要在区块链上保存完整的原始数据，只需要在区块链上记录数据的哈希值作为数字指纹，如果需要提供原始数据或者进行数据共享，那么节点可以从区块链之外的存储系统中提取数据进行点对点或局部的数据共享，并通过区块链上的哈希值判断数据的完整性或真实性。这种将数据存储在区块链之外的方式称为链外存储，存储系统可以是数据库、文件系统或云存储，也可以是基于区块链技术的分布式存储系统。

IPFS（InterPlanetary File System，星际文件系统）就是一个和区块链相结合的分布式文件存储系统和内容分发网络，可以在互联网上提供一个统一的文件系统供所有用户访问。参与提供文件系统服务的节点可以自由选择想要保存的数据，并自愿地为用户提供数据服务。如果参与的节点数达到足够的规模，那么能够提供的存储空间、带宽和可靠性就可以超过现有的中心式数据存储服务。为了激励更多的节点参与以贡献存储空间和网络带宽，IPFS 系统也发行了数字货币 FileCoin，存储服务的用户可以通过向提供服务的节点支付 FileCoin

来获得服务。

综上所述，由于区块链设计上存在“不可能三角”，因此不应将某个区块链系统的设计安全目标、可扩展性高低、去中心化规模视为其技术局限性，而是应该看作设计目标权衡下的产物。下面探讨区块链在大数据治理中存在的一些技术局限性和挑战。

（1）区块链实现的脆弱性和安全挑战

区块链具有不可修改、不可回滚的本质特性，区块链系统上线运行后，难以修改和删除区块链中已写入的数据，也难以更改、中止区块链应用的功能逻辑，因此区块链系统或智能合约中一旦出现逻辑错误和安全隐患，就可能对用户造成巨大且不可挽回的损失。例如，2016 年 6 月，匿名攻击者利用以太坊 The DAO 智能合约中的一个安全漏洞成功发起并完成了对该智能合约的攻击，经过持续的攻击，共窃取了超过 360 万枚以太币，市场价值合计高达 5 000 万美元，危及以太坊的生存。虽然以太坊的主要开发者通过区块链回滚的方式在一定程度上挽回了经济损失，但是最终导致了以太坊社区自此分裂为 ETH 和 ETC 两个独立的社区。The DAO 事件的发生将区块链安全问题推到一个前所未有的高度，并引起了广泛的重视。2018 年连续发生了多起针对智能合约的安全攻击事件，其中仅造成严重经济损失的就包括 BEC、SMT Token、Parity 钱包等资金被盗、资金被冻结事件等。随着区块链应用场景的逐渐丰富，区块链系统和智能合约的代码量和复杂度也在递增，并出现了大量区块链所特有的安全漏洞，据统计，已经发现的典型安全漏洞超过 25 种，代码重入、整数溢出等漏洞更是广泛存在于各种智能合约代码中。

相对于普通计算机程序，智能合约在安全性和可信性方面有更严格的要求，在程序特性和运行环境上也具有特殊性，针对智能合约的攻击导致的后果也更为严重。智能合约的特殊性使导致其安全脆弱的原理和普通计算机程序有所不同，而传统的安全分析、测试的技术方法也难以直接应用于智能合约，特别是难以直接应用于部署在真实生产环境中的智能合约。由于智能合约还是一种新型的程序形态，并且新型区块链平台、智能合约编程语言和计算环境技术更迭非常快速，导致安全分析、验证所需的数据集严重不足，分析、测试、形式化验证所需的技术、工具还不充分，这对智能合约安全研究带来了技术挑战。

我国正在加速发展区块链和大数据、物联网、人工智能、云计算等技术的深度融合，开展区块链在金融、政务、交通、医疗、教育等关键行业的应用，如面向大数据建设的“目录区块链”、基于区块链的供应链债权债务平台、区块链电子发票等。这些区块链应用通常需要复杂的智能合约的支持，特别像金融、政务等领域不仅对智能合约的安全性要求非常高，还要确保智能合约代码同法律法规、合同文本以及业务逻辑的一致性，并满足利益相关方对智能合约执行过程的监管要求。

（2）区块链大数据应用中隐私和监管的矛盾

不同于传统中心化架构，区块链不依赖可信中心节点处理和存储数据。而为了使分散的区块链节点在数据处理与存储过程中达成共识，区块链中所有交易记录须对 P2P 网络中所有节点透明、公开，这将显著增加隐私泄露的风险。此外，分散节点的性能和安防能力不一，攻击者容易攻击部分节点或伪装成合法节点获取交易信息。因此，如何确保交易的匿名性成为目前亟须解决的隐私保护问题。但隐私保护方案是双刃剑，完全脱离监管容易引发洗钱、勒索等违法犯罪行为。区块链上隐私保护技术的发展也对监管提出了新的技术挑战。一方面，虽然将数据共享流通信息记录在区块链可以实现溯源问责，但是在大规模数据收集和数据共享的场景中，如何实现溯源问责是具有挑战性的问题。另一方面，虽然将数据存入区块链可以在一定程度上防止数据篡改和保证数据进行追踪溯源，但是保证数据存入区块链之前的真实性和可靠性仍存在挑战。

（3）区块链国产密码的合规问题

密码技术是区块链的底层支撑技术之一，现有区块链的技术实现主要以美国主导的密码算法标准作为基础，并积极应用了很多密码学领域中最新的理论研究成果，以提升区块链的安全性、性能和功能特性。随着《中华人民共和国密码法》于 2020 年 1 月 1 日正式实施，在区块链中全面采用基于国产密码的技术体系是区块链支撑关键行业应用必须满足的合规性问题，但是也面临多个方面的挑战。

首先，在区块链中应用密码技术存在新的密码学研究成果的标准化问题。随着区块链应用领域中对数据安全共享、身份和交易隐私保护等需求的不断加深，现有国产密码技术体系已经无法满足未来的应用需求，诸如同态加密、安全多方计算、零知识证明、抗量子密码等很多区块链应用所必需的新型密码算法并未涵盖在国产密码算法标准体系当中。国内区块链项目在用到这些技术的时候，存在没有国内标准可以遵从、没有最佳实践可以参考的问题，在没有深入理解新型密码方案的安全假设和用法的条件下贸然技术集成，可能无法达到预设的安全目标。

其次，国产密码技术体系和国际密码标准在算法、数据格式、安全协议等方面均存在一定的差异。特别是对于要在全球范围内部署的区块链系统，如何在一个区块链系统内同时兼容中国和国际两种标准，必须能够保证区块链系统中密码算法标准、参数的兼容性和可替换，这对国内标准化组织及区块链系统的设计者均提出了挑战。

再次，国产密码技术体系缺乏面向区块链的高质量底层实现和普遍的上层应用支持。目前区块链系统开发中主要采用Go、Rust等新兴的编程语言。这些新兴的编程语言在基础库方面普遍不支持国产密码算法和数字证书、安全协议在内的国产密码技术体系，而国产密码产品中较为成熟的是密码芯片、密码机等硬件密码产品，这些密码产品无法有效支撑区块链所需的系统和开发环境。国产密码技术也缺乏应用的支持，区块链中常用的版式文档工具、浏览器客户端、数据库等关键软件也均不支持国产密码技术体系。

最后，如何评估检测基于国产密码技术体系的区块链的安全性也需要技术的积累，《中华人民共和国密码法》第二十六条规定，“涉及国家安全、国计民生、社会公共利益的商用密码产品，应当依法列入网络关键设备和网络安全专用产品目录，由具备资格的机构检测认证合格后，方可销售或者提供。”但是区块链中的密码应用比传统的单一功能密码产品更为复杂，目前整个密码产业界还缺乏对区块链系统的密码安全检测的能力和经验。

参考文献

[1] Rivest R, Shamir A, Adleman L M. A Method forObtaining Digital Signatures and Public-KeyCryptosystems. Communications of the ACM, 1978,26 (2): 96-99.

[2] N. Koblitz, Elliptic Curve Cryptosystems. Mathematics of Computation, 1987, 48 (177): 203-209.

[3] Miller V S. Use of Elliptic Curves inCryptography. Lecture Notes in Computer Science, 1985, 218 (1): 417-426.

[4] SANDHU R S, COYNE E J, FEINSTEIN H L, et al. Role-based access control models. Computer, 1996, 29(2): 38-47.

[5] Sahai A, Waters B. Fuzzy Identity-basedEncryption//Advances in

Cryptology-EUROCRYPT2005, 24th Annual International Conference on the Theory and Applications of Cryptographic Techniques,Aarhus, Denmark, 2005: 457-473.

[6] Boneh D, Di Crescenzo G, Ostrovsky R, et al.Public Key Encryption with Keyword Search//Proceedings of the Eurocrypt. Berlin:Springer, 2004: 506-522.

[7] Khader D. Public Key Encryption with Keyword Search based on k-Resilient ibe. Computational Science and Its Applications, 2006: 298-308.

[8] Di Crescenzo G, Saraswat V. Public KeyEncryption with Searchable Keywords Based on JacobiSymbols//International Conference on Cryptology in India. Berlin: Springer, 2007: 282-296.

[9] Machanavajjhala A, Kifer D, Gehrke J, et al. L-diversity: privacy beyond k-anonymity. ACM Transactions on Knowledge Discovery from Data, 2007, 1(1):3.

[10] Li N, Li T, Venkatasubramanian S. t-Closeness: Privacy Beyond k-Anonymity and l-Diversity// Data Engineering, 2007. ICDE 2007. IEEE 23rd International Conference on. IEEE, 2007.

[11] Dwork C, Mcsherry F, Nissim K, et al. Calibrating Noise to Sensitivity in Private Data Analysis// Proceedings of the Third conference on Theory of Cryptography. Springer-Verlag, 2006.

[12] Mcsherry F, Talwar K. Mechanism Design via Differential Privacy// Foundations of Computer Science, 2007. 48th Annual IEEE Symposium on. IEEE, 2007: 94-103.

[13] Kasiviswanathan S P, Lee H K, Nissim K, et al. What Can We Learn Privately?. Proc.ieee Annual IEEE Symp.on Foundations of Computer Science, 2008, 40(3): 793-826.

[14] Erlingsson Ú, Pihur V, Korolova A. RAPPOR: Randomized Aggregatable Privacy- Preserving Ordinal Response// ACM SIGSAC Conference on Computer and Communications Security, ACM, 2014, 1054–1067.

[15] Bassily R, Smith A. Local, Private, Efficient Protocols for Succinct Histograms //ACM Symposium on the Theory of Computing, ACM, 2015: 127-135.

[16] Abbas A, Hidayet A, Selcuk U A, et al. A Survey on Homomorphic Encryption Schemes: Theory and Implementation. Acm Computing Surveys, 2017, 51(4): 1-35.

[17] Benaloh J. Verifiable Secret-Ballot Elections. Phd Thesis Yale University

Department of Computer ence Department, 1987.

[18] Kushilevitz E, Ostrovsky R. Replication is not needed: single database, computationally-private information retrieval// Proceedings 38th Annual Symposium on Foundations of Computer Science, IEEE, 1997, 364-373.

[19] Gentry C. A fully homomorphic encryption scheme. Stanford University, 2009.

[20] Brakerski Z, Gentry C, and Vaikuntanathan V. (Leveled) fully homomorphic encryption without bootstrapping. Proceedings of the 3rd Innovations in Theoretical Computer Science Conference, ACM, 2012: 309-325.

[21] Gentry C, Sahai A, Waters B. Homomorphic Encryption from Learning with Errors: Conceptually-Simpler, Asymptotically-Faster, Attribute-Based. lecture notes in computer science, 2013.

[22] Ducas L, Micciancio D. FHEW: bootstrapping homomorphic encryption in less than a second//Annual International Conference on the Theory and Applications of Cryptographic Techniques， Springer, Berlin, Heidelberg, 2015: 617-640.

[23] Chaum D. Untraceable electronic mail, return addresses, and digital pseudonyms. Communications of the Acm, 1981.

[24] Ren J, Wu J. Survey on anonymous communications in computer networks. Computer Communications, 2010, 33(4): 420-431.

[25] CHAUM D. The dining cryptographers problem: unconditional sender and recipient untraceability. Journal of Cryptology, 1988: 65-75.

[26] SHERWOOD R,SRINIVASAN A.P5: a protocol for scalable anonymous communication. Proceedings of the 2002 IEEE Symposium on Security and Privacy. Oakland, California, USA, 2002: 58-70.

[27] SHARAD G, MARK R, MILO P, et al. Herbivore: a Scalable and Efficient Protocol for Anonymous Communication. TR2003-1890, Cornell University, 2003.

[28] MICHAEL J F, ROBERT M. Tarzan: a Peer-to-Peer anonymizing network layer. Proceedings of CCS’ 02. Washington, DC, USA, 2002.

[29] Marc R, Bernhard P. Introducing MorphMix: Peer-to-Peer based Anonymous Internet Usage with Collusion Detection. Proceedings of the ACM Conference on Computer and Communications Security, 2003.

[30] https://qiangwaikan.com/privacy-tools/.

[31] Tails 专注于隐私保护的口袋操作系统，https://www.ifanr.com/413685.

[32] Tails 口袋操作系统官网，https://tails.boum.org/.

[33] Qubes 安全操作系统官网，https://www.qubes-os.org/.

[34] https://marcuseddie.github.io/2019/PGP-Introduction.html.

[35] Windows PGP 工具介绍，https://www.zhihu.com/question/34027880.

[36] https://www.zoho.com/mail/?src=zoho-home&ireft=ohome.

[37] https://www.leiphone.com/news/201412/2ddDk3fDsk7Cwev4.html.

[38] Zoho 数据与隐私安全策略，https://www.zoho.com/mail/privacy.html.

[39] https://cn.aliyun.com/solution/security/datasecurity.

[40] https://www.mcafee.com/enterprise/zh-cn/products/data-protection-products.html.

[41] https://aws.amazon.com/cn/products/security/?nc=sn&loc=2.

[42] https://query.prod.cms.rt.microsoft.com/cms/api/am/binary/RE4r1mQ.

[43] 北京市区块链工作专班专家组《北京市政务服务领域区块链应用创新白皮书》，2020 年 7 月 .

[44] 冯登国，张敏，李昊. 大数据安全与隐私保护. 计算机学报，2014（01）：246-258.

[45] 冯登国，等 . 大数据安全与隐私保护 . 北京：清华大学出版社，2018.

[46] 国家标准化技术委员会 . 信息安全技术 祖冲之序列密码算法 第 1 部分 算法描述：GB/T 33133—2016. 北京：中国质检出版社，2016.

[47] 国家标准化技术委员会. 信息安全技术 SM4 分组密码算：GB/T 32907—2016. 北京：中国质检出版社，2016.

[48] 国家密码管理局. SM2 椭圆曲线公钥密码算法：GM/T 0003—2012. 北京：中国标准出版社，2012.

[49] 火币研究院，等 . 全球区块链产业发展全景（2019—2020 年度），2020 年 2 月 .

[50] 霍炜，郭启全，马原. 商用密码应用与安全性评估 . 北京：电子工业出版社，2020.

[51] 李凤华，李晖，贾焰，等 . 隐私计算研究范畴及发展趋势 . 通信学报，2016，37（04）：1-11.

[52] 李凤华，苏铓，史国振，等 . 访问控制模型研究进展及发展趋势. 电子学报，2012，40（4）：805.

[53] 利用 PGP 实现邮件加密签名，https://blog.51cto.com/windows/69763.

[54] 赛迪顾问数字经济产业研究中心 . 2019-2020 年中国区块链产业发展研究年度报告，2020-02.

[55] 石瑞生 . 大数据安全与隐私保护 . 北京：北京邮电大学出版社，2019.

[56] 英特尔 IT 部门 . Intel 白皮书：利用数据匿名化技术增强云的信息安全，2012.

第二篇

标准篇

第六章　标准化工具概述

6.1　标准化作用

有一个说法可以体现标准的价值：一流企业做标准，二流企业做品牌，三流企业做产品。标准就是行业的标杆和领头羊，是制定游戏规则的，企业只要在这个领域，就得按该领域的标准（游戏规则）来做。一个企业如果只做产品和品牌，难免受制于人，只有“制定游戏规则”才能真正地立于不败之地。如果一个企业的产品代表的就是这个领域的最高技术标准，那么其地位、实力、竞争力、影响力可想而知。高通的芯片之所以强，不仅仅是因为它的产品好、品牌亮，更是因为其处于食物链顶端，是“游戏规则”的制定者。

国与国之间关于标准的竞争更是激烈。例如，关于5G标准的竞争，就是当下中美之间科技竞争的中心之一。美国为了自己在移动通信领域不至于落后，动用国家的力量，全方位打压华为和中兴。以影响国家安全之名，禁止华为的5G产品在美国和其同盟国销售与部署。美国政府对于一家私营企业的打压程度大大超出了大多数人的想象，也给中国的老百姓上了生动的一课。由此可见，制定并实施标准是一个国家崛起之路上必须建立起来的战略能力，也是我们必须面对的挑战。

然而，我们不能仅仅看到标准在企业之间竞争甚至在国家之间竞争中的作用，标准更是营造产业良性发展生态、助推创新发展的工具，甚至是“人类文明进步的成果”。习近平总书记一直高度重视标准工作。在2016年9月向第39届国际标准化组织ISO大会的贺信中，他就深刻揭示了标准及标准化的内涵及战略价值。习近平总书记指出，标准是人类文明进步的成果，已成为世界“通用语言”，助推创新发展和引领时代进步的作用突出，同时强调世界需要标准协同发展，国际标准是全球治理体系和经贸合作发展的重要技术基础。从中国古代的“车同轨、书同文”，到现代工业规模化生产，都是标准化的生动实践。伴随着经济全球化的深入发展，标准化在便利经贸往来、支撑产业发展、促进科技进步、规范社会治理中的作用日益凸显。2019年10月，习近平总书记向第83届国际电工委员会大会致贺信，指出我国积极推广应用国际标准，以高标准引领高质量发展。标准作为技术创新成果的重要载体，有什么样的标准就有什么样的质量，只有高标准才有高质量。习近平总书记指出，推动高质量发展，必须实现质量变革、效率变革和动力变革。这就要求要实现标准化与技术创新、专利保护之间的高效联动，以大幅提升先进技术成果向专利和标准转化的质量和效率，加速产业化进程，从而为供给侧结构性改革奠定坚实的技术基础。习近平总书记指出，标准是国际贸易的通行证，对完善全球治理、促进可持续发展具有积极作用，在提高对外开放水平、参与国际竞争中发挥关键作用，同时也是新一轮科技革命和产业变革的“制高点”。

6.2 标准与创新的关系

常常有一种声音，认为标准会阻碍技术创新，特别是对于一些技术发展迅速的领域，如信息技术领域，因为标准的作用就是要求企业按照标准的约定生产出合格产品。其实，这是一种误解。

第一，标准与技术创新同步发展。标准规定的是“最低”要求，支持企业推出高于国家标准 / 行业标准的企业标准，提高企业产品的竞争力。这就需要企业不断提高技术创新的水平。统计数据表明，我国标准数量与技术创新投入和产出（比如专利）的增加是同步的。1987—2017 年间，技术研发支出、专利数量和标准数量持续保持同步增长，特别是 2008 年后的增长趋势更加明显（见图 6-1）。技术标准与技术创新同步发展的这一客观事实充分说明标准化与关键技术研发及产业化之间必然存在内在联系。

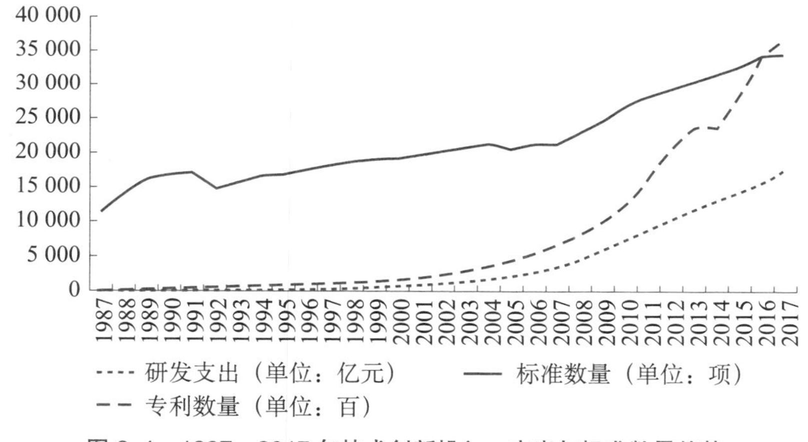

图 6-1　1987—2017 年技术创新投入、产出与标准数量趋势

第二，先进标准可以引领关键技术和产品研发。标准的研制过程是开放的，相关的企业都可以参与。对于一些尚没有国家标准的领域，通过广泛的研讨和协商，将各家企业拥有的先进技术尽量纳入标准，可以带动企业对关键技术和产品的研发。2015 年国务院印发《深化标准化工作改革方案》（国发 [2015]13 号），支持专利融入团体标准，推动技术进步。2016 年，原质检总局、国家标准委、工信部联

合印发《装备制造业标准化和质量提升规划》（国质检标联 [2016]396 号），指出在装备制造业领域要通过标准促进科技成果、专利技术转化和快速推广应用，并支持专利融入团体标准，推动装备制造业技术进步。近年来，随着团体标准的快速发展，部分行业积极探索将拥有自主知识产权的关键技术纳入标准，大幅提升了标准的技术先进性，有效促进了技术攻关、专利布局、标准研制推广之间的协同发展水平，对关键技术研发及产业化具有重要的引领作用。

第三，依据标准规范关键技术和产业发展。不以规矩，不成方圆。大禹治水“左准绳，右规矩”，秦始皇统一文字、货币、度量衡，使普天之下，书同文，市同币，量同距，车同轨，奠定了秦王朝的治理基础。一部汽车有数万个零件，每个零件都符合标准时才能装配成一辆合格的汽车，合格就是符合标准。同时为保证这些零件生产和装配作业符合质量要求，需使用提升生产过程的质量管理。以光刻机及其技术为例，每一个部件及软硬件适配对稳定性要求极高，需要建立极为严格的标准，形成严密的标准体系，对其进行有效控制、调度、规范、协调、优化。在市场经济条件下，标准已经成为规范市场秩序、保护消费者权益、引导用户选择的重要技术依据。

第四，利用标准培育关键技术和产业发展生态。科研、生产、使用三者之间通过标准化链接成为一个紧密的生态闭环，打通了从市场需求到生产消费、效益实现之间的必要链路。多年来，国际巨头企业大力推进技术专利化、专利标准化、标准产业化，而标准产业化的有效手段就是培育发展生态，就是利用标准掌控市场竞争话语权。例如，微软、谷歌等软件和互联网企业积极主导诸多领域技术标准的制定和修订，以巩固其市场地位，客观上通过标准化迅速带动了相关技术、产品的规模化、产业化推广。英伟达、英特尔、AMD 等硬件厂商通过标准化，进一步强化了各自在相关细分市场中的地位。习近平总书记强调推动自主创新要与自主品牌、知识产权和标准化相结合，并把这三者称为自主创新的三大战略。

6.3　标准化立法

我国标准化的立法工作取得了重要进展。标准化工作的基本法律依据是《中华人民共和国标准化法》（以下简称《标准化法》），旧《标准化法》颁布于1988年。2017年11月4日，中华人民共和国第十二届全国人民代表大会常务委员会第三十次会议通过新修订的《标准化法》，自2018年1月1日正式施行。新的《标准化法》是“为了加强标准化工作，提升产品和服务质量，促进科学技术进步，保障人身健康和生命财产安全，维护国家安全、生态环境安全，提高经济社会发展水平”；全文共六章45条，比旧《标准化法》多19条，分为总则、标准的制定、标准的实施、监督管理、法律责任、附则。

新的《标准化法》具有以下特点：

第一，治理结构发生变革。涵盖范围广度增大，从侧重工业领域修改为“农业、工业、服务业以及社会事业等各领域”；由强制性标准与推荐性标准构成调整为包括国家、行业、地方在内的政府标准与团体、企业为代表的市场标准之间的共同治理结构；增加军民融合标准，国家推进标准化军民融合和资源共享。

第二，体现标准的战略性。从国家层面进行统筹协调和决策，“国务院建立标准化协调机制，统筹推进标准化重大改革，研究标准化重大政策，对跨部门跨领域、存在重大争议标准的制定和实施进行协调”；实施标准化奖励，“对在标准化工作中做出显著成绩的单位和个人，按照国家有关规定给予表彰和奖励”。

第三，强调标准的引领性。标准是国际公认的国家质量基础设施，我国经济社会发展已进入高质量发展阶段，重要标志之一就是依靠高标准、体现高标准。在推动供给质量提升、促进经济高质量发展中，标准化的支撑和引领作用将会日益凸显。

第四，加强标准的应用性。标准制定和实施促进了转型升级。标准制定的原则是：有利于提高经济效益、社会效益、生态效益，做到技术上先进、经济上合理。标准实施进一步规定，“不符合强制性标准的产品、服务，不得生产、销售、进口或者提供”。鼓励制定和实施高于强制性标准、推荐性标准的团体标准、企业标准。

第五，提升标准的国际性。更加重视标准化在国际交往和竞争中的作用，由国家鼓励积极采用国际标准，调整为“国家积极推动参与国际标准化活动，开展标准化对外合作与交流，参与制定国际标准”。

6.4 标准分类与管理

新的《标准化法》规定，“标准包括国家标准、行业标准、地方标准和团体标准、企业标准。国家标准分为强制性标准和推荐性标准，行业标准、地方标准是推荐性标准”。“强制性标准必须执行。国家鼓励采用推荐性标准”。“推荐性国家标准、行业标准、地方标准、团体标准、企业标准的技术要求不得低于强制性国家标准的相关技术要求”。

“制定推荐性标准，应当组织由相关方组成的标准化技术委员会，承担标准的起草、技术审查工作。制定强制性标准，可以委托相关标准化技术委员会承担标准的起草、技术审查工作。未组成标准化技术委员会的，应当成立专家组承担相关标准的起草、技术审查工作”。对全国专业标准化技术委员会的管理，可参考 2020 年 11 月国家市场监督管理总局印发的《全国专业标准化技术委员会管理办法（2020 修订版）》。

（1）国家标准

国家标准是对全国经济技术发展有重大意义、需要在全国范围内统一要求所制定的标准，国家标准在全国范围内试用。为了加强国家标准的管理，规范国家标准的制定、实施、维护和监督，国家市场监督管理总局负责制定有关的管理办法。例如，1990 年 8 月 24 日，原国家技术监督局令第 10 号发布，《国家标准管理办法》自 1990 年 8 月 24 日起施行。为了符合新的《标准化法》相关要求，2020 年 12 月发布《国家标准管理办法（征求意见稿）》，2020 年 1 月 6 日发布《强制性国家标准管理办法》，2020 年 1 月 16 日发布《地方标准管理办法》等。

国家标准分为强制性标准和推荐性标准等。对于涉及保障人身健康和生命财产安全、国家安全、生态环境安全以及满足经济社会管理基本需要的技术要求，应当制定为强制性国家标准，其他的制定为推荐性国家标准。对技术尚在发展中，需要引导其发展或具有标准化价值，暂时不能制定为国家标准的项目，还可以制定为国家标准化指导性技术文件。

对于强制性国家标准，《强制性国家标准管理办法》规定，“国务院有关行政主管部门依据职责负责强制性国家标准的项目提出、组织起草、征求意见和技术审查。国务院标准化行政主管部门负责强制性国家标准的立项、编号和对外通报。国务院标准化行政主管部门应当对拟制定的强制性国家标准是否符合前款规定进行立项审查，对符合前款规定的予以立项”。“省、自治区、直辖市人民政府标准化行政主管部门可以向国务院标准化行政主管部门提出强制性国家标准的立项建议，由国务院标准化行政主管部门会同国务院有关行政主管部门决定。社会团体、企事业组织及公民可以向国务院标准化行政主管部门提出强制性国家标准的立项建议，国务院标准化行政主管部门认为需要立项的，会同国务院有关行政主管部门决定”。“强制性国家标准由国务院批准发布或者授权批准发布”。“法律、行政法规和国务院决定对强制性标准的制定另有规定的，从其规定”。

（2）行业标准

新的《标准化法》规定，“对没有推荐性国家标准、需要在全国某个行业范围内统一的技术要求，可以制定行业标准。行业标准由国务院有关行政主管部门制定，报国务院标准化行政主管部门备案”。“国务院有关行政主管部门分工管理本部门、本行业的标准化工作。”行业标准是对国家标准的补充，是专业性、技术性较强的标准，不得与国家标准相抵触，并且，行业标准之间应保持协调、统一，不得重复。

国务院行政主管部门负责制定适用于本行业的行业标准管理办法。例如，为了规范工业通信业行业标准制定程序，提高标准制定质量，根据《标准化法》等法律法规，2020 年 7 月 29 日，工业和信息化部第 17 次部务会议审议通过《工业通信业行业标准制定管理办法》，自 2020 年 10 月 1 日起施行；该办法明确工业和信息化部负责行业标准制定管理，省级工业和信息化主管部门协助工业和信息化部做好相关管理，标准化技术组织负责起草、技术审查、复审、修订等具体工作，有关行业协会（联合会）和标准化专业机构等机构承担行业标准制定等工作；同时，该办法对工业通信业行业标准的立项、起草、技术审查、批准、发布、复审等活动也做了相关规定。

（3）地方标准

新的《标准化法》规定，“为满足地方自然条件、风俗习惯等特殊技术要求，可以制定地方标准。地方标准由省、自治区、直辖市人民政府标准化行政主管部门制定；设区的市级人民政府标准化行政主管部门根据本行政区域的特殊需要，经所在地省、自治区、直辖市人民政府标准化行政主管部门批准，可以制定本行政区域的地方标准。地方标准由省、自治区、直辖市人民政府标准化行政主管部门报国务院标准化行政主管部门备案，由国务院标准化行政主管部门通报国务院有关行政主管部门。”

国务院标准化行政主管部门统一指导、协调、监督全国地方标准的制定及相关管理工作。县级以上地方标准化行政主管部门依据法定职责承担地方标准管理工作。省级标准化行政主管部门应当组织标准化技术委员会，承担地方标准的起草、技术审查工作。设区的市级标准化行政主管部门应当发挥标准化技术委员会的作用，承担地方标准的起草、技术审查工作。未组织标准化技术委员会的，应当成立专家组，承担地方标准的起草、技术审查工作。

各地方为加强管辖范围内地方标准的管理，提高地方标准的质量，会结合地方实际情况，制定适用于本地方的地方标准管理办法，例如，《北京市地方标准管理办法》《上海市地方标准管理办法》《山东省地方标准管理办法》等。同时，为了承担地方标准的起草、技术审查等工作，有些地方会成立某领域的标准化技术委员会，负责组织实施该领域的地方标准化工作，例如，与数据治理标准化相关的贵州省大数据标准化技术委员会、山东省大数据标准化技术委员会、上海市公共数据标准化技术委员会、重庆市大数据标准化技术委员会、内蒙古自治区大数据与云计算标准化技术委员会等。

（4）团体 / 企业标准

新的《标准化法》明确了团体标准的地位，“国家鼓励学会、协会、商会、联合会、产业技术联盟等社会团体协调相关市场主体共同制定满足市场和创新需要的团体标准，由本团体成员约定采用或者按照本团体的规定供社会自愿采用。制定团体标准，应当遵循开放、透明、公平的原则，保证各参与主体获取相关信息，反映各参与主体的共同需求，并应当组织对标准相关事项进行调查分析、实验、论证。国务院标准化行政主管部门会同国务院有关行政主管部门对团体标准的制定进行规范、引导和监督。”

“国家支持在重要行业、战略性新兴产业、关键共性技术等领域利用自主创新技术制定团体标准、企业标准。”“国家鼓励社会团体、企业制定高于推荐性标准相关技术要求的团体标准、企业标准。”“国家实行团体标准、企业标准自我声明公开和监督制度。企业应当公开其执行的强制性标准、推荐性标准、团体标准或者企业标准的编号和名称；企业执行自行制定的企业标准的，还应当公开产品、服务的功能指标和产品的性能指标。国家鼓励团体标准、企业标准通过标准信息公共服务平台向社会公开。”“企业应当按照标准组织生产经营活动，其生产的产品、提供的服务应当符合企业公开标准的技术要求。”

为规范、引导和监督团体标准化工作，2019 年 1 月，依据《标准化法》，国家标准化管理委员会、民政部印发了《团体标准管理规定》，明确团体标准是依法成立的社会团体为满足市场和创新需要，协调相关市场主体共同制定的标准，规范了团体标准制定、实施和监督等相关管理工作。社会团体开展团体标准化工作应当遵守标准化工作的基本原理、方法和程序。各社会团体也会根据工作和管理需要，研究制定适用于本社团的团体标准管理办法。

（5）国际标准

国际标准是指国际标准化组织（ISO）、国际电工委员会（IEC）和国际电信联盟（ITU）制定的标准，以及国际标准化组织确认并公布的其他国际组织制定的标准。我国在努力建设国家标准、行业标准、地方标准和团体标准、企业标准的同时，一直积极鼓励企业、社会团体和教育、科研机构等参与国际标准化活动，但是各个时期有其不同的重点和特点，标准也存在从跟跑到并跑、最终到领跑的一个发展过程。

在早期，我们主要是“采用”国际标准。为了发展社会主义市场经济、减少技术性贸易壁垒和适应国际贸易的需要，提高中国产品质量和技术水平，国家鼓励积极采用国际标准。采用国际标准是指将国际标准的内容经过分析研究和试验验证，等同或修改转化为我国标准，并按我国标准审批发布程序审批发布。为了促进采用国际标准工作的发展，2001 年，原国家质量监督检验检疫总局印发了《采用国际标准管理办法》，规定了采用国际标准的原则、采用国际标准的程度和编写方法以及促进采用国际标准的措施等。

随着我国市场经济体制不断完善和日益融入经济全球化，我国参与国际标准化活动越来越频繁、越来越深入。为了加强我国参加国际标准化活动的管理，提高我国参加国际标准化活动的能力和水平，2015 年，国家标准化管理委员会发布了《参加国际标准化组织（ISO）和国际电工委员会（IEC）国际标准化活动管理办法》。该办法明确了我国参加国际标准化活动的工作职责，对国内技术对口单位的管理，以及承担技术机构负责人和秘书处、参加 ISO 和 IEC 技术机构的成员身份，国际标准文件的投票，提交国际标准新工作项目提案，参加工作组的工作，参加和承办 ISO 和 IEC 技术机构会议等的工作程序及要求。

6.5　标准制定原则

标准的制定需要遵循一些基本原则，如先进性、适用性和协调性等，还要注意标准的经济性和社会效益的平衡，结合我国国情和积极采用国际先进标准的平衡等。

第一，与时俱进原则。标准是伴随着产业形成与发展而逐步形成的，其目的只有一个，那就是有利于产业更好、更快、更健康地发展。因此，在产业发展的不同时期，应该制定不同的标准。在产业形成的早期，各种观点并存、概念含混不清，不同背景的人对于同一个概念有不同的理解，"鸡同鸭讲"的情况时有发生。这时，急需有术语、体系架构、技术发展白皮书之类的标准物来统一思想，建立共识，为新领域的发展奠定基础。当然，这类标准也需要与时俱进，不断吸收新的知识，修正之前不够全面、准确的认知。随着技术的进步，各种技术层出不穷，相互之间的互联互通就成为严重的问题，这个时候适时提出产品的接口标准、功能标准、性能标准等就成为新的当务之急。同时配合针对同类产品的检验检测、基准评测等手段，可以极大地促进产品技术的进步。在大规模应用后，一些涉及技术采纳、运营管理等的标准的制定也有必要。总之，标准的制定需要与产业的发展状况相适应。

第二，适用性原则。在确定标准项目时首先要注意标准的适用范围。一方面，不要让标准所包含的内容太宽，使要规范的对象没有实质内容；另一方面，也不要让标准所包含的内容太窄，造成标准的肢解和琐碎。制定标准时需要注意标准所涉及的技术内容是否满足既定的需求，不能脱离产业发展现状。应以满足实际需要出发，在充分调查研究的基础上，认真研究国内外类似标准的技术水平，在预期可达到的条件下，积极地把先进技术纳入标准，提高产品技术水平。同时，标准技术内容应科学合理并具备普遍适用性，标准是经协商一致制定的，其技术内容应满足大部分的市场需求并经过严格的科学论证。

第三，协调性原则。标准制定需要考虑与其他相关标准之间的协调性和配套性。当前，我国信息技术标准领域的标准种类繁多，数量极大，由于标准管理不尽统一，不同部门、不同地区编制的标准在用词、指标及技术要求上存在差异，造成标准执行中的一些困难，不利于标准化工作的实施。因此，制定标准时应充分考虑与现有相关标准之间的协调性和配套性。协调性是指与相关标准在主要内容上相互协调，没有矛盾；配套性是指与相关标准互相管理，可以配套使用。同时还应充分考虑与国际标准之间的协调配套，与国际接轨，提高产品的竞争力。

6.6　标准制定流程

数据治理是新形势下我国培育和发展数据要素市场的基础，数据治理标准化工作应站在国家战略角度，以国家标准为抓手，支撑数据发挥基础性资源作用和创新引擎动能。数据治理领域的国家标准基本归口在全国信息技术标准化技术委员会（以下简称“全国信标委”）。下面以国家标准为主，简要介绍数据治理领域国家标准的制定流程。

6.6.1　国家标准立项

全国信标委归口的国家标准立项流程见图 6-2。

全国信标委及其下设的分技术委员会、工作组和成员单位，根据主管部门年度标准化工作要点和标准制修订重点领域提出立项申请。

非全国信标委成员，凡我国境内依法注册的法人单位也可以提出标准计划项目立项建议。立项申请可经分技术委员会、工作组提交，也可以直接提交至全国信标委秘书处。

分技术委员会提交的立项申请，应同步提交初审意见（参与技术审查的专家应不少于 5 名，其中分技术委员会委员应不少于 3 名）和分技术委员会全体委员投票表决情况。

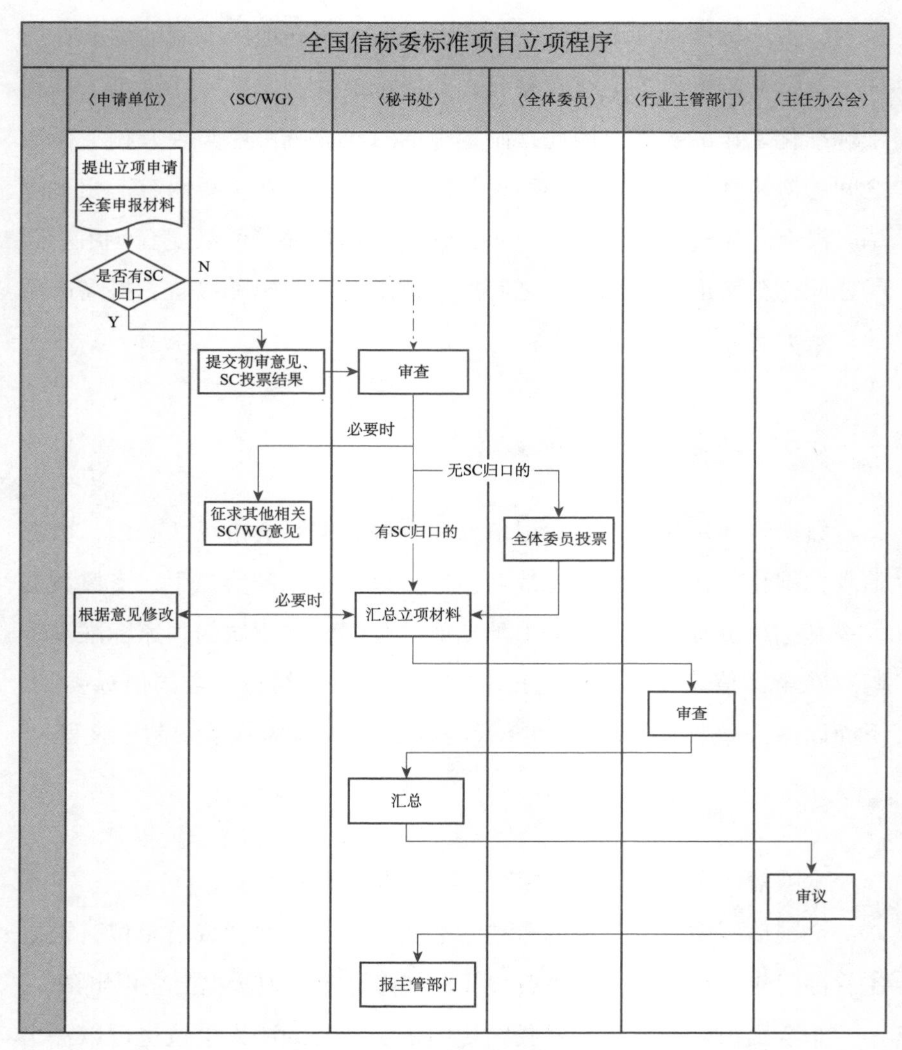

图 6-2　标准项目立项程序

无对应分技术委员会的，可直接提交立项申请至全国信标委秘书处。

立项时须提交如下材料：

①推荐性国家标准项目建议书，或国家指导性技术文件项目建

议书；

②标准草案；

③国家标准计划项目汇总表；

④标准项目申报整体说明材料。

经分技术委员会投票的立项申请，全国信标委秘书处对立项申请材料进行形式审查后，上报相关主管部门。

无对应分技术委员会的立项申请，由全国信标委秘书处组织专家进行技术审查（参与技术审查的专家应不少于5名，其中全国信标委委员应不少于3名），填写计划项目审查表，或委托相关分技术委员会对立项申请进行审查（必要时，听取相关分技术委员会或工作组的意见）后，提交全体委员投票。投票通过的，由秘书处报相关主管部门。

全国信标委秘书处汇总主管部门意见，上报拟立项标准计划项目情况报告至主任委员办公会进行审议。

经主任委员办公会审议通过的项目，由秘书处按规定上报至国家标准化管理委员会（以下简称“国标委”）。

上报至国标委后，由国家市场监督管理总局国家标准技术审评中心（以下简称“审评中心”）组织标准立项答辩，形成项目评估结果清单并上报国标委。

国标委对项目评估结果清单进行复核，复核通过后形成拟立项项目计划，对拟立项项目计划进行公示，公示期15天。对公示无异议的项目计划，国标委将正式下达国家标准制修订计划。

6.6.2　国家标准制修订

国家标准应按照GB/T 1.1-2020《标准化工作导则 第1部分：标准化文件的结构和起草规则》要求起草。全国信标委归口的国家标准制修订程序见图 6-3。

国家标准制修订工作主要包括以下 4 个步骤：

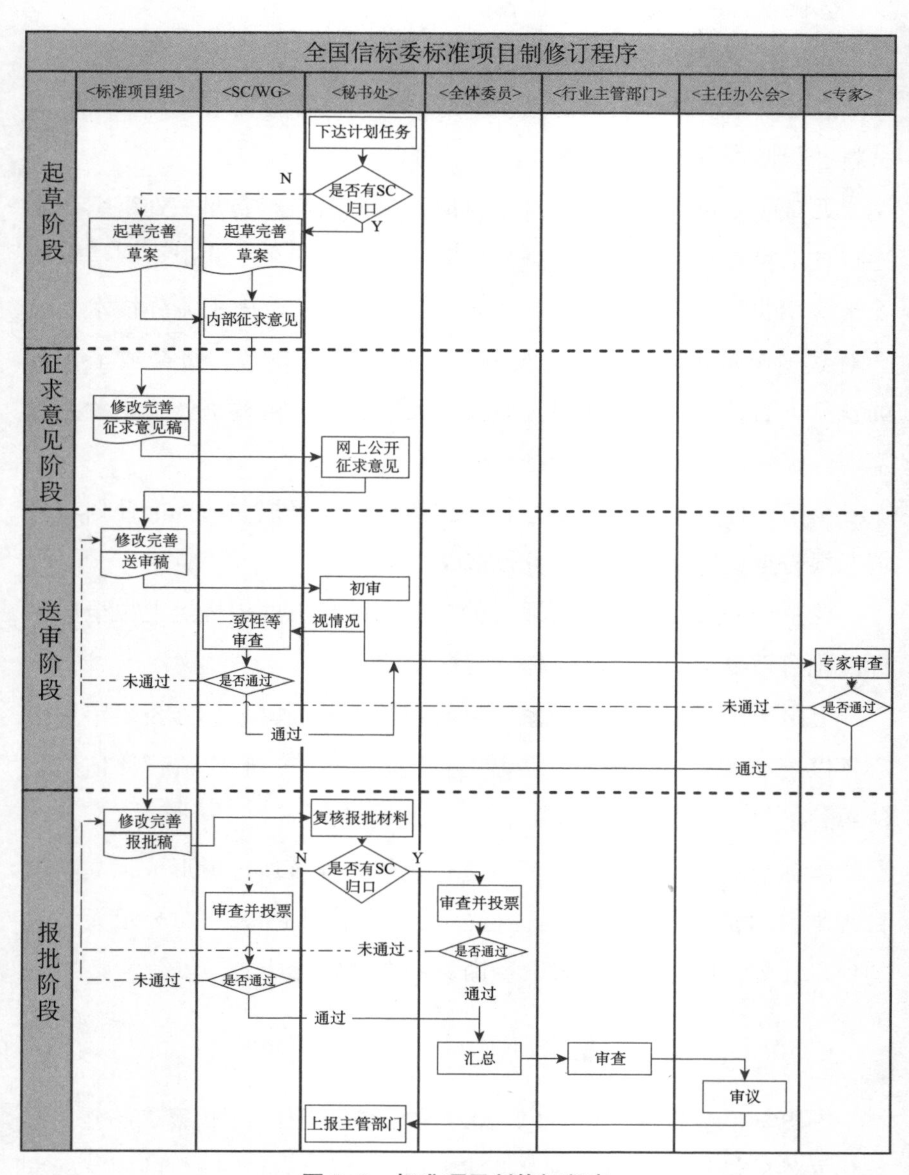

图 6-3　标准项目制修订程序

（1）起草阶段

全国信标委接到主管部门下达的标准制修订计划后，秘书处会及时将计划转发到标准主要起草单位，并做好计划执行的组织和实施工作。

标准主要起草单位按照《标准化工作导则》的要求，在调查研究和试验验证等基础上，提出标准草案。受主管部门的委托，承担强制性标准的起草时，按照《强制性国家标准管理办法》的规定执行。

标准主要起草单位将标准草案提交分技术委员会或工作组讨论，协调一致后形成标准征求意见稿及相关文件送秘书处。

分技术委员会或工作组内部有分歧意见不能达成一致时，由秘书处进行协调并报主任办公会。对于重大分歧意见，难以达成一致时，由主任办公会提出决策建议，提交全体委员表决。

（2）征求意见阶段

秘书处按国家市场监督管理总局、工业和信息化部的有关规定，在相关网站或信息系统中公开征求意见，征求意见周期原则上为60个自然日。

有关单位逾期不回复意见视为无异议。

标准主要起草单位对反馈意见进行综合分析后，对标准征求意见稿进行修改，将标准送审稿及相关文件送秘书处。

（3）送审阶段

通过秘书处初审的标准送审稿及相关材料，由秘书处组织委员和行业专家对标准送审稿进行会审。参加会审的委员和专家不少于9名，其中信标委委员不少于5名。秘书处成员不得作为会审专家。

标准送审稿会审原则上应协商一致。对不能协商一致的，应投票表决，赞成票为有效票的3/4（含）以上视为通过，弃权票不计入票数。秘书处应将投票情况和不同意见书面记录在案，作为标准审查意见说明的附件。

（4）报批阶段

技术审查通过后，由标准主要起草单位修改完善形成标准报批稿及相关文件送秘书处。报批资料包括：① 报批报告，② 审查报告，③ 标准技术来源、技术归口单位、主要起草单位等一览表，④ 标准报批稿，⑤ 报批稿编制说明，⑥ 标准送审稿、送审稿意见汇总处理表，⑦ 标准征求意见稿、征求意见稿意见汇总处理表，⑧ 审查会议纪要，⑨ 审查会专家名单，⑩ 国家标准送审稿函审结论表，⑪ 国家标准送审稿函审单，⑫ 国际国外标准与国家标准主要技术差异一览表，⑬ 专业技术委员会标准草案（报批稿）审查单，⑭ 国家标准报批文件清单，⑮ 国家标准申报单，⑯ 报批国家标准项目汇总表，⑰ 强制性标准通报表，⑱ 必要专利信息披露表，⑲ 必要专利实施许可声明表，⑳ 已披露的专利清单，㉑ 报批国家标准整体情况说明，㉒ 国家标准主办单位报批签署单，㉓ 国家标准审查报批签署单，㉔ 标准报批资料质量评价结论单，㉕ 标准报批资料审查记录，㉖ 国家标准计划项目调整申请表，㉗标准名称及信息更改报告，㉘拟报批标准情况说明，㉙报批阶段新增信息明细，㉚拟报批国家行业标准清单。

秘书处对标准报批稿和相关材料进行复核后，将标准报批稿提交全体委员审查并投票（有对应分技术委员会的，在分技术委员会审查并投票）。

表决通过的，由秘书处上报主管部门，经主任委员办公会审议通过后，由秘书处按规定报批。表决未通过的，由秘书处将表决情况（包括投票结果、弃权和反对意见汇总等）向起草单位反馈，由起草单位修改后，重新提交全体委员审查并投票。

标准报批至国标委后，由审评中心对报批材料的齐全性、准确性以及报批标准信息的完整性进行审查，满足报批要求的则进入技术审核环节，不符合报批要求的则退回上报单位完善后重新上报。

技术审核环节包括合法性审核、技术协调性审核和编写规范性审核。技术审核通过后，由审评中心上报至国标委进行批准发布。

6.6.3　国家标准发布

国家标准由国家市场监督管理总局 / 国家标准化管理委员会统一审批、编号、发布。国家标准由中国标准出版社出版，药品、兽药和工程建设国家标准的出版由国家标准的审批部门另行安排。在国家标准出版过程中，发现内容有疑点或错误时，由标准出版单位及时与负责起草单位联系，如国家标准技术内容需更改时，须经国家标准的审批部门批准。需要翻译为外文出版的国家标准，其译文由国家市场监督管理总局 / 国家标准化管理委员会组织有关单位翻译和审定，并由国家标准的出版单位出版。

参考文献

[1] 朱允卫，易开刚．我国实施 WAPI 标准面临的困境及启示．科研管理，2007，28（2）：187-191.

[2] 习近平．习近平致第 39 届国际标准化组织大会的贺信．中国标准化，2016，10：2.

[3] 陈淑梅，高佳汇．高质量发展背景下技术创新与标准的互动关系研究．软科学，2019，33（12）：1-6.

[4] 张立江．学习习总书记关于标准的讲话 认真搞好企业标准化工作．“标准化与治理”第二届国际论坛论文集，2017：93-95.

[5] 新时代 新法律 新征程．新华日报，2018-01-02（7）.

[6] 刘彬，阎海鹏，李铮，等．工程建设标准化改革与燃气强制性规范编制．煤气与热力，2019，39（4）：35-40.

第七章　数据治理标准体系

7.1　概述

数据治理的目标是保障数据及其应用过程中的运营合规、风险可控和价值实现。合理的数据治理能够建立规范的数据运营管理体系、风险管控机制、价值实现体系，并通过应用数据标准消除数据的不一致性，提高组织内部的数据质量，推动组织之间的数据共享，进而保障数据及其应用的合规，降低数据管理及应用的风险，提升数据流动带来的价值。

目前我国政府部门、企业单位的数据治理能力普遍不足，需要加快建立数据治理标准体系，通过标准化的手段为组织开展数据治理工作提供指导，通过扩大数据治理标准在各行业领域的广泛应用，促进数据治理机制的完善、数据治理能力的提升，加强组织间的数据共享，提升数据的价值。

本书给出的数据治理标准体系框架主要涉及国家、行业、组织三个层面的相关标准，国家、行业、组织三个层次相互关联和支撑，如图 7-1 所示。

其中，国家通过建立相关法律法规、指导性政策、标准规范等方式向行业和组织提供指导和监督；行业则以行业协会、联盟等形式，

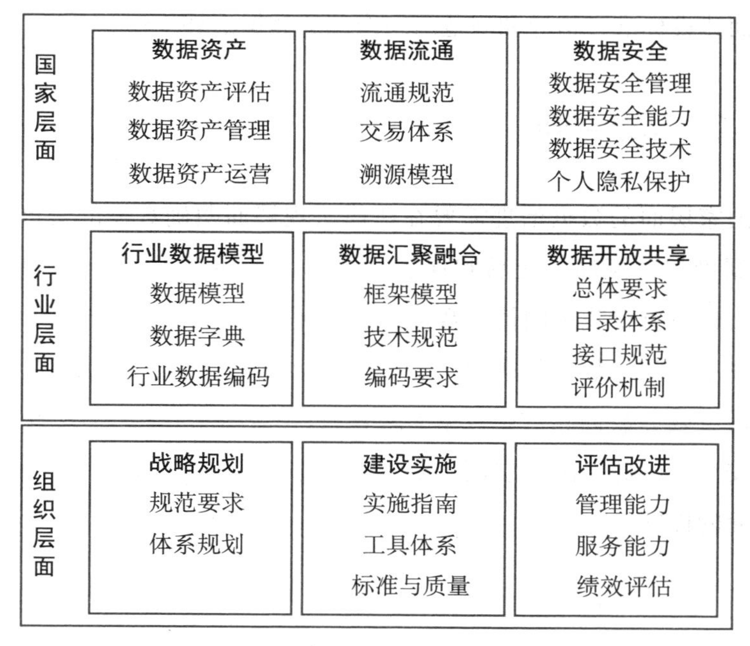

图 7-1　数据治理标准体系框架

一方面向国家反馈企业需求，支撑国家政策的落实，另一方面则向组织提供服务和监督；而组织则在国家和行业的指导、监督下，做好组织内部的数据治理工作，并向行业和国家贡献成功的应用实践。

就国家层面而言，从考虑国家利益及监管需求的维度出发，数据作为生产要素，国家层面的数据治理标准更应关注数据资产、数据流通、数据安全方面的标准，从宏观层面对数据资产、流通、安全提出要求，规范和约束行业及组织层面的数据治理，促进数据的价值实现。

就行业层面而言，行业数据治理更关注数据的应用，主要从数据的汇聚融合、数据的模型化以及数据的开放共享等方面建立标准。

就组织层面而言，组织数据治理更关注数据治理的落地实施和持续运行，因此我们从数据治理的战略规划、建设实施、评估改进等三个方面建设标准，指导和规范组织内部的数据治理工作。

7.2 国家层面

国家层面的数据治理需要在法律法规层面明确数据的资产地位，为数据确权、流通、交易和保护奠定基础。同时，需要兼顾现状及发展，建设符合我国国情的数据管控协调体制和相应的管理机制，规范市场主体间的数据流通和交易，出台数据安全与隐私保护的法律法规，促进政务数据和行业数据的融合应用，保障国家、组织和个人的数据安全。因此，国家层面主要考虑数据资产、数据流通、数据安全等方面的标准。

7.2.1 数据资产

数据资产被认为组织合法拥有或者控制的、可计量的、能为组织带来价值的数据资源。数据资产由数据组成，兼有无形资产和有形资产的特征，是一种全新的资产类别。随着大数据产业的发展、大数据应用的深入，数据的巨大潜在价值得到了广泛认同，因此数据已被视为组织内最宝贵的资产，数据资产化日益受到各个国家、行业和组织的重视，数据资产的管理、应用以及标准制定成为当前关注的焦点。数据资产标准体系主要包括数据资产的评估、管理、运营等方面，是数据资产应用和发展的重要基础，为数据资产的评估、管理、运营等工作提供了参考依据，有利于推动数据产业化发展。

（1）数据资产评估

数据资产评估可以帮助企业更准确地掌握信息化投资收益，是数据交易流通的前提之一。数据资产评估标准主要涵盖数据权属评估、数据质量评估、数据价值评估等方面的内容。数据资产权属评估需要依据有关法律法规，结合数据资产的可复制、可共享、可流动等特点，研究制定数据资产的所有权、使用权等权属的分类方法，以及数据资产权属的评估流程与方法等。数据资产质量评估可考虑大数据环境下数据资产的流动性、可变性等特点，制定数据资产的质量评价方法与流程等。数据资产价值评估应该综合考虑不同行业领域的数据特点，覆盖经济价值、社会价值等不同价值类型，并结合数据资产的数量、质量变化因素预估其价值的变化趋势，研究数据资产评估的要素、流程和方法等。

（2）数据资产管理

数据资产管理是指规划、控制和提供数据资产的一组业务职能，包括开发、执行和监督有关数据的活动和规程，从而挖掘并发挥其经济和社会价值。数据资产管理需要考虑组织内外部环境、业务、技术和数据等方面的要素，以业务为主线、以价值为导向，推动实现数据资产的保值增值。数据资产管理标准主要包括数据资产分类分级、数据资产目录编制、数据资产管理工具要求、数据资产安全管理、数据资产管理审计等方面的内容。

1）数据资产分类分级应该满足数据安全管理、敏感数据管控、数据开放共享等需求，规定数据资产分类分级的原则、模型、方法、编码规则和管理流程等，保障数据资产的共享和使用安全。

2）数据资产目录编制应包括编制指南、元数据规范和编码规范等要求。编制指南主要规定数据资产目录体系组成、目录编制实施的组织、流程和要求等；元数据规范主要规定元数据描述等；编码规范主要规定目录相关编码的表示形式、结构和维护规则等。

3）数据资产管理工具要求应从技术架构、建设方案、访问接口、技术要求、测试要求等方面对数据资产管理的相关技术产品和管理平台进行规范，明确功能性、非功能性和标准依从性等要求，针对大数据的特性提供自动化、智能化的技术保障和支撑。

4）数据资产安全管理应涵盖数据资产生存周期，规范数据资产管理的安全基本原则、安全策略、制度流程、技术规范、组织建设、技术工具和风险评估等，帮助组织开展政策与措施的规划、开发和执行，保证数据资产被合法合规、安全地采集、传输、存储和使用。在制定标准的过程中应考虑与 GB/T 37988-2019《信息安全技术 数据安全能力成熟度模型》、GB/T 37973-2019《信息安全技术 大数据安全管理指南》等标准的符合性。

5）数据资产管理审计的对象包括数据资产管理的制度、流程和相应的过程记录等内容，应监督组织数据资产管理过程的执行，评价数据资产管理风险，保障数据资产管理和应用合规。

（3）数据资产运营

数据资产运营是数据资产流动和发挥价值的核心，是推动数据价值创造模式不断创新的手段。数据资产运营主要包括数据资产定价、数据资产运营指标管理和数据资产运营绩效评价等方面的内容。大数据环境下的数据资产具有大量、多样、高速等特征，加上其价值的不确定性、稀缺性和多样性，导致了传统的无形资产定价方法无法有效解决数据定价的问题，数据资产定价标准的研究可在无形资产的成本法、市场法、收益法等基础上，考虑数据的价值密度、应用场景、变化频率等因素，制定综合定价方法。数据资产的运营以实现业务价值为导向，在符合法律法规的条件下，数据资产运营指标面向数据资产交易流通、数据资产证券化、数据资产抵押贷款、数据资产投资入股等潜在的运营模式，对各类模式下数据资产运营的增值能力、安全管控能力、审计追溯能力等进行细化研究，指导建立数据资产运营的评价基准。数据资产运营绩效评价在数据资产运营指标的基础上提供评价的方法和流程，为数据资产的运营提供评价依据。

7.2.2　数据流通

近年来，越来越多的互联网企业通过对海量、实时、异构的数据资源进行开发利用取得了巨大的商业成功，几乎所有行业都依赖于数据的流通和实时分析数据的能力，以此作为其供应链、运营和商业模式创新的推动力。数据流通在促进经济增长、加速创新、推动全球化等方面发挥了积极作用，推动数据自由流通能够保障用户权利和提升全社会经济总体效用。目前，数据流通在数据资源、数据质量、数据定价和合规性等方面存在诸多问题，需要从标准层面解决其中的部分问题。数据流通标准体系主要包括数据流通规范、数据交易体系、数据溯源等方面的内容，为构建数据流通机制、促进数据资源融合、提高数据资源利用率提供保障。

（1）流通规范

数据流通规范是保障数据交换流通、增强数据可得性的基础。数据流通规范主要包括数据流通的规范要求、技术支持等方面的相关标准。数据流通的规范要求描述了数据在流通过程中所需遵照的规范要求，在符合国家法律法规的基础上搭建数据流通标准体系，保障数据流通的合规性。数据流通的技术支持主要界定数据流通过程中需采用的技术手段和工具，涵盖常用的数据流通技术体系以及数据流通技术工具的原理、应用场景、主要技术方案等，有效促进数据流通产业的发展，为数据流通提供重要支撑。

（2）交易体系

建立符合内在需求和发展规律的数据交易体系是数据作为生产要素能够发挥作用的关键。数据交易体系标准主要包括交易数据描述、数据交易服务平台、数据交易服务安全等方面。交易数据描述是数据交易体系的基础，考虑交易数据的相关描述信息，例如必选信息和可选信息等内容的扩充。数据交易服务平台为数据交易提供场所，通过定义平台的通用功能框架，明确平台应具备的基本功能和扩展功能，保障数据交易。数据交易服务安全是对数据交易体系的安全性提出的要求，包括数据交易安全原则、数据交易过程安全和交易对象安全，主要考虑数据交易服务安全要求和数据交易隐私保护规范。

（3）溯源模型

数据溯源是记录原始数据在整个生命周期内（从生产、流通到销毁）的演变过程和演变记录，实现数据流通过程的追溯。数据溯源标准主要包括数据溯源模型、数据溯源追溯方法等方面的内容。数据溯源模型是数据溯源的基础，是数据溯源技术的关键所在，通过数据溯源模型研究，可建立对数据资源不同版本和生命周期的追溯体系。数据溯源追溯方法是实现数据溯源的重要手段，从数据溯源安全的角度考虑了数据溯源相关系统的标准、数据溯源的技术要求以及管理规范，保障数据溯源的持续发展和广泛应用。

7.2.3 数据安全

随着数据在流通、共享、应用过程中出现的数据泄露、盗用和滥用等现象的不断出现，数据安全问题受到国家、社会及公众的高度重视。数据安全防护就是要保护信息系统或信息网络中的数据资源免受各种类型的威胁、干扰和破坏，即保证数据的安全性。从宏观来看，要从国家安全战略角度来认识数据安全问题。因此，国家需要建立一套完善的数据安全标准框架体系，从数据安全管理、数据安全能力、数据安全技术以及个人隐私保护等方面，保障国家、公共利益和个人的安全。

（1）数据安全管理

数据安全管理是为了维护国家安全、社会公共利益，保护公民、法人和其他组织在网络空间的合法权益，保障个人信息和重要数据安全的重要手段。数据安全管理标准主要包括数据安全管理通用要求、数据安全需求、数据分类分级、数据活动及安全要求、数据安全风险评估等方面的内容。

1）数据安全管理通用要求是数据安全管理的基础，定义数据在实现价值过程中的安全管理标准，明确数据安全管理需重视的维度，如安全合规性、数据质量保障、数据审计等。

2）数据安全需求主要考虑在大数据环境下对数据的安全建设要求，包括保密性、完整性、可用性等。

3）数据分类分级是建立完善的数据生命周期安全保护框架的基础，是实施数据安全管理的前提条件。规范数据分类分级实施要求能够进一步明确数据保护对象，促进数据的安全共享，确保数据的安全应用。

4）数据活动及安全要求涵盖数据在采集、存储、处理、分发、删除等主要活动中的安全要求，保障数据活动安全。

5）数据安全风险评估从风险管理角度，分析数据管理面临的安全威胁及其存在的脆弱点，评估安全事件发生可能造成的危害程度，为有针对性地提出抵御威胁的防护对策和整改措施提供指导。

（2）数据安全能力

数据安全能力是组织在不同方面对数据提供的安全保障能力。数据安全能力标准主要涵盖数据安全能力要求和数据安全能力成熟度评估等方面的内容。数据安全能力要求是对数据抵御威胁和防范攻击能力提出的相关要求，涉及数据的合规性管理和数据全生命周期的安全保护能力，需要根据数据遭到破坏时产生的影响范围和严重程度定义不同的数据安全能力要求。数据安全能力成熟度评估旨在帮助大数据的参与组织评估自身的数据安全能力水准，建立数据安全能力的提升方案，主要涵盖数据安全能力成熟度模型、评估规范、评估机制等。

（3）数据安全技术

数据安全技术标准可对数据的不同应用过程提出相应的数据安全技术要求，主要涵盖数据安全技术领域，包括数据加密、数据脱敏、数据鉴别、数据访问控制等相关技术要求。数据加密技术要求对数据加密原则、数据加密技术以及数据加密过程进行规范，为数据加密工作的规划、实施以及管理提供指导。数据脱敏技术要求主要描述数据脱敏原则要求、数据脱敏技术规范以及数据脱敏过程管理，是保障数据流通安全的必要环节。数据鉴别技术要求主要描述数据鉴别通用要求、数据鉴别技术规范、数据鉴别过程管理等的要求。数据访问控制技术要求主要描述数据访问控制通用要求、数据访问控制技术规范、数据访问控制过程管理等的要求，保障数据在合法范围内的有效使用和管理。

7.3 行业层面

与国家层面所关注的标准不同，行业层面的数据治理应在国家相关法律法规框架下，充分考虑本行业中企业的共同利益与长效发展，构建相应的行业大数据治理规则。需要建立规范行业数据管理的组织机构，制定行业内的数据管控制度；需要制定行业内数据共享与开放的规则和技术规范，构建行业数据共享交换平台，为本行业企业提供数据服务，促进行业内数据的融合应用。因此行业层面着重考虑行业数据模型、数据汇聚融合、数据开放共享等方面的标准。

7.3.1 行业数据模型

数据模型是数据特征的抽象，它从抽象层次上描述了系统的静态特征、动态行为和约束条件。行业数据模型是指面向行业或领域业务建立的数据模型。行业数据模型标准主要包括数据模型、数据字典、行业数据编码等方面的内容。

（1）数据模型

数据模型应涵盖的标准包括抽象模型设计、逻辑模型设计等。抽象模型设计应对行业数据的抽象模型设计方法进行定义，对数据的各种协议、接口、编码、报文格式等提出规范性要求，建立基于数据模型的行业技术标准体系，使得不同行业或领域能够基于此方法形成一套符合监管规范的模型框架，以及一套依据监管规则提炼形成的行业数据字典，规范全行业各类数据标准制订。逻辑模型设计基于抽象模型设计，描述行业内的数据流向、数据名称、数据定义、结构类型、代码取值和关联关系等，为行业机构内部系统建设和机构间数据交换提供指导。行业数据模型可为后续行业数据的汇聚融合提供权威的数据标准基础，保障数据汇聚融合的一致性、规范性和准确性。

（2）数据字典

数据字典是按照一定顺序、一定规则和内容说明方式对数据元和术语进行描述的合集。行业数据字典标准应涵盖编制规范、元数据框架、数据类型等方面的内容。编制规范规定了不同行业数据字典的编制原则，数据元描述的内容和详细要求，数据元分类、命名和标识规则。元数据框架规定了行业数据元属性描述的主要内容、元数据的主要类型及其相互关系。数据类型规定了对行业数据元进行描述的值。通过制定行业数据字典系列标准，可指导同行业内的数据采集者和使用者用相同的标准采集和分析数据，从源头保证对不同来源的数据有准确、一致的理解和表达，为有效实现行业数据共享和互联互通奠定基础。

（3）行业数据编码

数据编码是对数据赋予代码的过程。行业数据编码标准定义了不同行业数据的编码的原则和方法等内容，为组织的数据编码工作提供建议和指导。通过编码标准化，不仅可以规范并统一数据名称和代码含义，还可以最大限度地消除因数据编码不一致而造成的混乱、误解等现象，为数据的汇聚融合、开放共享提供良好的基础。

7.3.2 数据汇聚融合

数据汇聚融合是指采集与汇聚不同种类、不同来源的数据，经过多源融合后输出标准化数据服务的过程。数据汇聚融合标准体系主要包括数据汇聚融合的框架模型、技术规范、编码要求等方面的内容。

（1）框架模型

数据汇聚融合框架模型是对数据汇聚过程的总体框架性描述，用于指导行业如何开展数据汇聚融合工作。其包括数据汇聚总体架构和数据融合模型。数据汇聚总体架构定义了行业数据汇聚流程，规范了数据汇聚方式，为行业间或行业内的数据开放共享奠定了基础，提高了资源使用效率和服务水平。数据融合模型包括数据采集、数据描述、数据组织、数据交换与共享和数据服务等环节，以及数据资产、开放共享要求两个支撑要素，定义了数据融合的规范化流程，为数据融合实践提供指引。

（2）技术规范

数据汇聚融合技术规范主要对数据汇聚融合过程中涉及的技术提出规范性要求，包括数据汇聚平台架构、数据汇聚核心接口规范、数据汇聚方式及数据融合技术规范等。数据汇聚平台为汇聚的数据提供存储以及对外服务能力，数据汇聚平台架构规范了数据汇聚平台的组成架构和技术实现，是实现行业间或行业内数据汇聚的基础。数据汇聚核心接口规范主要定义了数据汇聚的核心接口操作描述、接口扩展描述、错误代码和接口返回格式。数据汇聚方式主要定义了数据抽取等数据汇聚方式的总体要求和技术要求。数据融合技术规范主要定义了数据融合过程采用的相关技术要求，包括数据采集、数据描述、数据组织等过程的技术要求，规范数据融合过程。

（3）编码要求

数据汇聚融合编码要求主要是对数据汇聚融合过程中涉及的编解码协议或编码规则进行定义，支撑数据的汇聚融合工作。数据汇聚融合编码要求规定了在使用数据交换协议时，数据交换的编解码协议要求，包括传输数据的编码、解码和会话传输等内容，适用于数据交换过程中的编解码。数据汇聚融合编码主要对数据融合过程中不同来源数据标识符的编码结构和编码规则进行规范定义，如前缀码、数据来源系统代码、数据状态代码以及数据扩展代码等，有助于保障数据融合过程中数据编码的规范化。

7.3.3　数据开放共享

数据开放是指组织按照统一的管理策略向组织外部有选择地提供组织所掌控的数据的行为。数据共享是组织内部因履行职责、开展相关业务需要使用内部掌控数据的行为，其主要目的是打破组织内部壁垒、消除数据孤岛、提高数据供给能力、提高运营效率、降低组织运营成本。数据开放共享是实现数据跨组织、跨行业流转的重要前提，也是数据价值最大化的基础。数据开放共享标准体系主要包括数据开放共享的总体框架、目录体系、接口规范、评价机制等方面的内容。

（1）总体框架

数据开放共享总体框架为行业的数据开放共享工作提供整体性的参考和指导。其定义了数据开放共享系统的参考架构，包括网络设施、平台设施、安全保障以及管理评价等相关要求。网络设施为数据开放共享提供统一、通达的网络基础设施支撑；平台设施支撑获取开放共享的数据；安全保障提供数据采集传输、处理、存储、使用等环节的安全保护；管理评价提供对整个开放共享服务流程的管理和考核评价。

（2）目录体系

数据开放共享目录体系是在规定的安全机制下，向数据使用者提供数据查询、检索、定位和访问的服务载体。其主要涵盖数据资源目录体系和数据资源开放共享体系。数据资源目录体系对数据资源开放共享体系具有支撑作用，主要包括对数据资源目录体系的总体框架要求、技术要求、核心元数据要求、数据资源分类要求以及技术管理要求。总体框架要求提出了数据资源目录体系的技术总体架构；技术要求规定了数据资源目录体系的基本技术要求和目录服务接口要求；核心元数据要求定义了描述数据资源特征所需的元数据及表示方式；技术管理要求规定了数据资源目录体系的管理要求总体架构、管理角色的职责、目录体系建立活动的技术管理要求。

数据资源开放共享体系主要包括对数据资源开放共享体系的总体框架要求、核心元数据要求、数据资源分类要求、数据资源标识符编码要求以及技术要求。总体框架要求提出了数据开放共享体系的总体架构；核心元数据要求对描述开放共享数据资源特征所需的元数据及表示方式进行定义；数据资源分类要求对开放共享数据资源的分类工作提出规范性要求；数据资源标识符编码要求规范了开放共享数据资源的编码方式；技术要求规定了数据资源开放共享体系的技术框架、监控管理、过程管理等的技术要求。

（3）接口规范

数据开放共享接口规范是对汇聚融合后的行业数据进行开放共享的服务接口提出的规范性要求，主要包括共享指标项描述方法、数据接口以及安全保障要求。共享指标项描述方法规定了数据在进行开放共享时的数据内容的含义及表示格式，保障数据在开放共享过程中的标准化。数据接口对数据进行开放共享时的接口技术和接口性能提出技术性要求，避免行业数据在开放共享过程中由于接口不一致等问题造成的共享困难，形成壁垒。安全保障要求规定了行业数据通过调用接口开放共享过程中的安全防护要求，保障数据共享安全。

（4）评价机制

数据开放共享评价机制是指建立完善的行业数据开放共享程度评价流程，达到有效促进数据开放共享、提升数据应用价值的目的。数据开放共享评价机制主要包括数据开放程度评价和数据共享程度评价两个方面的内容。数据开放程度评价规定了数据开放程度评价原则、评价指标体系以及评价方法等内容。数据开放程度评价原则描述了进行开放程度评价时需遵照的原则，包括系统性、针对性、实效性、可操作性等方面；数据开放程度评价指标体系定义了评价体系的一级指标和二级指标，并细化每级指标的具体评价内容；数据评价方法对数据开放程度的评价方式以及指标的计算方式进行定义，保证数据开放程度评价结论的科学性、客观性和全面性。数据共享程度评价规定了数据共享程度评价原则、评价指标体系以及评价方法等。数据共享程度评价原则描述了共享程度评价时须遵照的原则；数据共享程度评价指标体系定义了数据共享评价过程中涉及的具体指标以及其含义。

7.4　组织层面

组织层面的数据治理需要通过组织内部规章将数据确定为其核心资产，以利于有效管理和应用；需要建立适应数据资源完善、价值实现、质量保证等方面的组织结构和过程规范，提升企业对数据全生命周期的管理能力。因此组织层面的数据治理需考虑数据治理的战略规划、建设实施及评估改进等方面的标准。

7.4.1 战略规划

数据治理是对组织或机构的数据管理和利用进行评估、指导和监督的过程，通过提供不断创新的数据服务，为企业创造价值。数据治理战略规划描述了数据治理领域的方法论，规范了数据治理领域的顶层设计，为组织开展数据治理工作提供理论基础，支撑组织数据治理实施。战略规划标准主要包括数据治理规范要求、数据治理体系规划等方面的内容。

（1）规范要求

为促进组织有效、合理地利用数据，有必要对数据获取、存储、整合、分析、应用和销毁等过程进行数据治理规范，进而实现数据的运营合规、风险可控和价值实现的目标。数据治理规范给出了数据治理的总则和框架，规定了数据治理的顶层设计、治理环境、治理域以及治理过程等方面的要求。数据治理总则定义了数据治理的目标和任务；数据治理框架从全局视角描述了数据治理的主要内容，给出了数据治理工作的方法论；数据治理顶层设计描述了对战略规划、组织构建、架构设计等方面的要求；数据治理环境定义了数据治理的内外部环境和促成因素，支撑数据治理实施；数据治理域明确了数据治理需要治理的维度；数据治理过程给出了数据治理实施的方法，为组织开展数据治理工作提供指导和参考。

（2）体系规划

数据治理体系规划是组织开展数据治理工作的前置环节和必要条件。组织通过数据治理体系规划促进组织形成有效的数据管控体系建设和执行体系，提升组织内部数据价值。数据治理体系规划主要包括总体框架、组织架构和规划流程。总体框架明确了组织开展数据治理工作的整个框架和涉及维度。组织架构规定了组织开展数据治理涉及的各级角色和职责，推进数据治理实施的有序开展。规划流程规范组织开展数据治理体系规划的基本流程，保障组织数据治理体系规划的可行性和合规性。

7.4.2　建设实施

数据治理实施是组织开展数据治理工作的具体活动体现，一般包含两个层面的工作：一是具体的数据治理项目实施过程；二是把成功实施的项目转化成日常工作，并且持续改进的过程。因此，数据治理实施标准包括实施指南、技术要求、工具体系等基本的实施过程或要求类的标准，以及数据标准化和数据质量提升等常态化或改进提升类的标准。

（1）实施指南

实施指南主要是用于指导组织如何开展数据治理落地实施工作，因此，实施指南给出了数据治理实施的总体框架，以及从规划到改进各过程的操作步骤和基本要求。数据治理实施总体框架包括数据治理的规划、实施、评估和改进四个过程；数据治理规划阐明了数据治理的目标、资源规划、治理域及保障机制等内容；数据治理实施明确了面向数据价值和面向数据管理两个层面的实施过程和成果物；数据治理评估给出了数据治理工作的评估流程及要求，为后续数据治理改进提供参考；数据治理改进给出了改进的差异分析、改进计划以及改进流程等要求，有助于组织不断提升数据治理的能力和水平，确保数据治理最终目标的成功实现。

（2）工具体系

“工欲善其事，必先利其器”。高效的数据治理工作离不开数据治理工具的辅助。目前市面上已出现了与数据治理相关的各种工具，都是基于项目孵化出来的，具有各自的特点。为了帮助组织遴选出适合的数据治理工具，数据治理工具体系给出了数据治理的工具图谱框架以及各个工具应具备的基本功能要求。数据治理工具图谱框架给出了数据治理相关工具及其定位和关系，以便组织更好地选择相匹配的工具来支撑数据治理实施工作。

（3）标准与质量

标准和数据质量提升是组织比较关注的数据治理工作内容之一，只有规范的、高质量的数据才能更好地促进组织的数据开放共享和应用。因此，组织应该将数据标准化和质量提升作为一项日常的数据运营工作。数据标准一般包括数据模型标准、主数据标准、元数据标准、指标标准等，主要是对数据进行统一的业务定义，保持统计口径一致，并明确数据的归口部门和责任主体。同时数据标准是数据质量评价的依据之一。数据质量评价是数据质量提升的重要手段，通过明确数据质量评价模型、评价指标、评价方法等内容，可以指导组织有序地开展数据质量评估工作。

7.4.3 评估改进

数据治理评估是组织衡量数据治理能力、水平和成效的重要手段。组织在开展数据治理工作前期需要对其当前具备的数据治理能力和所处的水平阶段进行评估，在数据治理之后需要对数据治理的工作成效进行评估，为组织下一步的数据治理改进和优化指明方向。数据治理评估相关标准可以包括数据管理能力评估、数据服务能力评估、数据治理绩效评估等方面。

（1）管理能力

数据管理能力评估是指组织对数据管理能力成熟度的衡量。数据管理能力评估标准给出了数据管理能力的成熟度评估模型以及相应的成熟度等级，定义了数据战略、数据架构、数据应用、数据安全、数据质量、数据标准和数据生存周期等能力域。组织通过数据管理能力评估工作可以发现当前在数据管理和应用方面存在的不足，以及未来可以进一步改进和优化的方向，为组织持续提升数据管理能力提供了指引和参考。

（2）服务能力

数据服务能力评估是指组织对数据的处理和分析等能力成熟度的衡量。数据服务能力评估标准给出了数据服务能力的评估模型、能力等级、评估过程等内容。评估模型一般反映大数据服务能力水平的整体框架；能力等级对各数据服务能力项的定级标准进行划分和特征描述；评估过程定义了大数据服务能力评估的基本工作流程，包含准备、实施、提升等过程，为组织开展数据服务能力评估工作提供指引。

（3）治理绩效

数据治理绩效评估是指组织对数据治理工作成效的衡量。数据治理绩效评估标准给出了数据治理绩效的评估要素、评估指标体系和评估方法等内容。评估要素明确了数据治理绩效评估的能力域、能力项及能力子项等；评估指标体系定义了用于评估能力项的具体指标，在设置评估指标时应综合考虑定性和定量相结合；评估方法给出了评估指标的量化方法，为组织衡量数据治理工作成效提供指导和参考。

第八章　数据治理标准的实践与进展

本章将结合第七章“数据治理标准体系”的相关内容，阐述全国信标委大数据标准工作组有关数据治理开展的相关工作，以及工作进展，包括标准论证期间的调研工作、正在论证的标准情况、已经申报国家标准的情况和发布国家标准的情况。同时，简要介绍了国际标准相关进展。

8.1　数据治理标准整体进展

下面依据本书对数据治理标准体系划分的三个层面，针对每个层面所重点关注的方面，从已发布和正在研制中的标准出发梳理数据治理标准的进展情况。

8.1.1　数据资产

在数据资产评估方面，已经开展了20214285-T-469《信息技术大数据 数据资产价值评估》标准的研制，对数据资产评估相关要求进行规定，对组织开展数据资产评估相关工作具有指导作用，该标准正处于研制阶段。电子商务领域已经发布了GB/T 37550-2019《电子商务数据资产评价指标体系》国家标准。该标准规定了电子商务数据资产评价指标体系的构建原则、指标体系、指标分类和评价过程。

在数据资产管理方面，已经开展了 GB/T 40685-2021《信息技术 服务 数据资产 管理要求》标准的研制，规定了数据资产的管理总则、管理对象、管理过程和管理保障要求。

8.1.2　数据流通

在数据交易体系方向，已经开展了数据交易服务平台、数据交易服务安全，以及电子商务领域的数据交易的标准的研制。已发布的 GB/T 36343-2018《信息技术 数据交易服务平台 交易数据描述》、GB/T 37728-2019《信息技术 数据交易服务平台 通用功能要求》两项国家标准，对数据交易服务平台的数据描述和通用功能提出了标准化要求。大数据标准化工作组于 2017 年开展数据交易体系的标准化研究，已经形成了《信息技术 数据交易 通用概念描述》《信息技术 数据交易 交易流程描述》等标准草案。

在数据交易服务安全方向，已发布了 GB/T 37932-2019《信息安全技术 数据交易服务安全要求》国家标准，规定了数据交易服务机构进行数据交易服务的安全要求，包括数据交易参与方、交易对象和交易过程的安全要求。

在电子商务领域，已经开展 GB/T 40094-2021《电子商务数据交易》系列标准的研制（包括第 1 部分准则、第 2 部分数据描述规范、第 3 部分数据接口规范、第 4 部分隐私保护规范）。该系列标准于 2021 年发布，规定了电子商务数据交易中的交易参与方、交易数据、交易方式、交易程序，以及交易数据的描述规范，适用于电子商务模式下的数据交易业务的活动和行为，交易数据的信息采集、发布、交换、存储和管理等。

在数据溯源方面，围绕数据溯源描述模型发布了 GB/T 34945-

2017《信息技术 数据溯源描述模型》国家标准。未来将针对数据溯源追溯方法、技术要求以及安全保障等方面开展标准的研制。

8.1.3 数据安全

在数据安全能力方面，已发布GB/T 37988-2019《信息安全技术 数据安全能力成熟度模型》国家标准。该标准给出了组织数据安全能力的成熟度模型架构，规定了数据采集安全、数据传输安全、数据存储安全、数据处理安全、数据销毁安全、通用安全的成熟度等级要求。

在数据安全管理方面，发布了GB/T 37973-2019《信息安全技术 大数据安全管理指南》国家标准。该标准提出了大数据安全管理基本原则，规定了大数据安全需求、数据分类分级、大数据活动的安全要求、如何评估大数据安全风险，并且针对数据安全管理中的数据分类分级管理开展了《信息安全技术 数据安全分类分级实施指南》标准的研制工作，该标准适用于指导组织开展数据分类分级工作，提升组织对数据的管理能力，促进数据的使用、流动和共享，目前该标准处于立项申请状态。

在数据安全技术方面，政务领域已经开展了标准的研制，发布了GB/T 39477-2020《信息安全技术 政务信息共享 数据安全技术要求》国家标准，针对政务领域信息共享过程中的数据安全技术提出规范要求，指导各级政务信息共享交换平台数据安全体系建设以及数据安全保障工作。

在个人信息安全保护方面，已研制并发布了GB/T 35273-2020《信息安全技术 个人信息安全规范》国家标准，规定了开展收集、存储、使用、共享、转让、公开披露、删除等个人信息处理活动的原则和安全要求，较之前的旧版本增加了新的技术要求，适用于规范各类组织的个人信息处理活动。

8.1.4　行业数据模型

就行业层面而言，大数据标准工作组主要围绕行业数据模型、数据汇聚融合以及数据开放共享等方面开展标准的研制工作。

在军民通用资源领域，已发布了 GB/T 3915.1～6-2020《军民通用资源 数据模型》系列国家标准。该标准规定了军民通用资源中各类数据模型的一般要求、组成结构图、索引表等，适用于军民通用资源中数据模型的交换与共享。证券期货领域已发布了 JR/T 0176.1-2019《证券期货业数据模型 第 1 部分：抽象模型设计方法》行业标准，描述了整个市场的数据流向、数据名称、数据定义、结构类型、代码取值和关联关系等，为行业机构内部系统建设和机构间数据交换提供指导。卫生行业已发布了 WS/T 672—2020《国家卫生与人口信息概念数据模型》，描述了卫生与人口领域信息的特征，规定了对象类及其属性和相互关系。电力行业已发布了 DL/T 1171-2012《电网设备通用数据模型命名规范》标准，给出了电力系统设备通用数据模型的命名规则。

8.1.5　数据汇聚融合

针对数据汇聚融合，还未有相关国家标准对其进行规范和指导，但在地方政务领域，已有相关政务数据汇聚标准出台，如福建省发布的 DB35/T 1884-2019《政务数据汇聚 核心接口描述》及 DB35/T 1777-2018《政务数据汇聚 数据集的规范化描述》两项地方标准，规范了福建省政务数据汇聚的接口描述及数据集描述。

未来大数据标准工作组将不仅限于政务数据领域开展数据汇聚融合标准的研究，还将重点关注数据汇聚的框架模型、技术规范等方面的标准的研制。

8.1.6　数据开放共享

目前针对数据开放共享开展的标准研制主要聚焦政务领域，如2020年发布的GB/T 38664.1-2020《信息技术 大数据 政务数据开放共享 第1部分：总则》、GB/T 38664.2-2020《信息技术 大数据 政务数据开放共享 第2部分：基本要求》以及GB/T 38664.3-2020《信息技术 大数据 政务数据开放共享 第3部分：开放程度评价》，标准从总体结构和管理角度规定了政务数据开放共享的参考架构和总体要求，并给出了政务数据开放程度的评价原则、评价指标体系和评价方法等，便于政府部门对政务数据开放程度进行评价。该系列标准还有第4部分20190842-T-469《信息技术 大数据 政务数据开放共享 第4部分：共享评价》尚未发布，标准于2019年立项，目前处于审批阶段，它给出了政务数据共享的评价内容和要求及评价方法，适用于针对各级政务部门的政务数据共享执行情况进行的各类评价活动。

政务数据开放共享不仅有相应的国家标准发布，各地方政府也在积极推进政务数据开放共享，发布了政务数据开放共享相关标准。上海市政府建立人口库、法人库等主题数据库，促进政务数据开放共享；云南省政府于2014年发布DB53/T 617.1～8-2014《政务信息资源共享体系》系列标准，旨在推进政务信息资源共享体系的建立；广东省政府于2018年发布DB44/T 2111-2018《电子政务数据资源开放数据管理规范》标准，规定了政务数据资源开放数据管理的角色与职责、管理过程、政务数据资源开放内容、数据开放各环节的管理要求，为广东省各级政府相关部门的政务数据资源开放的数据管理提供实操性指导；贵州省政府于2019年发布的DB52/T1406-2019《政府数据 数据开放工作指南》标准，为贵州省政府数据的数据开放工作提供指导；山东省政府于2019年发布的DB37/T 3523.1-2019《公共数据开放 第1部分：基本要求》、DB37/T 3523.3-2019《公共数据开放 第3部分：开放评价指标体系》系列标准，为山东省各级政务部门的数据开放工作提供指导。这一系列标准是我国各级政府重视政务数据开放共享工作的体现。

8.1.7　战略规划

就组织层面而言，大数据标准工作组主要围绕数据治理的战略规划、建设实施及评估改进等方面开展标准的研制工作。

在数据治理规范方面已发布GB/T 34960.5-2018《信息技术服务 治理 第5部分：数据治理规范》国家标准。该标准提出了数据治理的总则和框架，规定了数据治理的顶层设计、数据治理环境、数据治理域及数据治理过程的要求，适用于组织开展数据治理现状自我评估，建立数据治理体系，明确数据治理域和过程，指导数据治理实施落地。

在顶层规划方面，已经开展了20194186-T-469《信息技术 大数据 数据资源规划》国家标准的研制工作。该标准主要规定了数据资源规划的模型、规划目标、数据要素和技术要素，以及数据资源规划的流程步骤，适用于指导组织开展数据资源规划。目前该标准正处于征求意见阶段。

8.1.8　建设实施

数据治理的建设实施主要聚焦组织开展数据治理工作中需要参照或满足的相关要求，涉及数据治理实施方面的标准。目前正在开展20213308-T-469《信息技术 大数据 数据治理实施指南》国家标准的研制工作，给出了数据治理的基本框架及各过程的基本要求，划分了面向数据价值的治理与面向数据管理的治理，提出了数据治理绩效评价方法，该标准正处于研制阶段。另外，工作组还针对数据治理的主数据治理域，开展了《信息技术 大数据 主数据治理规范》标准的研制，该标准适用于组织和机构对主数据治理进行规范，目前正处于立项申请阶段。

8.1.9 评估改进

在数据治理能力评估方面，已发布 GB/T 36073-2018《数据管理能力成熟度评估模型》国家标准。该标准给出了数据管理能力成熟度评估模型以及相应的成熟度等级，定义了数据战略、数据治理、数据架构、数据应用、数据安全、数据质量、数据标准和数据生存周期等 8 个能力域。基于该标准，工作组进一步开展了 20190840-T-469《信息技术 数据管理能力成熟度评估方法》标准的研制工作，规定了数据管理能力成熟度评估方法，明确了评估原则，规定了启动阶段、材料收集阶段、现场评估阶段、总结分析阶段、报告审核阶段等各阶段的必备要素以及成熟度等级计算方法，目前正处于报批阶段。在数据质量方向，已发布了 GB/T 36344-2018《信息技术 数据质量评价指标》国家标准，该标准规定了数据质量评价指标的框架和说明。

在数据治理绩效评估方面，正在开展《信息技术 大数据 数据治理绩效评价指标体系》标准的研制工作。该标准提出了数据治理绩效评价模型，规定了数据治理绩效的评价要素、评价指标体系和评价方法，适用于指导组织建立数据治理绩效评价指标体系，并开展数据治理绩效的评价。目前该标准正处于立项申请阶段。

在数据服务能力评估方面，开展了《信息技术 大数据 大数据服务能力评估 第 1 部分：评估模型》及《信息技术 大数据 大数据服务能力评估 第 2 部分：评估过程》两项标准的研制工作，目前正处于立项申请阶段。该评估模型标准提出了大数据服务能力评估模型，规定了大数据服务能力等级要求。评估过程标准规定了大数据服务能力评估工作的评估过程和评估方法。

8.2　重点标准实践与进展

GB/T 36073-2018《数据管理能力成熟度评估模型》（简称DCMM）是我国首个数据管理领域的国家标准，是提升数据管理水平、支撑数据要素市场发展的重要手段。本节将首先介绍DCMM的主要内容，再介绍其实践情况。

8.2.1　DCMM的主要内容

数据管理能力成熟度评估模型是一个数据管理和质量保证体系的专业标准，用来指导数据生产过程的数据管理。与软件开发过程类似，数据管理生命周期包括管理计划制定、数据收集管理、数据描述及归档管理、数据处理与分析管理、数据保存管理、数据发现及重用等各种活动。因此，数据管理能力成熟度评估模型应用于数据管理具有可行性的情况。

目前已出现不少成型的数据管理能力成熟度模型，包括数据管理成熟度（DMM）模型、数据管理能力评价模型（DCAM）和企业信息管理（EIM）成熟度模型。数据管理成熟度（data management maturity，DMM）模型是由卡内基梅隆大学旗下机构研究所基于能力成熟度模型开发的，于2014年8月正式发布。DMM模型可以为组织提供一套最佳实践标准，以管理并运用关键数据资产来实现战略目标。数据管理能力评价模型（data management capability assessment model，DCAM）是由北美地区企业数据管理协会组织编写的，于

2014 年正式发布。DCAM 主要分为 8 个职能域：数据战略、数据管理业务案例、流程保障、数据治理、数据架构、技术架构、数据质量和数据生命周期环境。企业信息管理（enterprise information management）成熟度模型由高德纳（Gartner）公司基于 CMMI 开发，于 2008 年发布。EIM 成熟度模型由 7 部分构成，分别是：Vision（愿景），Strategy（战略），Metrics（指标），Governance（管控），Organization and Roles（组织和角色），Life Cycle（生命周期）、Infrastructure（基础设施）。

数据管理能力成熟度评估模型（data management capability maturity assessment model，DCMM）是我国首个数据管理领域国家标准，将组织内部数据能力划分为 8 个重要组成部分，描述了每个组成部分的定义、功能、目标和标准。该标准适用于信息系统的建设单位、应用单位等进行数据管理时候的规划、设计和评估，也可以作为针对信息系统建设状况的指导、监督和检查的依据。经过近 4 年的标准研制、试验验证，DCMM 国家标准于 2018 年 3 月 15 日正式发布。

DCMM 国家标准结合数据生命周期管理各个阶段的特征，按照组织、制度、流程、技术对数据管理能力进行了分析、总结，提炼出组织数据管理的 8 个过程域，并对每项能力域进行了二级过程项（28 个过程项）和发展等级的划分（5 个等级）以及相关功能介绍和评定指标（441 项指标）的制定。

这 8 个过程域分别是：

- 数据战略：数据战略规划、数据战略实施、数据战略评估。
- 数据治理：数据治理组织、数据制度建设、数据治理沟通。
- 数据架构：数据模型、数据分布、数据集成与共享、元数据管理。

- 数据应用：数据分析、数据开放共享、数据服务。
- 数据安全：数据安全策略、数据安全管理、数据安全审计。
- 数据质量：数据质量需求、数据质量检查、数据质量分析、数据质量提升。
- 数据标准：业务数据、参考数据和主数据、数据元、指标数据。
- 数据生存周期：数据需求、数据设计和开放、数据运维、数据退役。

DCMM 标准可以用于评价某个企事业单位的数据管理现状，从而帮助其查明问题、找到差距、指出方向，并且提供实施建议，也可以用于帮助数据服务商完善自身解决方案的完备度，提升自身咨询、实施的能力。

DCMM 包含 8 个数据管理能力域，每个能力域包括若干数据管理领域的能力项，共 28 个。

DCMM 成熟度评估等级分为 5 个等级。

1）初始级。数据需求的管理主要是在项目级体现，没有统一的管理流程，主要是被动式管理。

2）受管理级。组织已意识到数据是资产，根据管理策略的要求制定了管理流程，指定了相关人员进行初步管理。

3）稳健级。数据已被当作实现组织绩效目标的重要资产，在组织层面制定了一系列标准化管理流程，促进数据管理的规范化。

4）量化管理级。数据被认为是获取竞争优势的重要资源，数据管理的效率能量化分析和监控。

5）优化级。数据被认为是组织生存和发展的基础，相关管理流程能实时优化，能在行业内进行最佳实践分享。

8.2.2 DCMM 的实践情况

工业和信息化部的指导组织建立了 DCMM 评估工作体系，推动 DCMM 标准的应用实施，并通过政府购买服务的方式委托中国电子信息行业联合会联合评估机构开展评估。截至 2020 年底，贯标单位百余家，覆盖了金融、电力、钢铁、通信、IT 技术服务、传统制造业及第三方数据中心等领域。通过建立和完善工作体系、推动试点地区贯标评估，政府主管部门、行业组织、企业等各方面对 DCMM 贯标评估工作予以了一致认可。目前，部分地方也出台了 DCMM 奖励补贴政策（见表 8-1）。

表8-1 各地方DCMM奖励补贴政策

序号	地区	政策名称	支持措施
1	山西省	《山西省加快推进数字经济发展的实施意见》	对于首次通过 DCMM 的三级、四级、五级的企业，分别给予 10 万元、20 万元、30 万元奖励。
2	重庆	《关于做好 2020 年第一批重庆市工业和信息化专项资金项目申报工作的通知》	软件和信息服务业企业生态能力建设。通过 DCMM 二级、三级、四级分别奖励 20 万元、30 万元、50 万元。
3	天津	《天津市关于加快推进智能科技产业发展的若干政策》《天津市人民政府办公厅印发天津市关于进一步支持发展智能制造政策措施的通知》	支持大数据评估。对大数据领域合同额占主营业务收入 60% 以上的企业，给予不超过合同额 10%、最高 50 万元的支持。对首次通过国家《数据管理能力成熟度评估模型》（GB/T36073-2018，DCMM）认证的企业，给予最高 50 万元的支持。
4	河南省郑州市	《郑州市人民政府关于进一步支持大数据产业发展的实施意见》	对于通过国家标准《数据管理能力成熟度评估模型》（DCMM）认证评估的大数据企业，给予认证评估费用 50% 的资金奖励。
5	贵州省贵阳市	《贵阳市促进软件和信息技术服务业发展的若干措施（试行）》（筑府办发〔2020〕5 号）	对首次通过数据管理能力成熟度评估模型（DCMM）二级及以上认证，且证书在有效期内的企业，按二级、三级、四级及以上分别给予一次性 10 万元、20 万元、30 万元的资金支持。

续表

序号	地区	政策名称	支持措施
6	山东省济南市	《关于印发济南市加快软件名城提档升级 促进软件和信息技术服务业发展的若干政策的通知》	对首次通过 CMMI（能力成熟度模型）二级、三级、四级评估认证的软件企业，一次性分别给予最高 20 万元、30 万元、50 万元奖励。
7	山东省潍坊高新区	潍坊高新区管委会印发《潍坊高新区关于支持新兴高端产业发展的若干政策的通知》（潍高管发〔2018〕12 号）	对获得 DCMM 数据管理能力成熟度模型认证三级、四级、五级的，分别给予 20 万元、30 万元、40 万元的一次性奖励。
8	四川天府新区成都直管区	《关于印发四川天府新区成都直管区加快数字经济高质量发展若干政策的通知》	对首次获得数据管理能力成熟度评估（DCMM）优化级、量化管理级、稳健级的软件企业，分别给予 30 万元、20 万元、10 万元的一次性奖励。

大数据标准工作组开展的一系列数据治理相关国家标准为行业或组织开展数据治理规划、实施到评估、改进整个过程中的工作提供了强有力的支撑。该系列标准以 20213308-T-469《信息技术 大数据 数据治理实施指南》（研制中）为依托，以 20194186-T-469《信息技术 大数据 数据资源规划》（研制中）为指引，针对每个过程细化相应标准。GB/T 36344-2018《信息技术 数据质量评价指标》、GB/T 37973-2019《信息安全技术 大数据安全管理指南》以及《信息技术 大数据 主数据治理规范》（立项申报）等标准聚焦数据治理实施阶段各治理域；《信息技术 大数据 大数据服务能力评估 第 1 部分：评估模型》（立项申报）、《信息技术 大数据 大数据服务能力评估 第 2 部分：评估过程》（立项申报）以及《信息技术 大数据 数据治理绩效评价指标体系》（立项申报）等标准聚焦数据治理评估阶段。以上标准共同构成数据治理实施的一套方法论，该方法论可面向行业或组织开展推广应用，助推标准的实际落地。

8.3 国际标准进展

2015 年，国际标准 ISO/IEC 38500:2015《信息技术 组织 IT 管理》正式发布。基于该标准，由中国国家成员体（SAC）申请立项，并且由我国专家作为联合编辑研制的国际标准 ISO/IEC 38505-1《信息技术 IT 治理 数据治理 第 1 部分：ISO/IEC 38500 在数据治理中的应用》、ISO/IEC TR 38505-2《信息技术 IT 治理 数据治理 第 2 部分：ISO/IEC TR 38505-1 对数据管理的影响》先后于 2017 年 3 月、2018 年 5 月正式发布。

除此之外，ISO/IEC JTC 1/SC 42/WG 2 数据工作组组织研制了 ISO/IEC 20546:2019《信息技术 大数据 概述和术语》、ISO/IEC TR 20547-1:2020《信息技术 大数据参考架构 第 1 部分：框架与应用程序》、ISO/IEC TR 20547-2:2018《信息技术 大数据参考架构 第 2 部分：用例和衍生需求》、ISO/IEC 20547-3:2020《信息技术 大数据参考架构 第 3 部分：参考架构》、ISO/IEC TR 20547-5:2018《信息技术 大数据参考架构 第 5 部分：标准路线图》、ISO/IEC AWI 24668《信息技术 人工智能 大数据分析过程管理框架》、ISO/IEC WD 5259-1《人工智能 用于分析和机器学习的数据质量 第 1 部分：概述、术语和用例》、ISO/IEC WD 5259-2《人工智能 用于分析和机器学习的数据质量 第 2 部分：数据质量度量》、ISO/IEC WD 5259-3《人工智能 用于分析和机器学习的数据质量 第 3 部分：数据质量管理要求和指南》、ISO/IEC WD 5259-4《人工智能 用于分析和机器学习的数据质量 第 4 部分：数据质量过程框架》。ISO/IEC JTC 1/SC 32/WG 3 数据库语言工作组正在组织研制 ISO/IEC CD 39075《信息技术 数据库语言 图形查询语言》等数据库相关标准。

参考文献

[1] 代红，张群，尹卓．大数据治理标准体系研究．大数据，2019，5（03）：47-54.

[2] 戴炳荣，闭珊珊，杨琳，等．数据资产标准研究进展与建议．大数据，2020，6（03）：40-48.

[3] 梅宏．大数据治理成为产业生态系统新热点．领导决策信息，2019，1150（05）：26-26.

[4] 梅宏．大数据发展与数字经济．中国工业和信息化，2021，5（34）：60-66.

图书在版编目（CIP）数据

数据治理之法 / 梅宏主编. -- 北京：中国人民大学出版社，2022.3

ISBN 978-7-300-30388-8

Ⅰ.①数… Ⅱ.①梅… Ⅲ.①数据管理 Ⅳ.①TP274

中国版本图书馆CIP数据核字（2022）第035382号

“十四五”时期国家重点出版物出版专项规划项目

数据治理系列丛书

数据治理之法

主　编　梅　宏

副主编　杜小勇　吴志刚　赵俊峰　潘伟杰　王亚沙

Shuju Zhili Zhifa

出版发行	中国人民大学出版社		
社　　址	北京中关村大街31号	邮政编码	100080
电　　话	010-62511242（总编室）		010-62511770（质管部）
	010-82501766（邮购部）		010-62514148（门市部）
	010-62515195（发行公司）		010-62515275（盗版举报）
网　　址	http://www.crup.com.cn		
经　　销	新华书店		
印　　刷	北京联兴盛业印刷股份有限公司		
规　　格	160mm × 230mm　16开本	版　　次	2022年3月第1版
印　　张	20.25　插页3	印　　次	2022年3月第1次印刷
字　　数	246 000	定　　价	108.00元